자연재해 저감기술

이 원 호 저

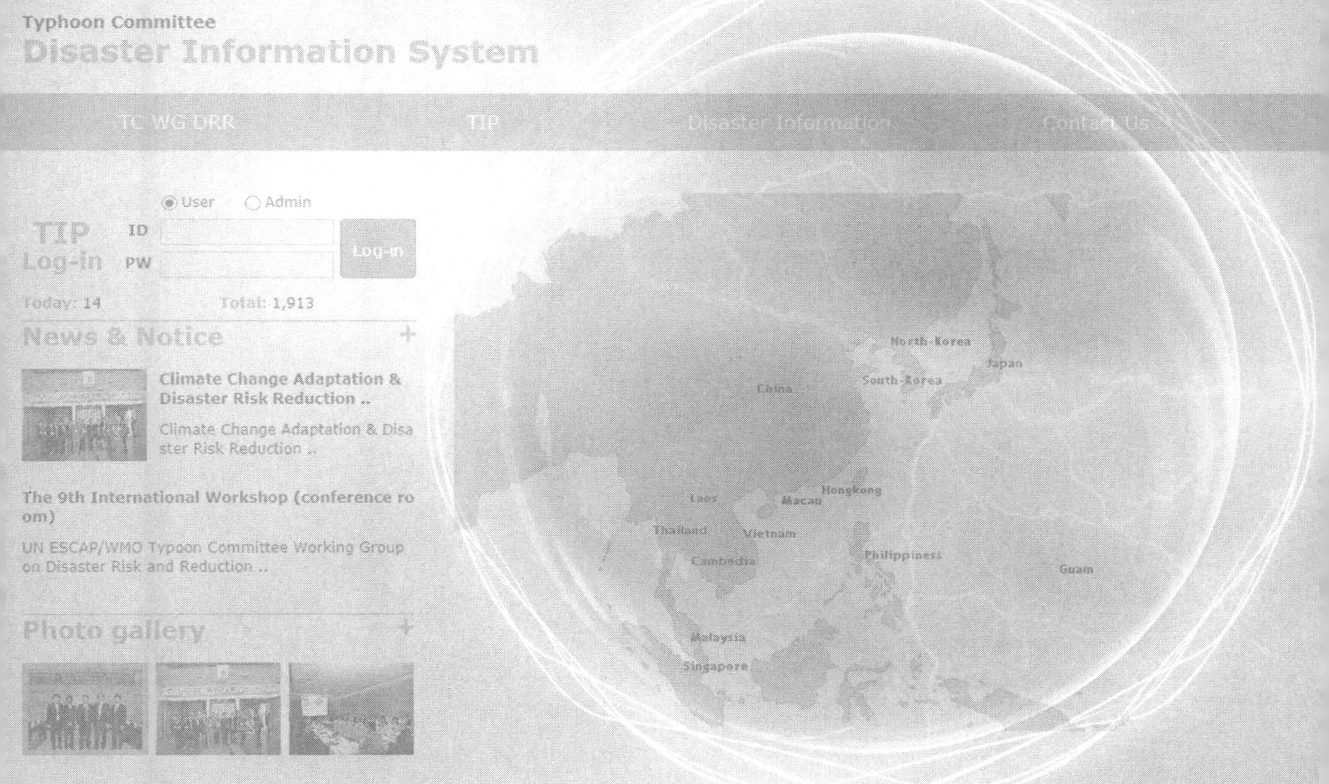

기문당

머리말

홍수, 강풍, 태풍, 화산폭발, 지진 및 지진해일 등의 자연재해는 금융·환경 등의 경제적 손실 뿐 아니라, 사회적 지위·연령·성별에 관계없이 수많은 인명피해를 가져오는 매우 위험한 요소이다. 오늘날 자연재해가 대형·복합적으로 빈번하게 발생하고 있으나 이에 대응할 기술적 인프라는 매우 취약하다. 현대사회는 긴급 상황 시 효율적인 피난수단 마련 뿐만 아니라 피해자의 쉴 곳 제공 등의 문제해결을 하여야 한다.

'자연재해 저감기술'이란 이 과정은 모든 대형·복합 자연재해의 예방·대비·대응·복구 단계에서 필요한 자연재해 저감기술 습득을 목표로 하고 있다.

이 과정에서 소개된 15개의 기술과 시스템은 대부분 국민안전처 소속 국립재난안전연구원에서 개발 또는 개발 진행 중에 있는 것으로서 홍수·강풍·태풍 관련 저감기술(6개), 화산폭발 관련 저감기술(2개), 지진 및 지진해일 관련 저감기술(5개), '자연재해 저감 지능형 CCTV기술' 및 '스마트폰 기반 자연재난 피해조사 시스템' 등으로 구성되어 있다.

이 교재에 포함된 기술들을 집약하는 데 직접 원고를 작성해 주시거나 많은 자료를 제공해 주신 국립재난안전연구원의 심재현·이철규·정재학·박병철·이정한·김혜원·홍성진·박영진·최우정 박사님들과 충북대 이승수 교수님, 강원대 함희정 교수님, 국민안전처의 권기환 계장님, DRB동일의 김영주 박사님, SDM의 김지태 대표님, 큐버솔루션의 이동현 대표님과 이 책에 열거되지는 않았으나 도움을 주신 모든 분께 진심으로 감사드립니다. 그리고 이 저서는 2014년도 광운대학교 연구년에 의하여 발간되었습니다.

2016년 9월

광운대학교 환경대학원

재난안전관리전공 주임교수

이원호

차 례

3장 기후변화에 따른 태풍위험도 평가시스템

Typhoon Risk Assessment System due to Climate Change

4장 GIS 기반 지역별 강풍위험도 평가시스템

GIS Based Regional Wind Hazard Assessment System

5장 재해정보 시스템

Disaster Information System

6장 산지 돌발홍수 예측시스템

Mountainous Flash Flood Prediction System

7장 화산재해 대응을 위한 온라인 네트워크 시스템

Volcanic Disaster Response Online Network System

8장 백두산 화산폭발 시나리오

Volcanic Eruption Scenario of Mt. Baekdu

9장 국내 철근콘크리트조 및 조적조 저층구조물의 내진성능평가기법

Seismic Performance Evaluation Technique for Low-rise Reinforced Concrete Buildings in Korea

10장 국내 목조건축물의 내진성능평가기법

Seismic Performance Evaluation Technique for Wooden Structure in Korea

11장 건축물 지진피해 긴급위험도 평가시스템

Postearthquake Building Damage Evaluation System

12장 지진가속도계측기 활용 건축물 재난안전관리시스템

Building Disaster and Safety Management System using Seismic Acceleration Measurements

13장 국가 지진해일 대응시스템

National Tsunami Disaster Response System

14장 자연재해 저감 지능형 CCTV 기술

Intelligent CCTV Technology for Natural Disaster

15장 스마트폰 기반 자연재난 피해조사 시스템

Smart Phone based Natural Disaster Damage Investigation System

1장 ICT 기반 자연재난 대응시스템

1. 재해상황분석판단시스템의 개발 배경

이상기후, 기후변화, 국지성 집중호우, 슈퍼태풍, 관측 이래 최고 등의 용어가 더 이상 새롭게 느껴지지 않는 것은 많은 미디어 매체를 통해서 우리가 쉽게 접하는 단어이기 때문이다. 이는 이러한 이상 사건이 우리 주변에서 빈번하게 발생하는 현상이 되었음을 의미한다. 과거에는 장마기간 호우로 인한 하천 범람으로 저지대 침수 및 농경지 침수 피해가 중요한 사회문제였다면, 이제는 단기간 집중호우로 인한 도심지 침수, 토석류 및 산사태 등 복잡해진 피해유형이 중요한 문제이다. 그러나 우리의 재해관리는 이러한 외부적인 여건의 변화 속도를 따라가지 못하고 복구 중심의 관리와 하천 중심의 시설물 정비사업에 집중되어 있었다. 과거 농업이 국가의 주요 산업이었던 시기에는 대부분의 피해가 물이 흘러가는 하천 주변에서 발생되었다. 이를 극복하기 위해 하천의 범람에 대한 연구 및 시스템, 정비사업에 집중하면 되었지만 지금은 도시화, 산업화로 인해 피해를 예방해야 하는 지역이 늘어나고 그 피해양상도 복잡해져서 재해가 발생되는 원인과 과정, 그리고 현상에 대한 분석을 과학적이고 체계적으로 접근하고 신속하게 분석할 수 있는 시스템이 필요하다.

최근 자연재난에 대한 관리는 두더지 게임을 연상케 한다. 국지성 호우와 같이 두더지가 어디에서 올라올지 알기 어렵고, 피해가 발생된 후에는 이미 두더지가 얼굴을 내밀고 들어간 것과 같아서 점수를 얻을 수 없다. 따라서 두더지가 나오려는 곳을 빠르게 분석하고 적절한 시간 내에 두더지를 때려야 한다. 만약 동시에 여러 곳에서 두더지가 올라온다면 한 사람이 모든 구멍을 보고, 판단하고, 움직이는 것에는 한계가 있다. 또한 게임이 장시간 지속된다면 체력이 소진되는 것처럼 가용인력 및 자원의 한계로 실패할 확률이 높다. 재난은 동시다발적일 수도 있고, 산발적일 수도 있으므로 피해를 최소화하기 위해서는 신속하고 체계적인 대응체계가 필요하다. 이러한 측면에서 재난 및 안전 총괄부서인 국민안전처(소방방재청(舊))는 기존의 경험적 재난대응에서 과학적인 재난대응, 사후대응 중심에서 선제적 대응체계의 전환을 위해 2008년부터 재해상황분석판단시스템 구축사업을 시행하여 현재까지 연차별 사업으로 관련기능을 고도화하고 있다.

2. 재해상황분석판단시스템의 개발

재해상황분석판단시스템은 강우집중지역, 하천범람우려지역, 도시침수우려지역, 토석류 피해 위험지역 분석을 통해 상황대응 의사결정을 위한 각종 정보를 제공하는 시스템이다.

이를 위해 국민안전처의 재난정보공동활용센터에 수집되는 기상청, 홍수통제소, 한국수자원공사, 농어촌공사 등의 실시간 모니터링 자료와 국토교통부, 환경부 등의 지형자료, 토지이용자료, 하천정보, 하수도 정보 등 다양한 GIS 및 분석자료를 이용한다.

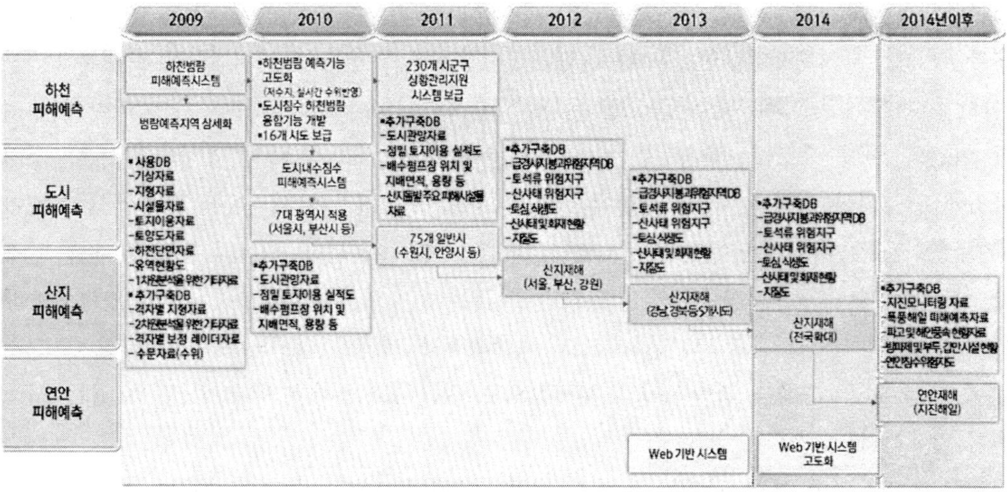

그림 1.1 재해상황분석판단시스템 연차별 추진 내역(년도는 준공 기준)

특히 하천범람, 도시침수, 토석류 등의 발생 원인인 강우에 대한 분석을 기존의 실시간 강우와 함께 초단기 예측강우를 이용하여 강우집중지역을 사전 예측하고, 이를 통한 재해 유형별 위험상황을 분석하여 재난 발생 이전에 의사결정이 될 수 있도록 지원하는 기능을 수행한다. 시스템 개발은 단순 조회기능에서 출발하여 연차별로 과거 피해이력을 통해 중요한 재해유형에 대한 분석기능을 순차적으로 개발하였다.

2.1 재해유형별 분석 기능 개발

시스템에 활용되는 강우정보는 기상청 관측소 강우량 정보를 활용하는 수준에서 동네예보[1], 초단기예보[2], 지자체 강우량계 등 다양한 자료를 활용하는 수준으로 개선되었다. 특히 기상청에서 제공하는 정보의 목적과 재난관리에 이용되는 방재기상의 목적이 다른 점을 고려하여 기존의 평균보다는 피해를 유발하는 일정 수준 이상 강우량의 정확도 향상을 위해 자체적으로 강우량을 합성하여 보정[3]하는 체계로 고도화되었다. 강우예측 정보가 모든 분석의 시작인 점을 고려하여 매년 우기 후, 강우분석 결과를 토대로 보정기법의 보완 및 검증작업을 지속적으로 수행하고 있다.

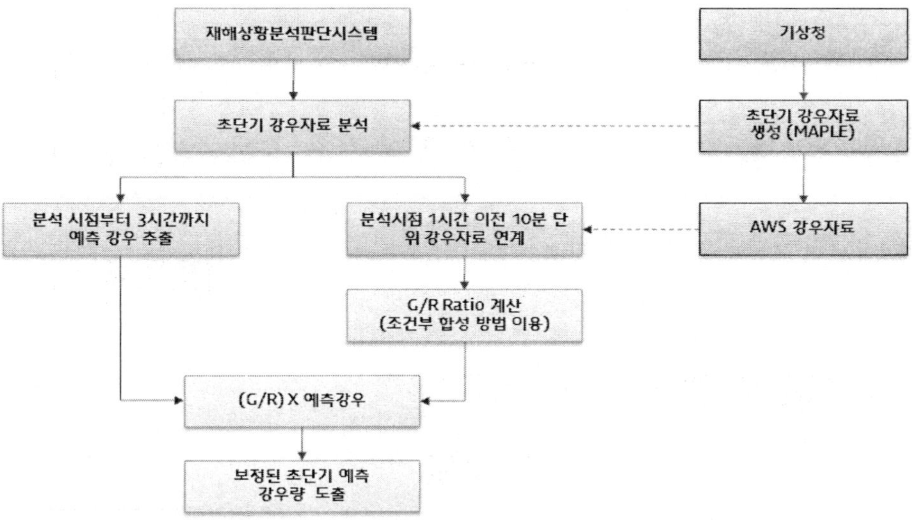

그림 1.2 강우집중지역 분석 절차

1) 동네예보(RDAPS) : 5km×5km 해상도, 24시간을 12시간 단위로 예측
2) 초단기예보(MAPLE) : 1km×1km 해상도, 6시간을 10분 단위로 예측
3) G/R 강우보정 기법과 조건부 합성 기법 이용

하천범람 우려지역은 이미 쉽게 이용되고 있는 모형을 이용, 홍수량을 분석하여 설계홍수량과 비교하는 기능을 통해 위험 여부를 판단할 수 있도록 개발되었고, 하천의 홍수량이 범람했을 때 범람지역을 추정할 수 있는 기능까지 고도화되었다. 그러나 이런 고도화 기능은 상당한 분석시간이 소요되어 빠른 의사결정 지원체계에 적합하지 않아 현재는 자체적으로 보정된 예측 강우량과 하천의 설계 강우량을 비교하여 피해 우려 수준을 3단계로 분석하고 있다. 그러나 이러한 분석방식은 하천의 어느 부분이 위험한지를 예측하는데 한계점이 있다.

도시침수 우려지역은 1시간, 3시간 동안 많은 비가 도심지에 발생한다면 대략적인 위험지역이 어디인지 파악하려는 목적으로 개발되었다. 2010년에는 7대 광역도시, 2011년에는 75개 중소도시를 대상으로 시스템을 구현하였고, 각 도시의 하수도정비기본계획 보고서를 기준으로 도시별 세분화되어 있는 배수분구마다 도시침수 발생 강우량 정보를 분석하여 상황을 판단한다. 개발은 2년 동안 진행되었지만 개발 후에도 도시침수에 대한 정확도 향상을 위해 시스템 분석결과와 도시침수를 유발하는 강우량을 검토하여 하수도 관망 준설률 등을 고려한 보정치 등 실제 침수발생 유무와 적합하게 계속적으로 데이터를 업데이트하고 있다.

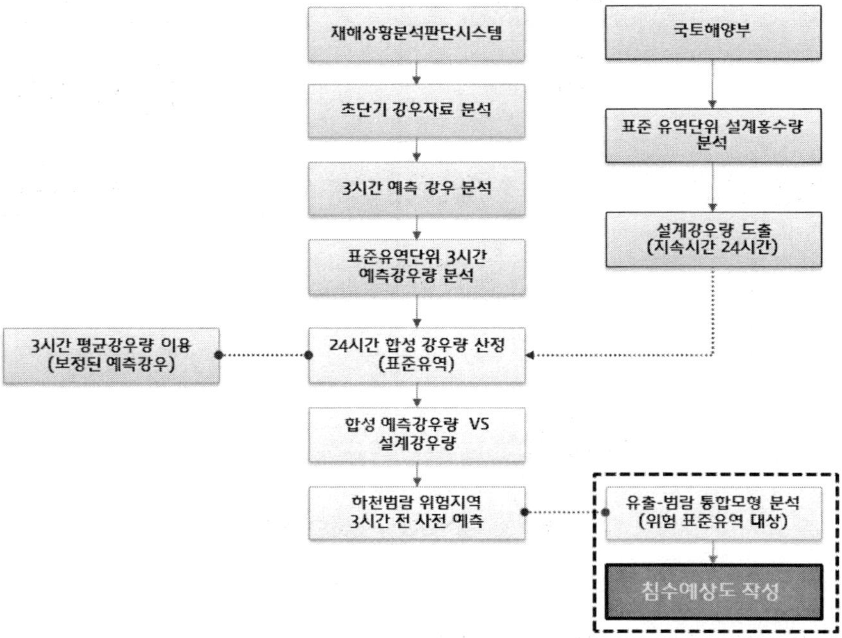

그림 1.3 하천범람 우려지역 분석 절차

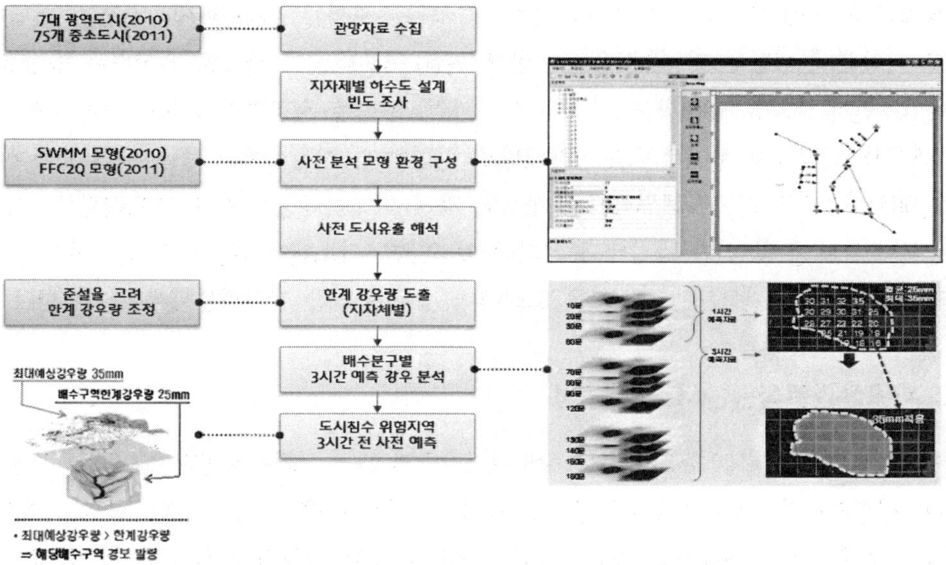

그림 1.4 도시침수 우려지역 분석 절차

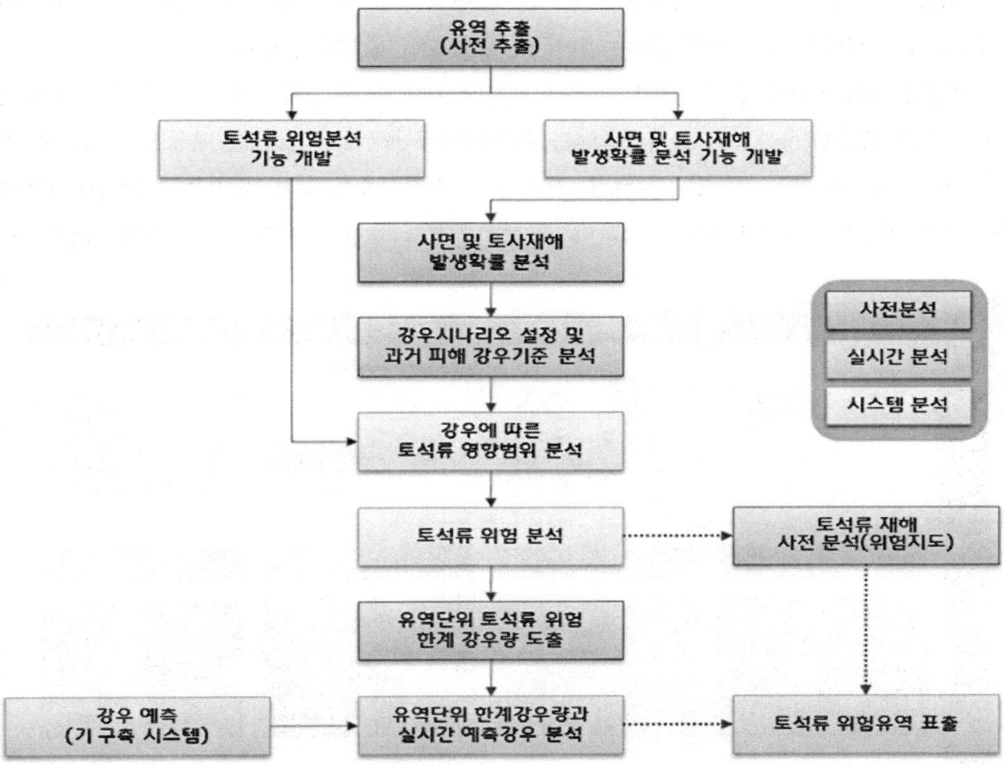

그림 1.5 토석류피해 우려지역 분석 절차

토석류에 대해서는 대규모 인명피해가 우려되는 토석류 위험지역을 사전에 선정하고 해당 지역의 선행강우 및 예측강우로 인한 위험 여부를 실시간으로 분석하는 방법을 적용한다. 먼저 토석류 발생확률, 토석류 도달거리, 토석류 위험평가 기능을 개발하여 사전에 대규모 인명피해 우려지역을 지자체별로 선정한다. 선정시에는 풍수해저감종합계획의 사면재해위험지구, 토사재해위험지구 정보와 과거 피해이력정보 등도 검토하였다. 기존의 사면재해가 토양 및 지반 특성에 중점되어 있었다면, 시스템에서는 기존 연구성과에 강우조건(선행강우 및 3시간 예측강우)을 고려하여 강우에 의한 상황대응체계를 지원한다.

2.2 재해상황분석판단시스템 구성

재해상황분석판단시스템은 크게 상황관리지원기능과 상황분석판단기능으로 구성되어 있다. 상황관리지원기능은 강우집중 사전예측, 피해우려 예상 지역 판단, 중앙/지자체 상황정보 공유, 각종 재해정보 종합 조회로 재해에 대한 상황관리 의사결정에 참고자료로 활용되는 각종 재해 정보들을 시스템을 통해 활용이 가능하다. 상황분석판단기능은 앞에서 서술한 바와 같이 강우예측을 기반으로 하천범람 예측, 도시침수 예측, 토석류 피해예측으로 구성되어 있고 연안침수는 2015년 사업으로 예정되어 있다.

위험이 사전에 예측된 지자체에 대해서는 지자체 선택 및 지도에서 직접 선택을 통해 상세 정보를 확인할 수 있다. 상세정보에는 하천범람예상지역, 도시침수 예상지역, 토석류 예상지역이 읍·면·동 단위로 조회되며, 인접 하천 수위관측소 정보, 산림청의 산사태 위험지도, 기상관측소 위치 및 정보, CCTV 및 교통상황정보 등을 항공영상사진 위에 표출한다.

그림 1.6 재해상황분석판단시스템의 구성

이러한 정보제공은 예측강우로 인한 재해유형별 상황분석의 불확실성을 해소하기 위한 목적과 각종 방재정보를 한눈에 파악하여 신속한 상황판단을 통한 대응계획 수립을 지원하는 기능도 구현한다. 이와 같이 구축된 재해상황분석판단시스템은 재해정보 수집, 상황분석 판단, 상황대처에 있어서 경험적 판단으로 의사결정하던 기존 방식에서 보다 과학적이고 신속하게 상황대응에 활용할 수 있다.

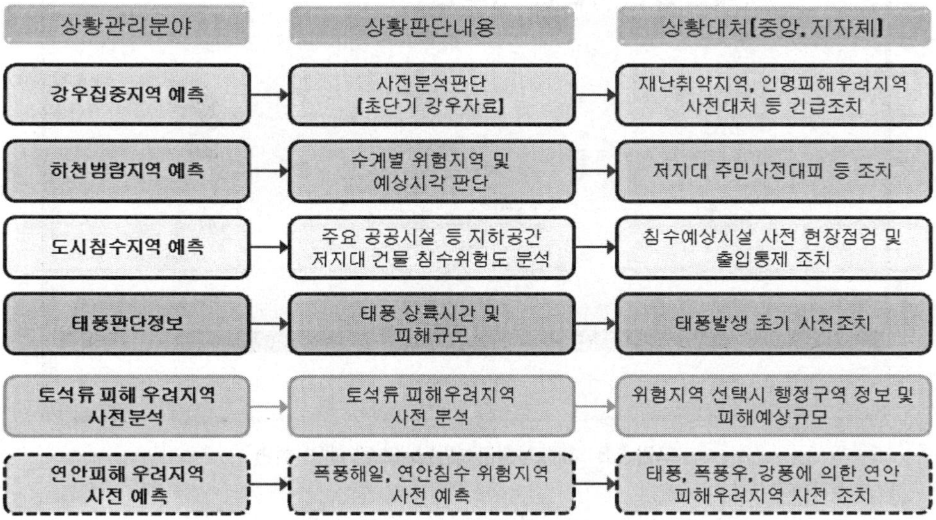

그림 1.7 재해 유형별 판단 및 대처 주요 내용

3. 재해상황분석판단시스템 구축

재해상황분석판단시스템은 중앙에서 상황근무 업무를 지원하기 위해 관련 담당자가 활용할 수 있는 C/S 버전으로 개발되었다. 태풍에서 시작하여 재난정보공동활동센터에 연계되는 여러 부처의 DB를 분석하여 재난대응업무에 활용할 수 있는 형태로 DB를 가공하거나 새로운 방재정보를 생산하는 형태로 단위업무 지원시스템 형태로 개발되었다.

시스템에 재해유형 분석기능이 연차별로 추가되고, 예측강우에 대한 이해도 및 활용방안 필요성이 높아지면서 시스템 분석결과를 지자체에 제공하기 위한 별도의 Viewer 시스템 개발이 이루어졌으나 실시간 분석자료의 전송 및 무거운 분석시스템 체계에서 활용성이 높지 않은 문제점이 발생되었다. 이러한 문제점들로 인해 재해상황분석판단시스템은 2013년 사업을 통해 Web기반 시스템으로 전환하였다. 이로 인해 재난관리 사용자들의 활용도를 높이고 사용자의 편의성이 높아졌으며, 타 부처에 기 구축된 재난 관련 자료를 연계하고 통합하여 재난관리 의사결정의 참고자료로 활용할 수 있게 되었다. 이렇게 구축된 Web 기반 시스템을 기준으로 재해상황분석판단시스템의 화면 기능 구성은 다음과 같다.

그림 1.8 재해상황분석판단시스템 메인 화면

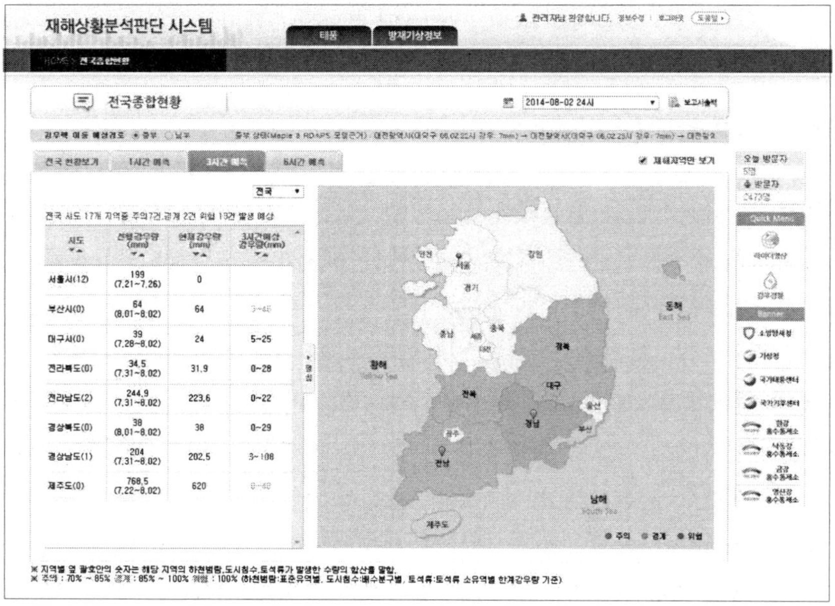

그림 1.9 예측강우 기반 재해유형별 위험 예상지역 표출

재해상황분석판단시스템은 기상연구소에서 제공하는 레이더 예측자료를 활용하여 기상청 AWS(Automated Weather Station)과 합성하여 재난 대응을 위한 예측자료로 보정하여 이 강우를 기반으로 하천범람, 도시침수, 토석류 피해를 예측한다. 시스템은 중앙재난안전대책본부, 시 · 도관계자, 시 · 군 · 구관계자를 중심으로 유관기관에서 활용하여 재난에 대응하고자 구축되었다.

본 시스템은 자체 분석되는 재해 피해 예측정보와 국민안전처 및 유관기관에서 관리하는 재난 관련 정보를 연계하여 재난관리에 활용한다. 국민안전처에서 관리하는 자연재해위험개선지구, 배수펌프장, 산사태위험지구, 인명피해우려지역 등의 자료를 지도에 표출하고 산림청의 산사태위험지도, 통계청 집계구 인구정보 등을 연계하여 활용한다. 또한 시스템에서 사용되는 배경지도는 국토교통부에서 제작한 V-world 오픈 플랫폼을 활용하여 고해상도 항공사진을 활용하고 있다.

그림 1.10 재해상황분석판단시스템 도시침수 표출 화면

재해상황분석판단시스템은 태풍에 대한 상황관리를 위한 기능도 구축되어 있으며, 현재 발생 태풍 정보, 유사태풍 정보(기간별, 경로별, 월별 트렌드), 각국의 태풍(대만, 일본, 미국)을 확인할 수 있다.

방재기상정보 연계기능은 상황근무자가 주로 활용하는 방재기상 정보 포털서비스 연계를 통해 사용자가 손쉽게 주요 기상정보를 활용할 수 있으며 특보현황, 한반도 가시영상, 기상일기도 등을 제공한다. 특보 현황자료는 기상특보현황, 예비특보현황으로 제공하고 한반도 가시영상은 기상청 COMS영상으로 15분 주기로 제공되는 정보를 연계하여 제공한다. 기상일기도는 상황근무에 주로 사용되는 3시간 누적강우량 일기도와 3시간 간격 지상일기도(지상03)를 연계하여 제공하고 있으며, DB로 저장하여 과거 자료도 조회 가능하도록 구현하고 있다.

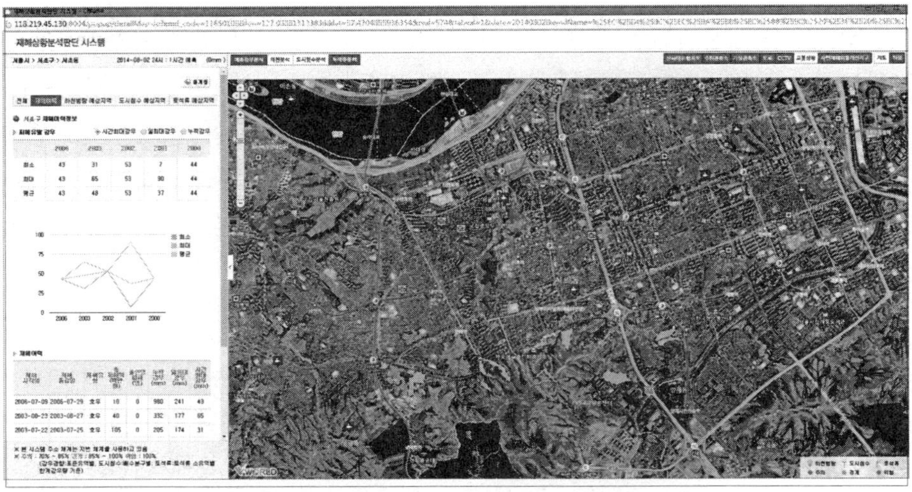

그림 1.11 재해상황분석판단시스템 토석류 예상 피해 표출 기능

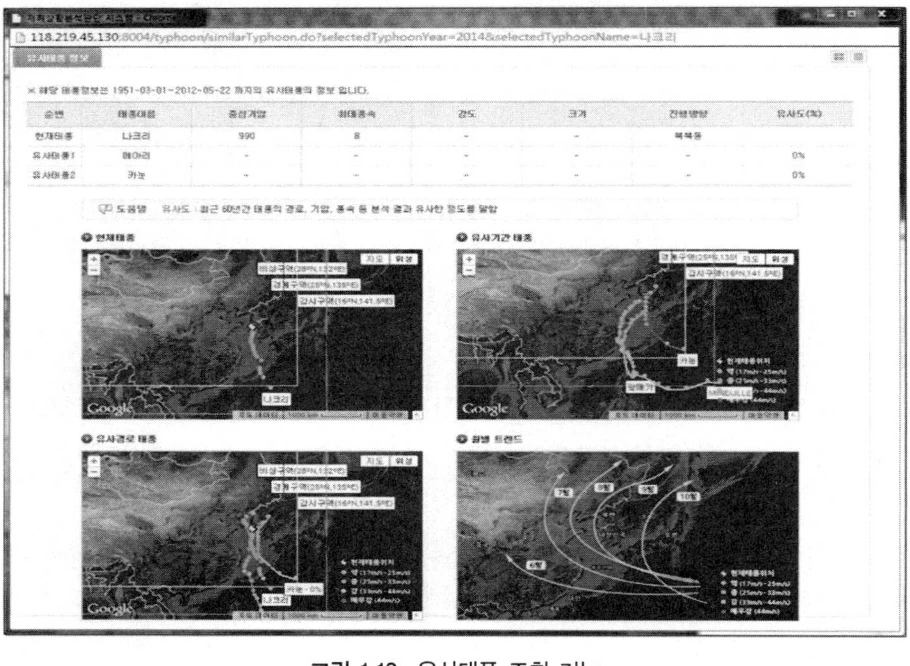

그림 1.12 유사태풍 조회 기능

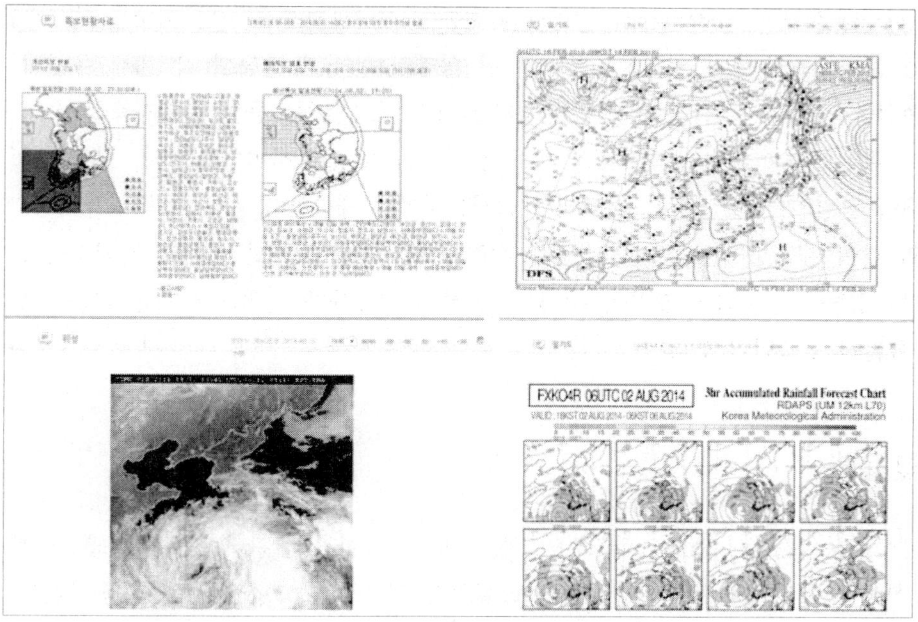

그림 1.13 방재기상정보 연계 화면

그림 1.14 해당 시 · 군 · 구 재난 관련 신문기사 조회기능

본 시스템은 과거 재해 피해 이력 조회를 통해 재난관리자가 재난 피해를 예상하는 데 도움을 준다. 특히 재해연보를 기준으로 한 통계자료 조회를 통해 각 재해 유형에 따른 공공시설물과 사유시설물을 비롯해 인명피해(사망/부상/실종) 등의 통계자료를 손쉽게 조회하여 확인할 수 있다. 또한 뉴스 기사 검색 엔진을 활용하여 해당 시 · 군 · 구의 과거 자연재난 관련 기사를 자동으로 검색하여 사용자에게 제공한다.

이와 같이 재해상황분석판단시스템은 재해를 예측하는 것뿐만 아니라 자연재난과 관련된 모든 정보를 통합하여 활용할 수 있도록 하고 사용자가 선택하여 재난 대응에 활용하도록 폭넓게 구축되어 있다.

4. 맺음말

재해상황분석판단시스템은 과학적인 분석기법을 통한 재난관리, 피해 발생 후 대응이 아닌 선제적 재난대응체계를 점진적으로 실현한 것으로 2008년~2009년 태풍, 강우, 하천 범람, 2010년~2011년 도시침수, 2012년~2014년 토석류까지 기존에 연구되고 시스템화 가능한 기술, 각종 계측기술, 통신기술, GIS기술을 통합하여 과학적인 ICT 기반 자연재난대응 시스템을 구축한 사례이다. 2015년도에는 연안재해에 대한 사업과 그간 구축된 시스템 유지관리가 함께 추진되어 각 부처별 재난관련 성과를 활용하는 상황대응시스템으로서 국민안전처의 재난관리 상황관리업무에 활용될 수 있을 것으로 판단된다.

정부 3.0이 수평적인 협업체계라면 중앙정부와 지자체간, 그리고 민간기관의 정보가 수직적으로 활용되는 협조체계 구축이 필요하다. 빅데이터(Big Data)는 이러한 접근의 한 방식이나 아직까지는 민간정보 중심의 분석, 공공정보 중심의 분석으로 이원화되어 있다. 재해상황분석판단시스템은 수평적인 기관 간 자료 협업체계는 성숙기에 도달한 반면 중앙정부와 지자체 간의 협업체계는 일부 자료 공유형태의 태동기라고 할 수 있다. 국민안전처의 위상에 맞게 더 폭넓은 기관 간 정보공유를 기반으로 민간정보 등을 융합한 수평-수직협업체계 구축을 통해 자연이 주는 피해를 막을 수 없다면 피해를 최소화하는 데 있어서 활용될 수 있는 시스템으로 발전되기를 기대한다.

Typhoon Commiltee Disaster Information System

2장 태풍위원회 재해정보시스템

1. 태풍위원회 재해정보시스템 개발 배경

아시아와 태평양 지역의 태풍으로 인한 생명과 물적 손실을 최소화하기 위하여 1968년 UNESCAP과 WMO가 발의하여 태풍위원회(Typhoon Committee)가 설립되었다. 초기의 태풍위원회는 UNESCAP의 회원국 중 태풍의 영향을 받는 우리나라를 비롯한 10개의 참여국 소속 수문, 기상분과로 구성되었다. 현재의 태풍위원회는 1992년 북한의 가입, 1998년 미국이 가입하는 등 14개국으로 증가되었으며, 수문, 기상, 방재, 교육 · 훈련 및 연구의 5개 분과로 구성되어 있다.

기후변화 및 다양한 사회 · 환경 변화에 의해 태풍의 발생빈도와 규모는 증가하고 있다. 대표적으로 2004년 인도양에서 발생한 쓰나미는 전 세계적으로 28만 명이 넘는 인명피해를 발생시켜 태풍과 홍수에 대한 예 · 경보 및 이로 인한 피해예방을 위해 범국가적 공동대응 및 전략적 파트너십이 필요하다는 공감대를 형성하게 하였다. 이에 따라 태풍위원회에서도 방재분과의 필요성이 제기되어 2005년 만장일치로 한국이 의장국으로 선출되었고 국립재난안전연구원장이 의장직을 수행하고 있다. 방재분과는 태풍과 관련하여 지속가능한 개발을 진행함에 있어 시민의 안전을 최대화하고, 사회 · 경제적 영향을 최소화할 수 있는 재해경감을 목적으로 하고 있으며 이를 위해 '태풍위원회 방재분과의 우선현안 규명과 협력방안 모색', '사례 공유와 역량 강화 촉구', '회원국의 역량 강화를 위한 태풍위원회의 활동 및 프로그램 이행', '태풍위원회 방재분과 관련 활동을 위한 인적 자원 및 재원 확보', '복합위험에 대한 조기경보시스템 및 대중 인식 제고 프로그램 개발', '방재분과의 전략계획 수립 이행사항 보고', '회원국 간의 공동연구 추진' 등의 전략계획을 수립하였다.

태풍위원회 방재분과의 첫 번째 공동연구사업으로 회원국의 정보공유 및 기술지원을 위한 태풍위원회 재해정보시스템(TCDIS ; Typhoon Committee Disaster Information System)을 구축·운영하고 있다. TCDIS는 태풍위원회 방재분과 회원국의 정보공유를 위해 태풍정보, 재해정보, 회원국 동향 등의 정보를 제공하는 포털기능과 태풍DB 검색, 유사태풍 검색, 선행누적강우 분석을 통해 태풍진로에 따른 고위험지역 정보를 제공하는 등의 태풍정보제공(TIP, Typhoon Information Provider) 기능으로 구성되어 있다.

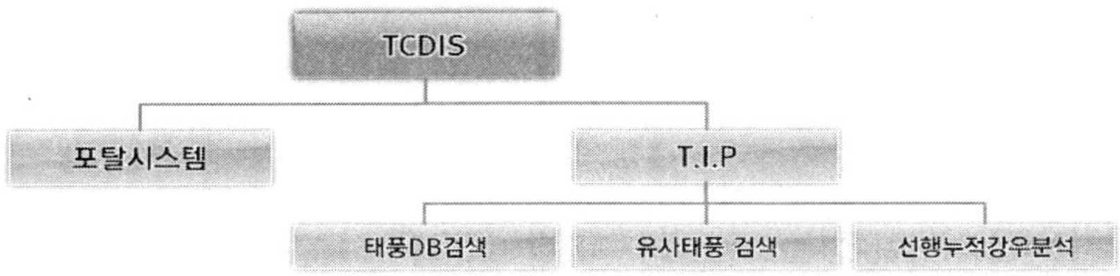

그림 2.1 TCDIS 구성도

2. TCDIS의 구성과 기능

2.1 웹 포털기능의 TCDIS

TCDIS는 태풍위원회 회원국 간의 정보공유 역할을 하는 것이 주요 목적 중 하나이며, 이를 수행하기 위해 태풍위원회 소식, 태풍위원회 방재분과 회의, 태풍위원회 Expert Mission, 회원국가 재해현황 등을 기록 또는 검색할 수 있도록 하였다.

2.2 TIP을 이용한 태풍DB 검색

TIP에서 태풍DB를 활용하여 과거 태풍을 검색할 수 있도록 하였다. 태풍DB 검색은 태풍 전체 리스트에서 선택하거나 발생기간을 설정하여 검색하는 방법을 적용하였다. 태풍DB에는 발생기간 동안의 위치정보와 당시의 중심기압 크기를 확인할 수 있으며, 선택된 태풍의 정량적인 비교 등의 다양한 검토가 가능하도록 *.DOC, *.PDF 등으로 문서화된 형태가 아닌 수치형식으로 자료를 제공하도록 하였다.

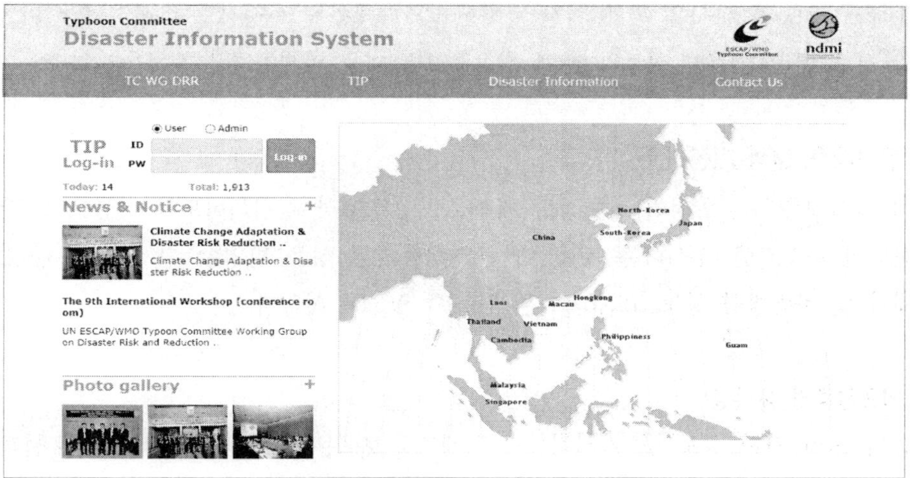

그림 2.2 TCDIS 웹 포털 메인 페이지

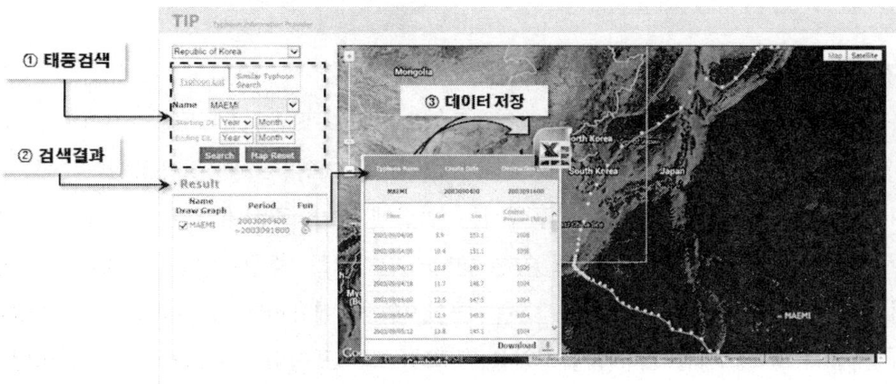

그림 2.3 TIP에서의 태풍DB 검색

2.3 TIP을 이용한 유사태풍 검색

TIP은 현재 한반도에 진입할 것으로 또는 영향을 줄 것으로 예측되는 현재의 태풍과 비교하여 가장 유사한 특성(태풍진로, 중심기압, 바람방향, 바람세기)을 가진 과거의 태풍을 검색하고자 하는 시스템으로, 과거 유사태풍을 통해 현재의 태풍진로와 피해특성을 검토하도록 고안한 것이다. TIP에서의 유사태풍 분석은 기상청에서 제공되는 관심태풍예측정보와 RSMC(Regional Specialized Meterological Centre) 데이터를 기반으로 이루어지며, 1950년 이후 발생한 모든 태풍에 대한 검색이 가능하도록 구축하였다. NNM(Nearest

Neighbour Method) 분석을 통해 가장 유사한 과거 태풍을 선정하도록 하고 있으며, 과거 태풍의 경로 및 중심기압 정보와 함께 행정구역별 태풍 피해이력을 정보화하였다.

2.3.1 유사태풍 검색 기본이론

과거 유사태풍은 기상청의 태풍경로 예측정보를 활용하여 검색하도록 하였으며, 단순히 태풍진로의 유사도만 분석하는 것이 아니라 태풍의 특성을 반영할 수 있도록 중심기압, 바람세기 및 바람방향 등도 고려하여 검색할 수 있도록 하였다.

1) 이동경로의 유사성

태풍의 여러 가지 정보 중 가시적으로 가장 잘 보이는 태풍의 중심위치를 우선적으로 적용하여 태풍의 유사성을 판단하게 되는데, 과거 태풍정보를 시간단위로 구분하여 누적된 정보를 확보하고, 이를 현재의 태풍위치와 비교하여 이동경로에 대한 유사성을 검토하도록 하였다(그림 2.4 참조).

2) 중심기압의 유사성

태풍의 중심기압은 태풍의 강도를 결정하는 중요한 요소로 Schloemer(1954)의 연구결과를 이용하여 생성한 Holland Profile(Holland, 1980)의 기압분포를 활용하였다. 이는 반경방향의 기압분포를 추정한다. 본 연구에서는 위도에 따른 중심기압의 상관계수를 산출하여 유사성을 산출하였다. 위도 25도 이후 0.5도 간격으로 중심기압을 산출하고, 이를 이용하여 상관계수를 산출한다. 그림 2.5는 중심기압을 이용하여 유사태풍을 선정했을 때 가상의 태풍과 과거 태풍과의 중심기압을 비교한 그래프이다. TCDIS에서는 위도별 중심기압에 대한 기하학적인 유사성을 찾고 이를 유사태풍 선정에 활용하였다.

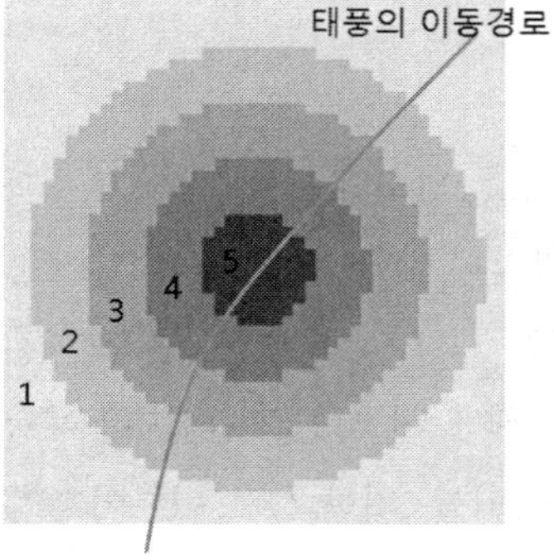

그림 2.4 경로정보 분석

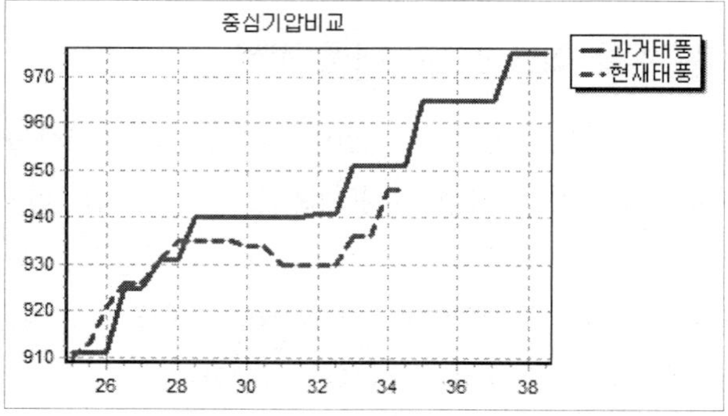

그림 2.5 중심기압의 비교

3) 풍속분포 및 방향의 유사성

태풍의 가장 중요한 요소 중 하나가 풍속의 분포이다. 풍속분포의 유사성을 찾기 위하여 과거 태풍들의 풍속분포를 분석하여 2차원 풍속분포map을 작성하고 작성된 map과 발생된 태풍에 의하여 계산된 2차원 풍속분포map을 비교하였다. 풍속분포는 태풍 RUSA에도 적용 가능하도록 RSPH(Revised Standard Project Hurricane, NOAA 1972) 및 바람장모형을 확장한 연구(이영규 등, 2007) 결과를 연산속도를 고려하여 단순화하여 활용하였다. TCDIS는 이와 같이 구축된 데이터가 국내에 영향을 주었던 모든 태풍에 대해 최대풍속 분포 data를 구축하고 이를 유사태풍 검색에 활용하였다.

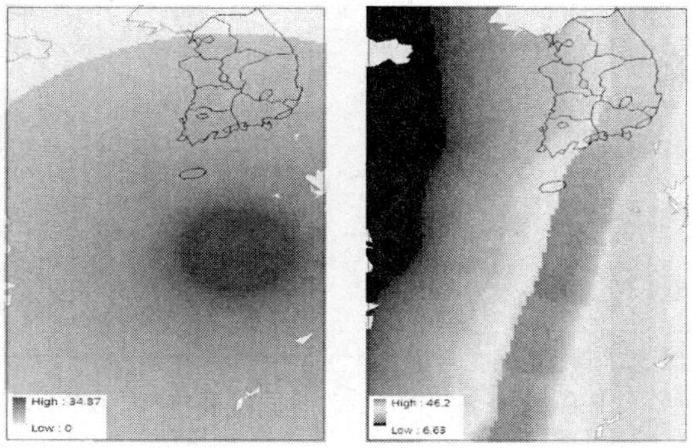

a. 단일지점 풍속분포　　　b. 최대풍속분포(태풍 매미)

그림 2.6 풍속분포 및 바람방향의 유사성 분석

2.3.2 유사태풍 검색 기능설명

1) 태풍정보 입력

현재의 태풍정보는 csv파일 형식으로 예측진로의 위도 및 경도, 중심기압 등의 정보를 입력하도록 하고 있으며, 옵션(태풍진로, 중심기압, 풍속, 바람방향)을 선택하도록 하였다. 여기서 옵션은 검색하고자 하는 유사태풍에 대해 가중치를 부여하는 것이며, 하나의 옵션만 선택하기보다는 여러 옵션을 선택하여 가중치를 부여함으로써 태풍의 특성을 반영하여 검색할 수 있도록 하였다(그림 2.7 참조).

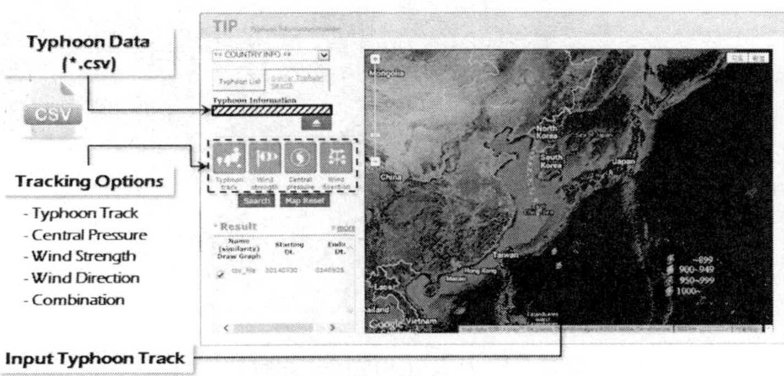

a. 태풍 예측정보 입력

그림 2.7 태풍정보 입력 및 옵션 선택

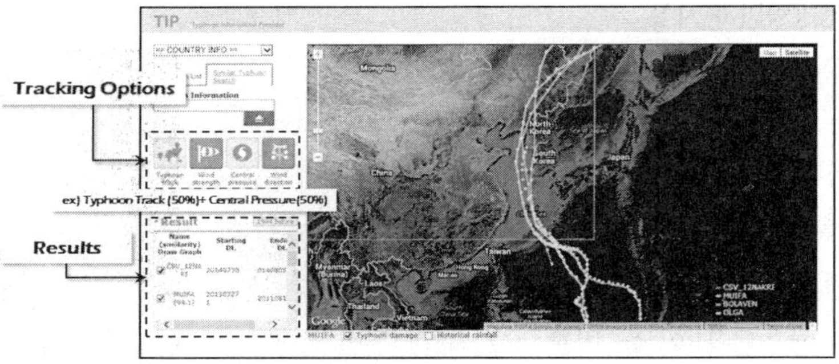

b. 유사태풍 검색 옵션 설정

그림 2.7 태풍정보 입력 및 옵션 선택 (계속)

2) 유사태풍 피해이력 분석

과거 유사태풍의 피해이력을 행정구역별로 데이터베이스화하였으며, GIS와 연동되도록 시스템을 구성하였다. 이는 태풍 피해지역을 쉽게 파악할 수 있도록 도와주는 역할을 한다. 또한 행정구역별 피해이력을 공공시설 또는 사유시설로 구분하여 항목별로 표출하도록 하고 있어 태풍의 주요 피해시설도 확인할 수 있도록 하였다(그림 2.8 참조).

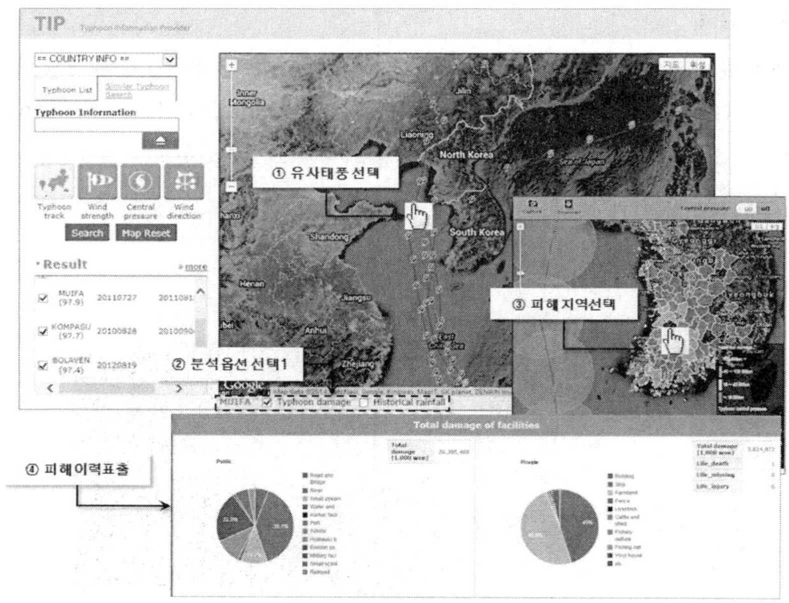

그림 2.8 태풍의 피해이력 분석

2.4 TIP를 이용한 선행누적강우 분석

전체 발생 태풍의 90% 이상이 우기(6월 하순~9월 중순)에 집중되고 있고 토양수분 조건이 강우-유출 특성에 큰 영향을 미치게 되며, 이러한 유출특성의 변화는 태풍내습 시에 미치는 영향도 달라질 것으로 판단된다. 태풍 올가(OLGA)의 경우 경기, 강원, 충북, 충남, 전북, 전남, 경북, 경남, 제주 순으로 피해가 컸던 것으로 나타났다. 태풍 시 호우만을 분석했을 경우 충남지역과 전남지역에서 피해가 컸던 것에 대한 설명이 부족하였을 것이다. 따라서 태풍위험도 평가를 위해서는 선행누적강우와 태풍 시 강우강도의 평가가 필요하다.

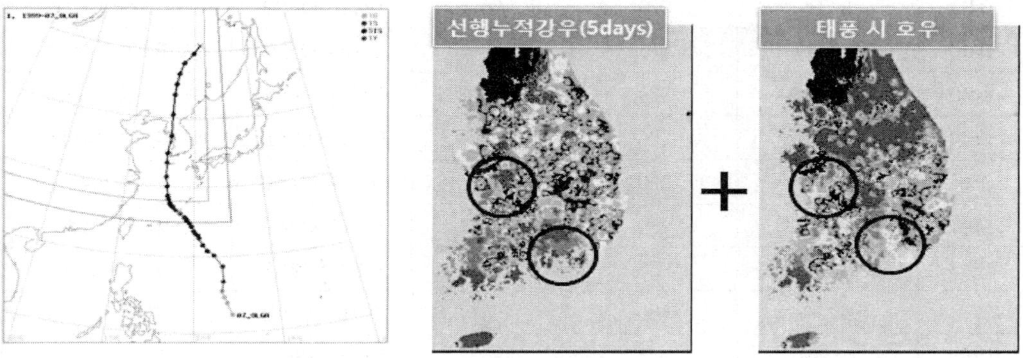

그림 2.9 태풍 올가(OLGA)의 선행누적강우 및 태풍 시 강우 분포

국내 강우-유출 모델링에 있어서 유효강우와 직접유출로 분리하여 적용하는 SCS(Soil Conservation Service)법을 보편적으로 적용하고 있으며, 일반적으로 선행 5일 강우량을 기준으로 선행토양함수조건을 고려하고 있다. 이와 같은 개념으로 우리나라에 영향을 준 태풍과 영향기간을 표 2.1과 같이 분석하였으며, 2001~2012년에 영향을 준 태풍의 5일 전부터의 선행강우를 분석하였다.

표 2.1 최근 우리나라에 영향을 준 태풍(2001~2012)

태풍번호	태풍명	중심 최저기압 (hPa)	중심 최대풍속 (knot)	영향기간	피해지역
0111	PABUK	955	76	08/20~08/21	해상
0205	RAMMASUN	945	88	07/04~07/06	전국
0208	NAKRI	985	36	07/13~07/13	제주
0209	FENGSHEN	920	102	07/26~07/27	제주, 영호남

태풍번호	태풍명	중심 최저기압 (hPa)	중심 최대풍속 (knot)	영향기간	피해지역
0215	RUSA	950	82	08/30~09/01	전국
0304	LINFA	980	56	05/30~05/30	남해안
0306	SOUDELOR	955	82	06/18~06/19	제주, 남부
0310	ETAU	945	82	08/08~08/08	남해안
0314	MAEMI	910	108	09/12~09/13	전국
0407	MINDULLE	940	92	07/02~07/04	제주, 남부
0410	NAMTHEUN	945	88	08/01~08/01	동해안, 남해안
0415	MEGI	970	66	08/17~08/19	전국
0416	CHOBA	910	114	08/29~08/31	제주, 동 · 남해안
0418	SONGDA	935	92	09/06~09/08	제주, 남부, 강원
0514	NABI	925	98	09/06~09/07	제주, 동 · 남해안
0603	EWINIAR	920	102	07/09~07/10	제주, 남부
0610	WUKONG	980	46	08/18~08/19	남해안, 동해안
0613	SHANSHAN	925	104	09/17~09/18	남부, 동해안
0704	MAN-YI	930	96	07/14~07/15	제주, 남부
0705	USAGI	945	90	08/03~08/04	제주, 동 · 남해안
0711	NARI	935	96	09/14~09/16	제주, 남부
0807	KALMAEGI	960	78	07/19~07/20	경기, 충청, 강원
1004	DIANMU	980	62	08/10~08/11	영 · 호남, 남해안
1007	KOMPASU	960	80	09/01~09/02	전구
1009	MALOU	990	48	09/06~09/07	제주, 남부
1105	MEARI	970	60	06/25~06/26	제주, 서해안
1109	MUIFA	930	100	08/07~08/09	서해안
1112	TALAS	965	50	09/06~09/07	동해안
1207	KHANUN	985	50	09/06~09/07	전국
1210	DAMREY	965	70	09/06~09/07	해상
1214	TEMBIN	945	90	09/06~09/07	제주, 남부
1215	BOLAVEN	910	100	09/06~09/07	제주, 서해안
1216	SANBA	900	110	09/06~09/07	제주, 남부, 강원

2.4.1 태풍 루사(RUSA)

태풍 루사(RUSA)는 2002년 8월 23일 09시경 괌 동북동쪽 약 1,800km 부근 해상에서 발생하였으며, 일본 남쪽해상 및 제주도 서귀포 동쪽 해상을 거쳐 8월 31일 15시 30분경 전라남도 고흥반도 남부해안으로 상륙하였다. 9월 1일 한반도를 관통하여 같은 날 15시경 속초 부근의 동해북부 해상으로 빠져나갔다(그림 2.10a 참조). 15호 태풍 루사(RUSA)는 8월 30일~9월 1일까지 우리나라 전역에 영향을 미쳤으며, 특히 강원도 지방에 막대한 강우를 기록하면서 5조 1,419억 원의 막대한 재산피해를 입혔으며, 246명의 사상자를 발생시켰다.

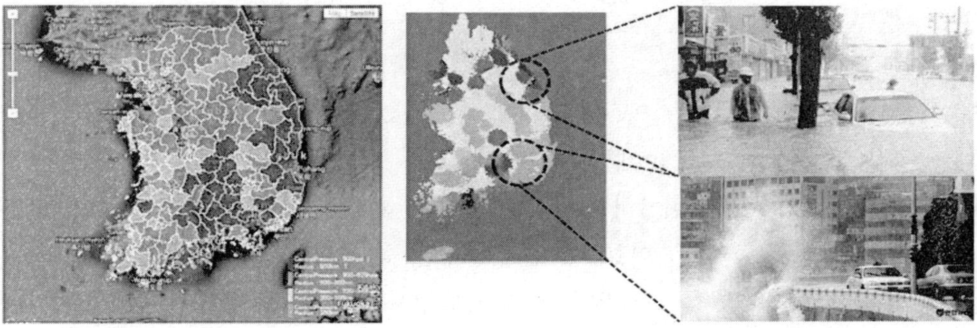

a. 태풍진로 및 피해지역　　b. 선행누적강우분포 및 피해사진

그림 2.10 태풍 루사 피해지역 및 선행누적강우 분포

2.4.2 태풍 매미(MAEMI)

태풍 매미(MAEMI)는 2003년 9월 6일 15시경 괌 북서쪽 약 400km 부근 해상에서 발달하였으며, 제주도 서귀포 남남서쪽 약 420km 부근 해상을 거쳐 경상남도 사천시 부근 해안으로 상륙하였다. 남해 내륙에 상륙한 태풍은 북북동진하여 경상남도 함안을 거쳐 13일 울진 부근 해안을 통해 동해상으로 진출하였다(그림 2.11a 참조). 태풍 매미(MAEMI)는 9월 12일~13일까지 우리나라에 영향을 준 태풍으로 9월 12일 경상남도 사천시 부근 해안에 상륙하였을 때 추정 중심기압은 약 954hPa, 최대풍속은 약 40m/s로 강한 바람과 함께 많은 비를 동반한 태풍으로써 4조 2225억 원의 막대한 재산피해를 입혔다.

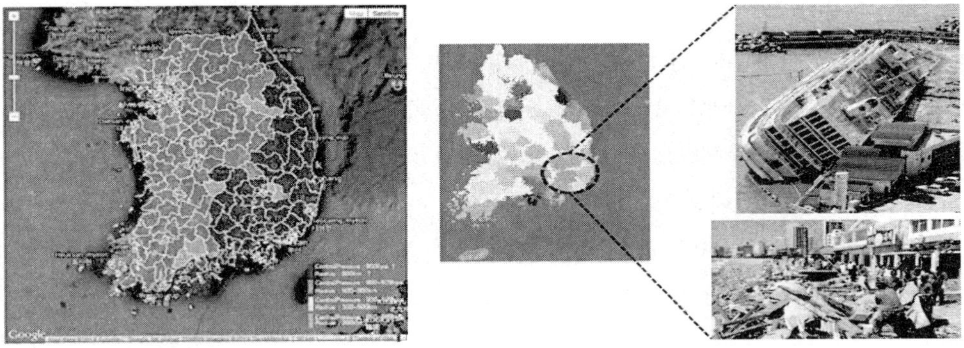

a. 태풍진로 및 피해지역　　　　b. 선행누적강우분포 및 피해사진

그림 2.11 태풍 매미 피해지역 및 선행누적강우 분포

2.4.3 태풍 볼라벤(BOLAVEN)

태풍 볼라벤(BOLAVEN)은 2012년 8월 20일 09시경 괌 북서쪽 570km 부근 해상에서 발달하였으며, 제주도 서귀포 남남서쪽 약 380km 부근 해상을 거쳐 서해안으로 북상하면서 목포, 서산, 서울 등에 영향을 미쳤다(그림 2.12a 참조). 15호 태풍 볼라벤(BOLAVEN)은 8월 27일~28일까지 서해안 일대에 많은 피해를 발생시킨 태풍으로써 전남 완도 부근에서 최대순간풍속 51.8m/s을 기록하여 2007년 태풍 나리(NARI) 이후 가장 강한 태풍이었다.

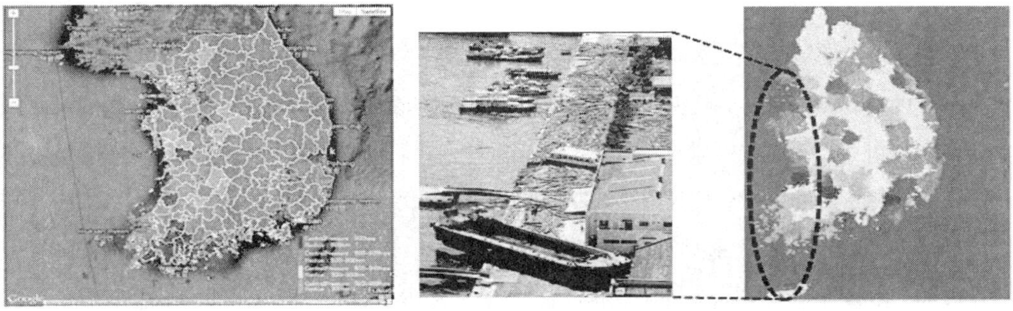

a. 태풍진로 및 피해지역　　　　b. 선행누적강우분포 및 피해사진

그림 2.12 태풍 볼라벤 피해지역 및 선행누적강우 분포

3. TIP을 이용한 유사태풍 검색 예시

3.1 태풍 예측정보를 이용한 유사태풍 검색

12호 태풍 나크리(NAKRI)는 7월 30일 오전 3시에 중심기압 994hPa, 최대풍속 18m/s, 강풍 반경 600km(남쪽 반경) 의 대형 열대폭풍으로 일본 오키나와 남쪽 약 860km 부근 해상에서 발생하였다. TIP를 이용하여 태풍 나크리와 유사한 과거태풍을 검색하였다. 태풍의 예측정보는 기상청자료와 일본기상청자료를 활용하였다.

3.1.1 기상청 태풍정보를 이용한 유사태풍 검색

태풍 나크리의 유사태풍을 분석한 결과(2014.07.30.기준), 태풍경로에 100% 가중치를 부여한 경우 태풍 폴리(1960년 06호)가 가장 유사한 태풍으로 검색되었으며, 태풍 무이파(2011년 09호), 태풍 플로시(1964년 07호) 등이 유사태풍으로 검색되었다. 태풍경로에 가중치 50%, 중심기압에 가중치 50%를 부여한 경우 유사태풍은 태풍 플로시(1964년 07호)가 가장 유사한 태풍으로 검색되었으며, 태풍 무이파(2011년 09호), 태풍 곤파스(2010년 07호) 등이 유사태풍으로 검색되었다.

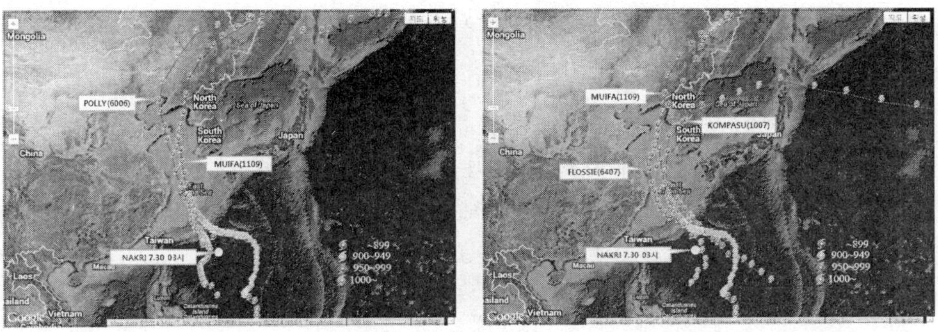

a. 가중치 : 경로 100%　　　b. 가중치 : 경로 50%, 중심기압 50%

그림 2.13 기상청 태풍정보를 이용한 유사태풍 검색결과

3.1.2 일본기상청 태풍정보를 이용한 유사태풍 검색

일본기상청 태풍 예측정보를 이용하여 유사태풍을 검색한 결과, 태풍경로에 가중치를 100% 부여한 경우 태풍 무이파(2011년 09호)가 가장 유사한 태풍으로 검색되었으며, 태풍 빌리(1973년 03호), 태풍 조안(1962년 05호) 등이 유사태풍으로 검색되었다. 태풍경로와

중심기압에 가중치를 각각 50% 부여한 경우에는 태풍 노라(1962년 09호)가 가장 유사한 태풍으로 검색되었으며, 태풍 폴리(1960년 06호) 및 태풍 조안(1962년 05호)과 최근 태풍으로는 태풍 무이파(2011년 09호)가 유사한 태풍으로 검색되었다.

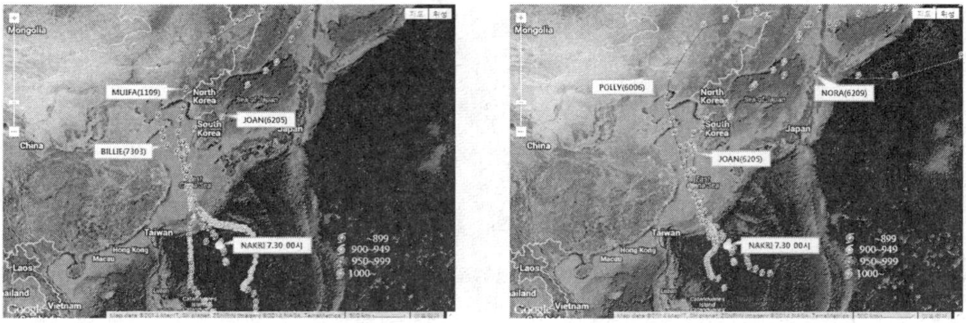

그림 2.14 일본기상청 태풍정보를 이용한 유사태풍 검색결과

3.2 태풍 예측정보를 이용한 유사태풍 검색 결과

우리나라 기상청과 일본기상청의 태풍 예측정보를 이용하여 검색한 유사태풍 중에서 가장 최근에 발생한 태풍은 무이파(2011년 09호)인 것으로 나타났다. 태풍 무이파(MUIFA)는 2010년 8월 6~10일 기간 중 서해로 북상하면서, 태풍 위험반원에 위치한 전라, 충청, 제주 지역을 중심으로 약 2,954억 원의 재산피해와 사망 2명의 인명피해를 초래하였다. 또한 태풍이 전남, 신안 · 완도 · 진도 등 해안지역에 10시간 이상 지체하면서 피해를 집중시켰다.

실질적으로 태풍 나크리는 발생 이후 북~북북서진하면서 서서히 발달해서 8월 1일 오전 9시에 제주도 서귀포 남쪽 약 510km 부근 해상에서 중심기압 980hPa, 최대풍속

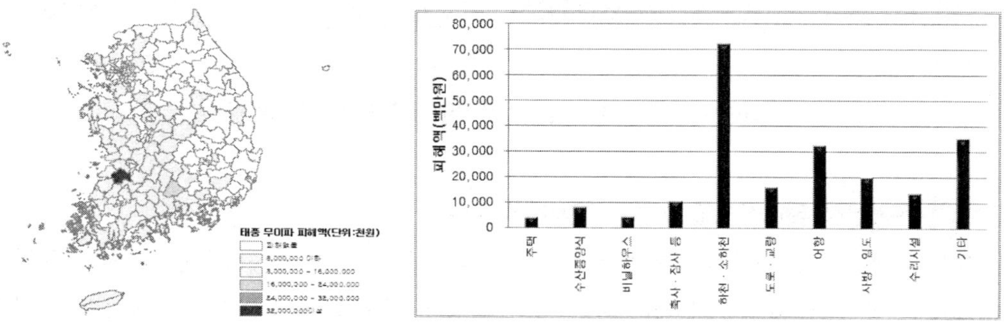

그림 2.15 태풍 무이파 피해이력

28m/s, 강풍 반경 650km의 세력은 중, 크기는 대형의 강한 열대폭풍으로 최성기를 맞이하였다. 8월 2일 오후 3시에 제주도 서귀포 서남서쪽 약 180km 부근 해상에서 최성기 세력인 중심기압 980hPa, 최대풍속 28m/s, 강풍 반경 650km(동쪽 반경)의 세력은 중, 크기는 대형의 강한 열대폭풍으로 제주도에 근접했다. 제주도 부근 해상 통과 뒤 서해에 진출하면서 예상보다 빨리 약화되어 8월 3일 오후 3시에 전북 군산 서남서쪽 약 180km 부근 해상에서 중심기압 990hPa의 열대저압부로 소멸하였다. 태풍 무이파와 비교하였을 때 충청남도 지역 및 인천지역까지 북상하면서 피해를 발생시키지는 않았지만, 유사한 이동경로와 태풍특성, 유사한 피해양상을 나타냈던 것으로 판단된다.

4. 맺음말

TCDIS의 궁극적인 목표는 한국의 태풍재해 대응과 함께 태풍위원회 의장국으로서 범국가적인 재해정보시스템을 구현하는 것이라 할 수 있다. 궁극적인 목표를 수행하기 위한 첫 번째 비전은 국내 태풍피해 예방을 위한 의사결정지원이 될 것이며, 두 번째는 태풍위원회 회원국 정보공유를 위한 국제 태풍정보 웹 포털시스템이 될 것이다. 이를 위해서는 국내·외 태풍정보 공유를 통한 협력 및 시스템의 확대구축과 함께 과거 태풍DB 기반의 재해 상황분석시스템으로의 단계적 또는 점진적으로 시스템을 확대해 나가야 할 것이다.

| 참고문헌 |

1. 국립국재난안전연구원 (2013), "태풍위원회 재해정보시스템 고도화 및 국내 방재기술의 해외 적용계획 수립"
2. 국립국재난안전연구원 (2013), "국내 방재기술의 글로벌 역량강화기술 개발"
3. 기상청 (2011), "태풍백서"
4. 이영규, 이승수, 김학선 (2007), "경상남도 해안 지역에서의 태풍에 의한 극한 풍속 추정", 2007년도 한국방재학회 정기총회 및 학술발표대회
5. Holland, G.J. (1980), "An Analytic Model of the Wind and Pressure Profiles in Hurricanes", American Meteorological Society Volume 108, Issue 8
6. NOAA (1972), "Revised Standard Project Hurricane Criteria for the Atlantic and Gulf Coasts of the United States", Memorandum HUR7-120, U.S. Department of Commerce
7. Schloemer, R.W. (1954), "Analysis and synthesis of hurricane wind patterns over Lake Okeechobee, Florida", NOAA Hydromet. Rep. NO 31

UNITED NATIONS
Economic and Social Commission for Asia and the Pacific
World Meteorological Organization
Typhoon Committee
Disaster Information System
Manual
August 2008

UNITED NATIONS
Economic and Social Commission for Asia and the Pacific
World Meteorological Organization
Typhoon Committee
Expert Mission Report
August 2008

3장 기후변화에 따른 태풍위험도 평가시스템

1. 지구온난화로 인한 기후변화

최근 전 지구적 기상이변이 속출하고 있는 가운데 우리나라에도 무시할 수 없는 수준의 자연재해가 발생하고 있다. 그림 3.1과 같이 강풍의 발생빈도는 전 세계적으로 증가하고 있다. 이러한 기상이변에는 많은 원인이 있지만, 지구온난화로 인한 기후변화를 현재 가장 큰 원인으로 꼽는다. 그리고 국내의 경우 그림 3.2와 같이 다른 자연재해에 비해 태

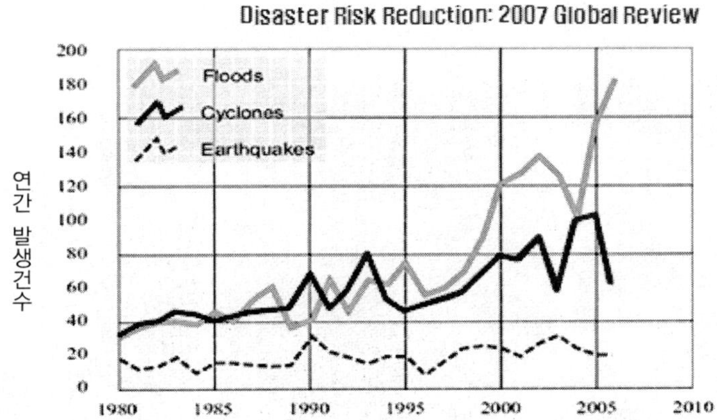

그림 3.1 연도별 세계 태풍 증감 추이

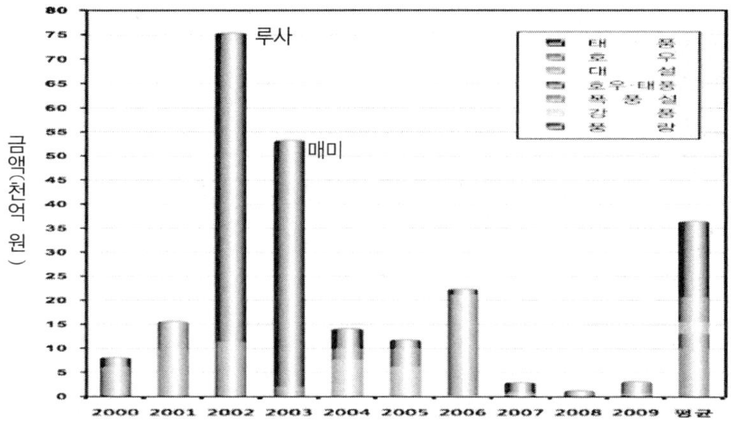

그림 3.2 국내 자연재해별 피해액

풍에 의한 재해가 빈번하며, 만약 태풍이 내습하게 된다면 천문학적 피해액을 입히는 것을 알 수 있다. 태풍의 피해가 증가하는 이유 중의 하나로 지구온난화로 인한 해수면온도 상승을 꼽을 수 있다. 해수면온도의 변화는 태풍의 강도변화와 상관관계를 갖고 있기 때문이다. 따라서 태풍 발생으로 인한 피해를 줄이기 위해 지구온난화로 인한 기후변화 양상을 정확하게 예측할 필요가 있는 것이다.

현재 미래의 기후변화를 예측하기 위한 연구가 전 세계적으로 수행되고 있다. 한국 기상청에서는 기후변화에 대한 정부 간 협의회(IPCC, Intergovernmental Panel on Climate Change)의 5차보고서(AR5, Fifth Assessment Report)를 위한 기후모형 데이터를 현재 양산하고 있으며, 기상청 기후변화정보센터(www.climate.go.kr)에서는 4개의 주된 온실가스 시나리오에 대한 미래 기후인자의 예측결과를 제시하고 있다.

그림 3.3 태풍 및 강풍에 의한 인적 · 경제적 피해

미래의 다양한 기후인자의 변화에 따라 기상이 변화하면 자연재해의 빈도 및 강도는 어떻게 변화할까? 그리고 이러한 자연재해에 따라 건물의 피해는 어떠한 양상으로 변화할까? 이러한 물음에 답하기 위해서는 기후변화에 따른 자연재해를 예측하고 이에 따른 건축물의 위험도를 평가할 필요가 있다.

이에 본 기사에서는 미래의 태풍으로 인한 건축물의 피해를 완화하기 위해 기후변화를 고려하여 미래 태풍을 예측할 수 있는 기법 및 건축물의 위험도 평가방법을 개념적으로 소개하고자 한다.

2. 기후변화를 고려한 미래 태풍 시뮬레이션

누구나 알고 있지만 미래를 예측하기란 쉽지 않은 일이다. 미래 자체가 너무나도 큰 불확실성을 갖고 있고, 무한에 가까운 변수들이 존재하기 때문이다. 그렇다면 미래의 기후는 어떻게 예측해야 할까? 서론에 기술하였지만 현재까지 연구결과로는 온실가스에 의한 지구온난화로 인하여 미래에 지구의 기상이 변화할 것이라고 예측하고 있다. 그렇기 때문에 미래의 기후변화를 예측하기 위해서는 지구온난화의 주된 요인인 미래의 온실가스 변화량부터 예측해볼 필요가 있다.

기상청은 IPCC AR5 평가보고서를 위한 새로운 기후변화 대응을 위해 기후변화 시나리오 개발을 위한 국제사업에 참여하여 RCP에 기반을 둔 전지구/지역 기후변화 시나리오 개발과 더불어 국가 차원의 기후변화 대응을 위한 국가 표준 기후변화 시나리오를 개발하고 있다. 기상청 기후변화 예측모형인 RCP에서는 표 3.1과 같이 다양한 종류의 온실가스 배출 시나리오를 가정하고 있다. RCP의 온실가스 배출 시나리오는 크게 4가지로 구분한다. 온실가스를 저감하기 위한 아무런 노력을 하지 않는 것으로 가정한 RCP 8.5, 지구가 회복력을 가질 수 있는 최대 한계 값인 RCP 2.6, 그리고 온실가스 저감 정책이 어느 정도 실현되는 경우인 RCP 4.5/6.0로 구성된다. 여기서 복사강제력은 기후인자가 변하게

표 3.1 RCP종류와 복사강제력 및 CO_2 농도

Name	복사강제력	농도	경로형태	SRES와 비교
RCP8.5	>8.5 c in 2100	>1370 CO_2-eq in 2100	상승	A2~A1F1
RCP6.0	~6 Wm^{-2} (2100년)	~850 CO_2-eq (2100년 이후 안정화)	안정	A1B
RCP4.5	~4.5 Wm^{-2} (2100년)	~650 CO_2-eq (2100년 이후 안정화)	안정	B1
RCP33-PD (2.6)	2100년 이전에 ~3 Wm^{-2} 최고치 및 이후 감소	2100년 이전에 ~490 CO_2-eq최고농도 및 이후 감소	상승 후 감소	–

되면 그에 따라 지구 시스템의 에너지 균형에 어떠한 영향을 주는지 나타내는 척도로써 만약 복사강제력이 양수이면 지구의 에너지는 증가하고 지구온난화가 진행됨을 의미하는 것이다.

지속적인 온실가스배출에 따른 지구온난화로 인해 해수면온도가 상승하게 되면 여러 자연현상의 변화를 초래하게 된다. 이러한 해수면온도 변화와 밀접한 관련을 갖고 있는 대표적인 자연현상이 바로 태풍이다. Baik와 Paek(1998)은 다음 그림 3.4와 같이 한반도에 영향을 미치는 북서 태평양에서 발생하는 태풍과 해수면온도(SST, Sea Surface Temperature)의 상관관계를 조사하였고, 김가영(2012)의 연구에서 그림 3.5와 같이 해수면온도가 태풍의 중심기압에 직접적인 영향을 미치고, 특히 강한 태풍은 해수면온도에 의하여 발생한다고 조사하였다. 이와 같은 결과를 통해 태풍은 해수면온도 변화의 주요한 요인임을 알 수 있다.

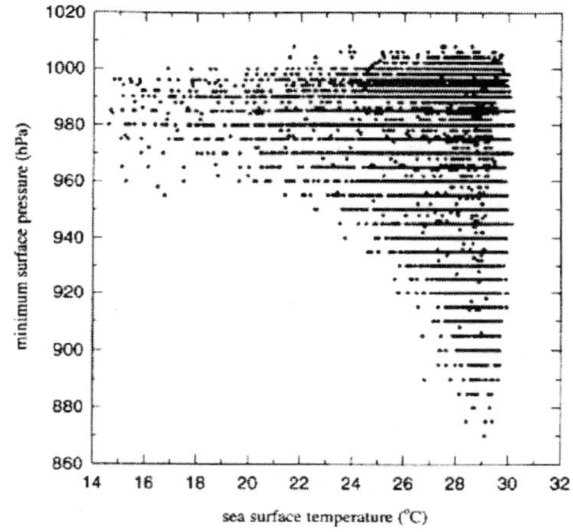

그림 3.4 해수면온도와 태풍중심기압의 상관관계 분석

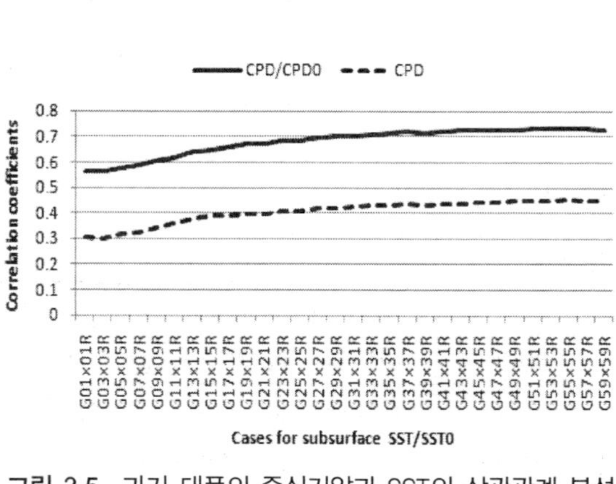

그림 3.5 과거 태풍의 중심기압과 SST의 상관관계 분석

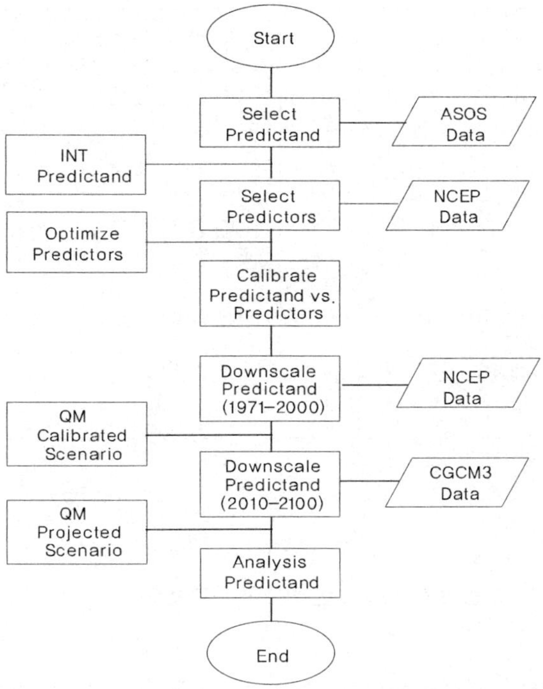

그림 3.6 미래 태풍 발생인자 평가를 위한 통계적 축소법의 순서도

그렇다면 미래 기후모델인 RCP를 사용하여 미래의 해수면온도를 어떻게 예측할지 생각해볼 필요가 있다. 미래의 기후변화를 예측하기 위해서는 많은 방법론이 사용되고 있지만 그 중 대표적인 방법은 축소법(Downscaling)이란 기법이다. 축소법은 동적 축소법(Dynamic Downscaling)과 통계적 축소법(ESD, Empirical Statistical Downscaling)으로 나눌 수 있다.

통계적 축소법의 전체적인 흐름도(Flow Chart)는 그림 3.6과 같다. 통계적 축소법은 과거의 해수면온도를 변화시킬 수 있는 여러 과거 기후인자를 사용하여 과거 해수면온도 변화를 모사할 수 있는 방정식을 만들고, 이 방정식을 이용하여 동일한 미래 기후인자를 적용하여 미래의 해수면온도를 예측하는 것이다. 즉 과거 기후 모사모델을 이용하여 미래의 기후를 예측해 보는 것이다.

미래 해수면온도를 예측하는 방정식을 만들기 위해 일반적인 방법으로 (식 3.1)에 표현된 다중선형회귀분석기법(Multi Linear Regression)이 사용되고 있다.

$$v_{MLR} = \alpha + \beta_1 x_1 + \beta_2 x_2 \dots \beta_k x_k + \varepsilon \qquad \text{(식 3.1)}$$

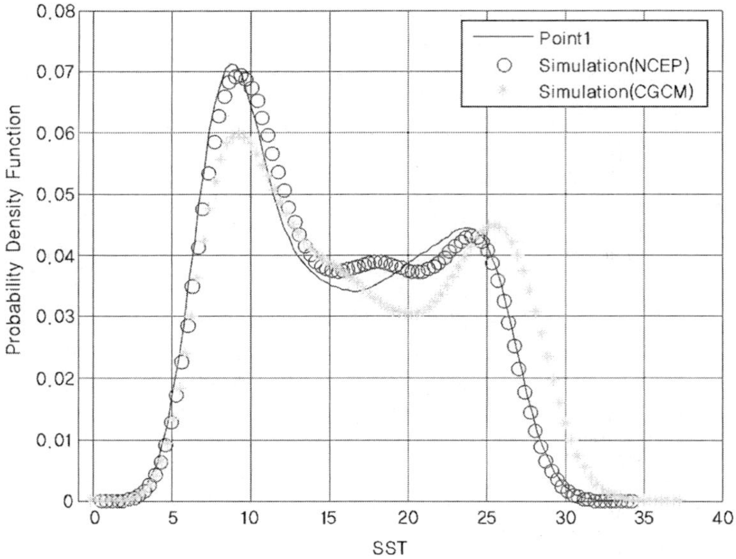

그림 3.7 ESD 기반 해수면 온도 산정

여기서, β_i는 회귀분석된 회귀계수(Regression Coefficient), α는 회귀상수(Regression Constant), k는 예측인자의 개수, ε 는 오류치이다.

즉 미래의 태풍에 영향을 주는 해수면온도를 예측하기 위해 과거의 해수면온도에 영향을 주는 기후인자를 분석하여 다중선형회귀분석을 수행한 후, 동일한 해수면온도에 영향을 주는 기후변화모형의 미래 기후인자를 모형화 된 다중선형회귀식에 적용하여 미래 태풍에 영향을 주게 될 미래의 해수면온도를 예측하는 것이다. 이 회귀분석모델의 타당성을 검증하기 위하여 그림 3.7과 같이 다중선형회귀식을 사용한 과거의 해수면온도를 시뮬레이션 해보고 그 결과와 실제 과거 기상데이터에 기록된 해수면온도를 비교함으로써 모델의 타당성을 검증할 수 있다. 이 결과에 보이는 것과 같이 과거 기후인자를 이용한 다중회귀분석을 통해 과거 해수면온도에 근접하게 모사될 수 있음을 알 수 있다. 이러한 방법론을 통해 과거와 미래의 해수면온도의 변화양상을 예측한다면 그림 3.8과 같다.

이러한 미래 해수면온도 변화에 반영한 미래 태풍 모사는 어떻게 해야 할까? 그림 3.9는 기후변화를 고려한 태풍 시뮬레이션을 하기 위한 구성요소들을 정리한 다이어그램이다(김가영, 2012). 그림 3.9와 같이 둥근 사각형은 모형을, 원통형은 외부 입력 자료를, 그리고 타원형은 결과물을 의미한다. 시뮬레이터는 초기조건모형(Initial Condition Model),

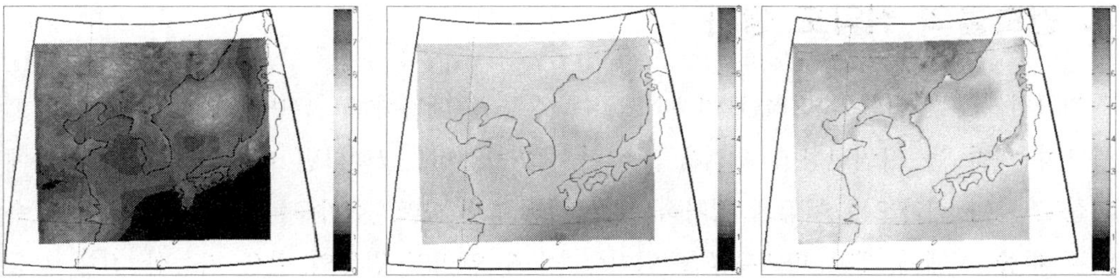

(a) 2020년과 2000년의 해수면 온도차

(b) 2050년과 2000년의 해수면 온도차

(c) 2080년과 2000년의 해수면 온도차

그림 3.8 과거와 미래 해수면온도차 비교

진로모형(Tracking Model), 강도모형(Intensity Model) 및 바람장모형(Wind Field Model)으로 구성되어 있다.

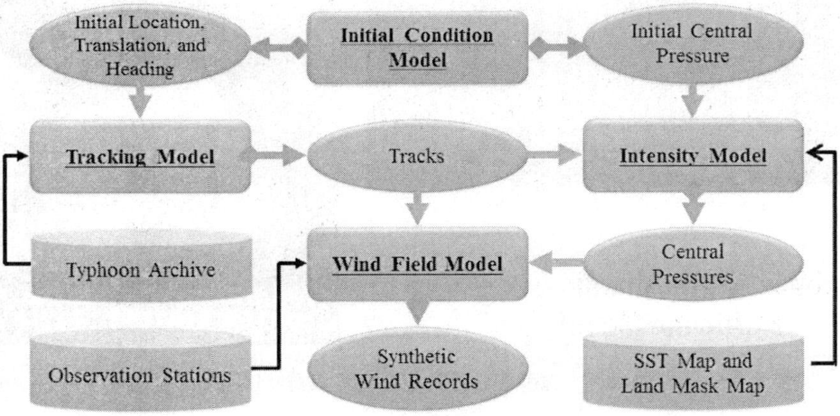

그림 3.9 태풍 시뮬레이터 구성요소 다이어그램

초기조건모형은 태풍 시뮬레이션을 시작하는 지점과 그 지점에서의 이동속도 및 이동방향을 생성하여 진로모형에 제공하고, 초기중심기압은 강도모형에 제공된다. 진로모형은 초기조건으로서 전달받은 위치로부터 태풍의 진로를 생성하는 모델이다. 생성된 진로와 초기 중심기압은 강도모형에 제공되어 태풍진로에 상응하는 중심기압을 생성한다. 이때 기후변화를 고려한 해수면온도 자료가 반영되어 중심기압에 영향을 주게 되고, 이러한 영향을 바탕으로 미래의 태풍을 시뮬레이션하게 된다.

3. 건축물의 취약도 평가

지금까지 기후변화를 고려한 미래의 해수면온도를 예측하고 그 변화에 따른 태풍의 모사모형 개발 등 자연현상에 초점을 맞추어 살펴보았다. 그렇다면 태풍을 동반한 강풍에 의한 건물의 취약도는 어떻게 평가하는지 볼 필요가 있다. 취약도는 시설물이 노출될 수 있는 하중 전체에 대한 파괴확률을 의미한다. 즉 임의의 건물의 발생 가능한 전체 강풍에 의하여 부재 혹은 건물 전체와 같이 각 건물의 요소가 파괴될 확률을 의미하는 것이다. 따라서 취약도의 형태는 시설물이 하중에 저항하는 불확실성과 하중이 시설물의 파괴를 유발시키는 불확실성의 조합으로 표현할 수 있다.

선진국의 민간 분야에서는 이러한 불확실한 취약도를 예측·평가하기 위하여 그림 3.10과 같이 다양한 평가모형을 사용하고 있다.

그림 3.10 국외의 풍해 예측 시스템

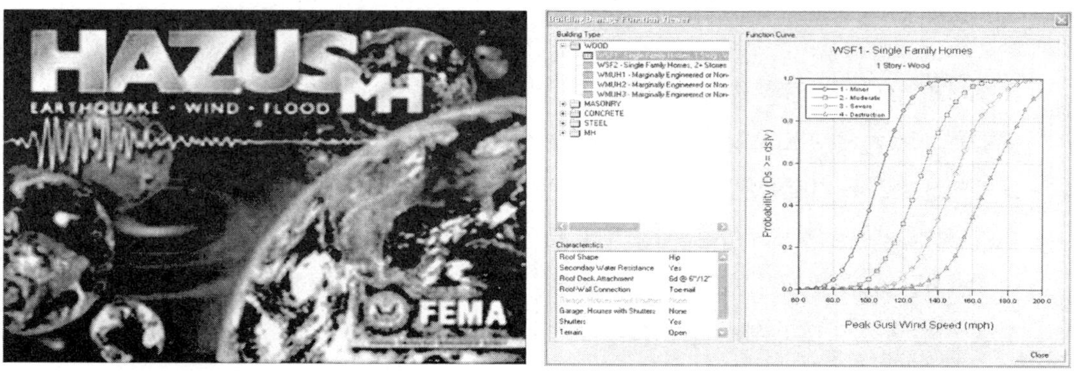

그림 3.11 미국 FEMA HAZUS-MH 시설물 취약도

선진국에서 개발한 취약도 예측 및 평가시스템으로는 FEMA에서 구축한 HAZUS-MH를 들 수 있다. 1990년도 초반에 미국 FEMA는 허리케인에 대한 피해를 예측하기 위하여 다양한 시설물에 대한 취약도를 구축하여 그림 3.11과 같이 프로그램화시켰다.

보통 취약도를 구축하는 방법에는 판단적(Judgemental), 경험적(Empirical), 해석적(Analytical), 혼합적(Hybrid)과 같이 크게 4가지로 구분할 수 있으며, 각각 고유의 특징이 있다. 보통 국내·외적으로 풍해 취약도를 구축하는 경우 해석적 방법의 몬테카를로 모사법(Monte Carlo Simulation)을 이용하여 취약도를 구축하고 경험적으로 얻어진 데이터와 비교 및 검증하는 방법을 사용한다. 몬테카를로 모사법을 적용한 강풍 취약도 알고리즘은 그림 3.12와 같이 정리할 수 있다.

그림 3.12와 같이 진한 음영으로 표시된 모듈(Module)은 반복적인 작업을 의미한다. 이 몬테카를로 모사모형은 각 3초 돌풍 풍속에 대하여 정규분포로 가정한 확률분포로부터 임의로 추출한 표본자료를 이용하여 동적 속도압, 풍방향계수, 외압 및 내압 풍압력계수, 부재 저항성능을 모사하고, 최종적으로 풍하중과 저항성능의 확률적 값들을 비교한다. 또한 본 몬테카를로 모사모형에서 부재의 손상 정도에 따라 로그정규분포(Lognormal Cumulative Distribution) 형태의 강풍 취약도를 산정하기 위하여 임의의 풍속에 대한 풍하중과 저항성능의 비교를 반복 수행한다.

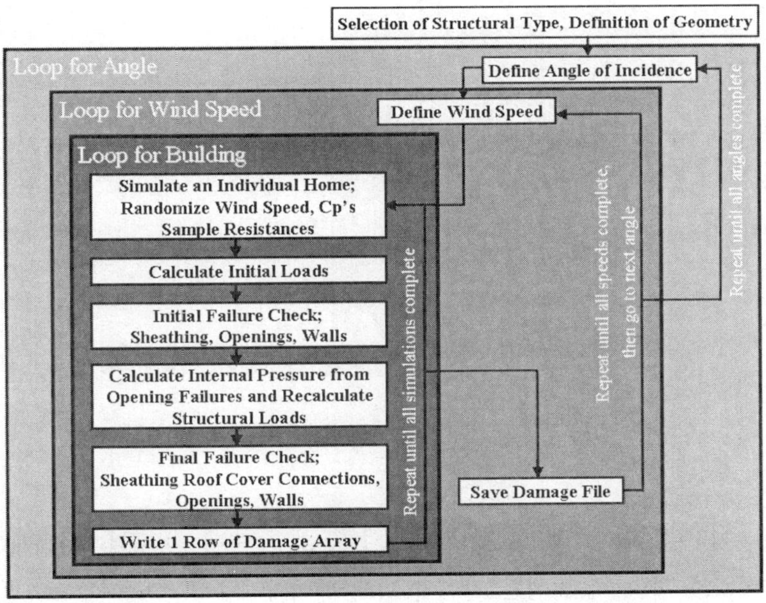

그림 3.12 Monte Carlo Simulation 기법을 이용한 취약도 함수 개발 알고리즘

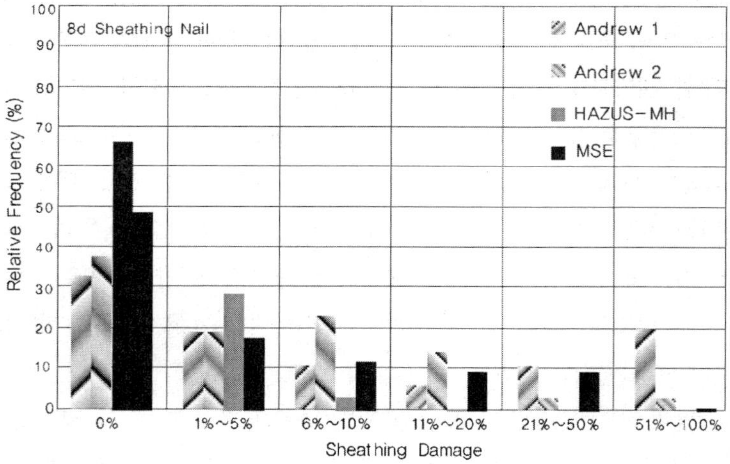

그림 3.13 몬테카를로 모사모형의 비교 검증

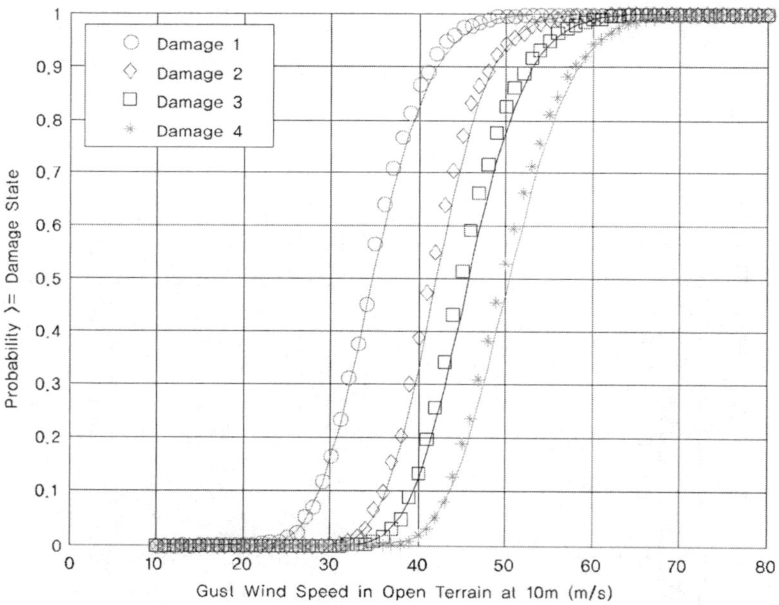

그림 3.14 강풍에 의한 시설물 벽체 취약도 평가의 예

국내에서는 이러한 알고리즘을 기반으로 1992년 미국에 발생한 허리케인 앤드류(Hurricane Andrew) 피습 시 발생한 가옥의 피해 데이터(NAHB, 1993)와 모사결과와 자체 모사 결과를 비교한 바 있다. 국내 연구진의 몬테카를로 모사모형의 결과(MSE)는 그림

3.13과 같으며, 국내의 모사결과가 미국 국토안보부의 모사결과(HAZUS-MH)와 비교적으로 잘 일치하고 있음을 알 수 있다.

몬테카를로 모사 기반으로 취약도를 구축하기 위해 시설물 부재의 정확한 저항성능을 평가하여야 한다. 그림 3.15와 그림 3.16은 강풍에 취약한 창호의 저항성평가 예를 보이고 있다. 이러한 실험을 통해 얻은 통계치를 기초로 보다 정확한 시설물의 강풍취약도를 구축할 수 있다.

그림 3.15 창호의 수직-수평바 실험 결과 사진

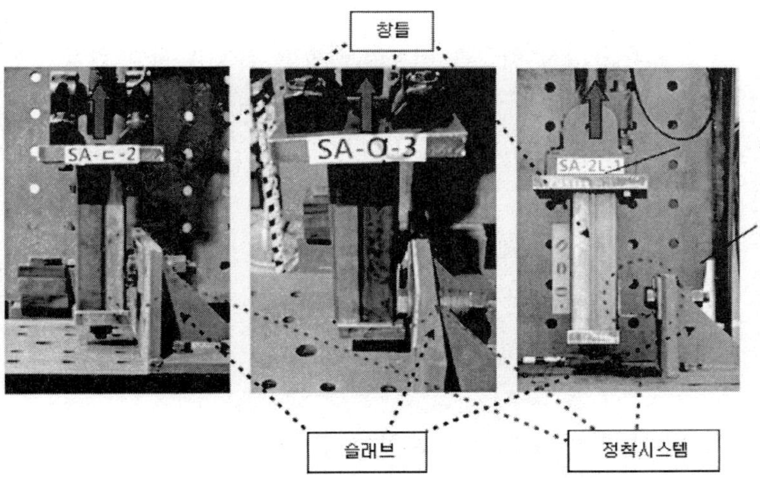

그림 3.16 창호 정착시스템 구조실험

4. 건축물의 위험도 평가

앞서 알아본 기후변화를 고려한 미래의 태풍과 그에 따른 건축물의 취약도를 복합적으로 고려하여 미래 건축물의 태풍에 대한 위험도 평가방법을 알아보고자 한다. 현재 국내에서는 강풍에 대한 건물의 위험도 평가 시 풍해 위험요인, 즉 태풍발생요인을 기초로 평가하고 있다. 이에 반해 선진국의 경우, 풍해 위험요인뿐만 아니라 시설물의 취약도까지 고려하고 있다.

정확한 태풍에 의한 건물의 위험도를 평가하기 위해 강풍에 대한 구조적 위험도(식 3.2)와 같이 컨벌루션(Convolution)으로 표현할 수 있다. 즉 건물의 강풍에 대한 위험도 평가는 강풍의 발생확률과 건물이 파괴될 확률을 독립사건과 같이 간주하여 확률적으로 정량화할 수 있다. 이러한 방법으로 자연현상 및 건축물 취약도가 내재하고 있는 불확실성을 확률적 방법으로 평가할 수 있다.

$$P_f = \int_0^{\infty} gx(v) \cdot Fr(v)dv \qquad \text{(식 3.2)}$$

여기서, $gx(v)$는 태풍으로 인한 강풍의 확률밀도함수를 의미하며, $Fr(v)$는 임의의 풍속에서 건축물이 파괴되는 확률을 의미한다.

그림 3.17～그림 3.20은 앞서 기술한 내용을 종합한 건물의 태풍 위험도 산정 절차 방법이다. 우선 미래의 해수면 온도를 ESD방법을 사용하여 계산하고, 이를 바탕으로 미래의 태풍을 모사하고 그 확률적 분포를 계산한다. 그 다음, 해당되는 건물의 취약도를 계

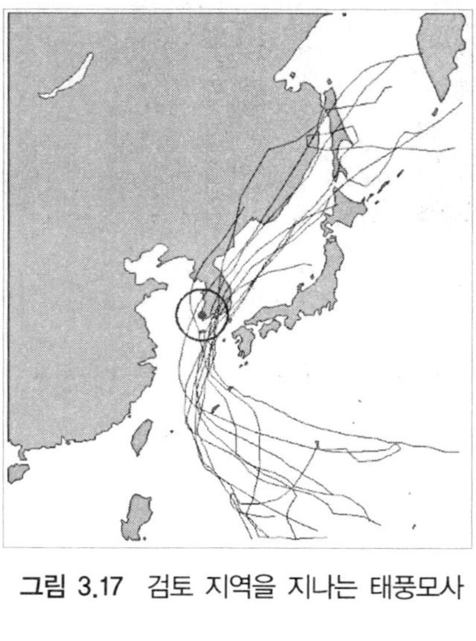

그림 3.17 검토 지역을 지나는 태풍모사

산할 수 있다. 그림 3.19에서는 건물의 개구부, 벽체, 지붕 등의 취약도를 보이고 있다. 그림 3.20은 임의의 풍속이 발생하였을 경우에 대한 건축물의 위험도를 보이고 있다.

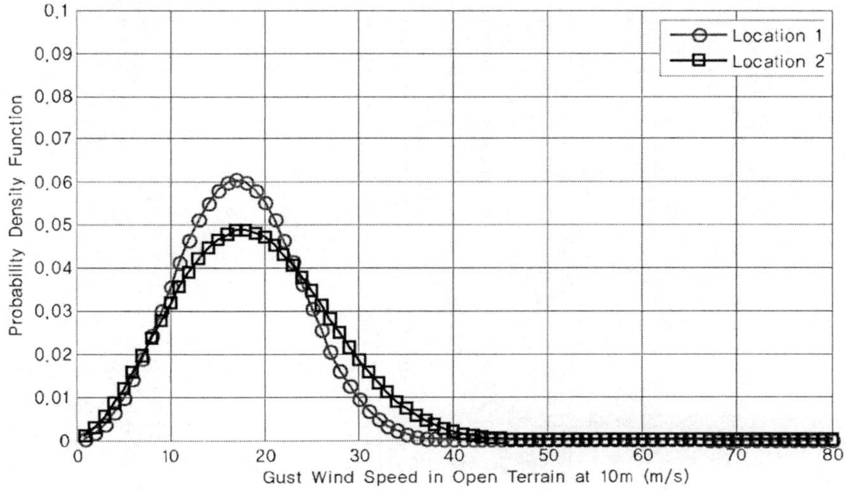

그림 3.18 미래 태풍 발생확률 평가

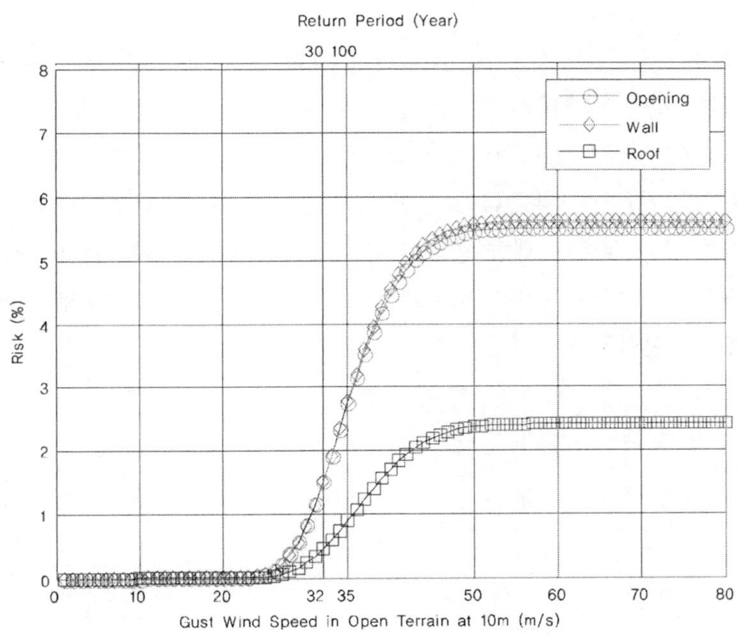

그림 3.19 건축물의 취약도 평가

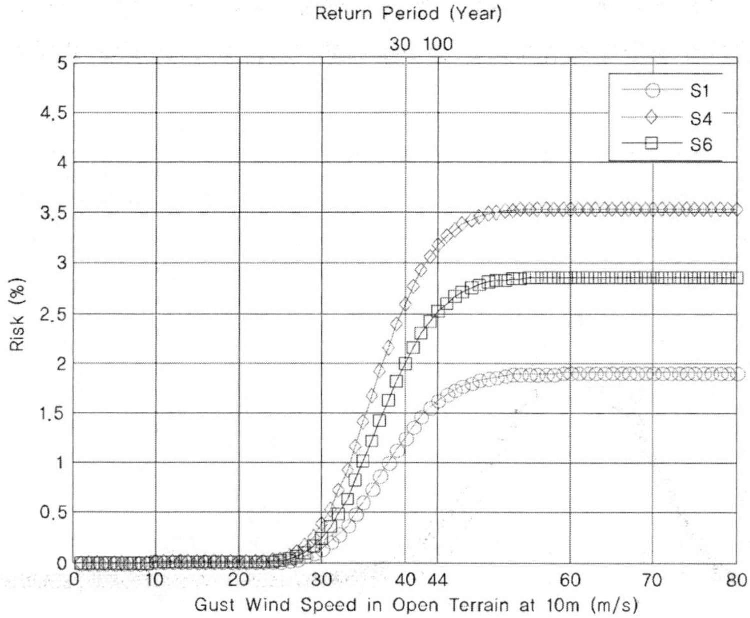

그림 3.20 미래태풍에 대한 건축물 위험도 평가

5. 맺음말

현재 전 세계 모든 국가가 기후변화를 심각한 문제로 인식하고 있으며, 기후변화와 더불어 발생하는 자연재해에 대응하는 저감방안에 대하여 많은 연구를 하고 있다. 그러나 우리나라의 경우 기후변화로 인한 자연재해 피해를 절감하기 위한 기초적 연구와 관련 정책 제시가 부족한 실정이다. 이에 따라 선진국과 같은 기술력을 갖추기 위해서는 앞에 소개한 다양한 관련 학문 분야에 대한 발전이 필요하다. 또한 산·학·연의 다양한 연구 수행과 이들 연구를 기초로 한 정책을 토대로 한국에 적합한 미래 자연재해 저감 대책을 마련할 필요가 있다고 판단된다.

| 참고문헌 |

1. Baik, J.-J., and J.-S. Paek, (1998), "A Climatology of Sea Surface Temperature and the Maximum Intensity of Western North Pacific Tropical Cyclones", J. Meteorol. Soc. Japan, pp.76, 129~137.
2. Cope, A. (2004), "Predicting the Vulnerability of Typical Residential Buildings to Hurricane Damage", Ph.D. Dissertation, Civil Engineering Department, University of Florida, Florida.
3. IPCC, Climate Change (2007), "Report of the Intergovernmental Panel on Climate Change", UNEP.
4. Kondo, K., Kanda. J, and Choi, H. (2003), "Study on Strong Wind Hazard Analysis for Buildings", Annual Report, 51, Kajima Technical Research Institute.
5. Li, Y. and Ellingwood, B. (2006), "Hurricane Damage to Residential Construction in the US: Importance of Uncertainty Modeling in Risk Assessment", Engineering Structures, 28.
6. 김가영 (2012), "한반도 근역 태풍의 경험적 강도 및 진로 모형", 충북대학교
7. 김주연, 김지영, 김대영 (2012), "구형 창호의 내풍 저항성능에 대한 실험적 연구", 한국방재학회 학술발표논문집.
8. 함희정, 이승수, 김호정 (2009), "샌드위치 패널을 적용한 산업시설물에 대한 강풍취약도 개발", 대한건축학회 논문집, 25(12).

GIS Based Regional Wind Hazard Assessment System

4장 GIS 기반 지역별 강풍위험도 평가시스템

1. 강풍위험도 평가시스템 개발 배경

산업의 고도화에 따른 시설비용 증대로 인하여 자연재해로 인한 피해가 대형화되는 추세에 있다. 2002년 태풍 루사와 2003년 태풍 매미의 경우 엄청난 경제적 손실을 발생 시켰다. 태풍은 경제적 손실 이외에도 인명피해와 이재민 발생 등의 사회적인 문제까지 발생하며 피해복구를 위하여 국가 차원의 지원뿐만 아니라 자원봉사자 투입 및 많은 공적 인력 투입으로 다양한 사회적 손실을 유발한다.

이러한 자연재해를 사전에 예측하여 다양한 대처를 할 수 있다면 손실을 최소화할 수 있을 것이다. 이에 강풍에 대하여 위험을 평가할 기술을 연구하고 소프트웨어를 개발하였다. 본 소프트웨어는 위험지역의 사전규명을 통하여 재해대책수립 및 복구계획 작성에 활용될 수 있으며, 각종 구조물 설계시 더 효과적인 기준으로 참고할 수 있다. 또한 보험요율 산정 등에 직접적으로 활용될 수 있다. 이로 인하여 강풍으로 야기되는 여러 가지 피해에 대하여 더 적극적인 대응을 할 수 있을 것이다.

2. 개발 프로그램의 흐름

개발된 강풍 위험평가용 소프트웨어(Wind Risk)는 강풍모형(태풍시뮬레이션 포함)과

GIS구역정보를 활용하여 격자별 강풍위험분석을 수행하고 수행된 결과를 주어진 GIS구역정보를 활용하여 구역단위의 강풍위험분석을 수행한다. 분석된 강풍위험을 바탕으로 시설별 취약성분석결과를 이용하여 파괴확률을 산정한다. 프로그램의 사용도를 높이기 위하여 지역(동)별 시설물 분포를 이용하여 지역별 시설물 위험평가를 수행하며 시설물의 위치와 종류에 따라 특성시설물에 대한 위험평가를 수행할 수 있도록 개발되었다. 그림 4.1은 개발된 Wind Risk의 처리과정을 도식화한 것이다.

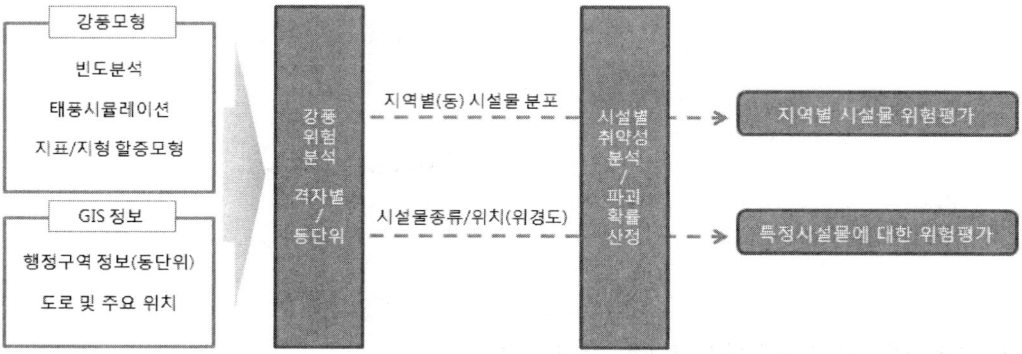

그림 4.1 Wind Risk의 처리과정

3. 지형 및 지표조도의 풍속 영향계수 산정

지형 및 지표조도에 따라 풍속이 변화하기 때문에 적절한 지표조도와 지형의 영향을 고려하여 풍속을 산정하는 것은 매우 중요하다. 그러나 현실적인 여러 가지 문제(지표 및 지형 자료수집, 연산의 한계)로 인하여 적당한 모형이 필요하게 되었고, 본 프로그램에서는 건축물 하중기준 및 해설(2000)과 호주의 설계기준(AS/NZS2002)을 고려하여 모형을 생성하였다. 8방위의 풍상측에 대하여 토지피복도를 활용하여 8방위의 지표조도할증계수를 구했으며, 수치고도모형(DEM)을 활용하여 건축물 하중기준에 규정되어 있는 풍속에 대한 지형할증 모형을 생성하였다. 지표조도할증 모형을 생성함에 있어 Bietry 외 연구자들(1978)의 결과와 Duchene-Marullaz(1976)의 연구결과를 참조하였으며, 하중기준 및 해설(2000)과 호주 설계기준(2002)을 고려하여 풍상측 1000m의 범위 내의 지표조도 상황에 대한 지표조도 가중치의 산술평균을 이용하여 모형을 생성하였다. 지형할증모형 또한 건축물 설계기준(2005)에 규정되어 있는 풍속에 대한 지형할증 조건을 기초로 수치고도모형에 적용하여 개발하였다. 생성된 지형할증 모형과 지표조도할증 모형은 TM 중부원점의 좌표계를 사용하고 있으며 30m의 격자로 생성되었다. 그림 4.2는 8방위 중 북(N)쪽 풍상측을 대상으로 작성된 지표조도할증 모형과 지형할증 모형으로 산악지역에 대한 할증을 잘 보여주고 있다.

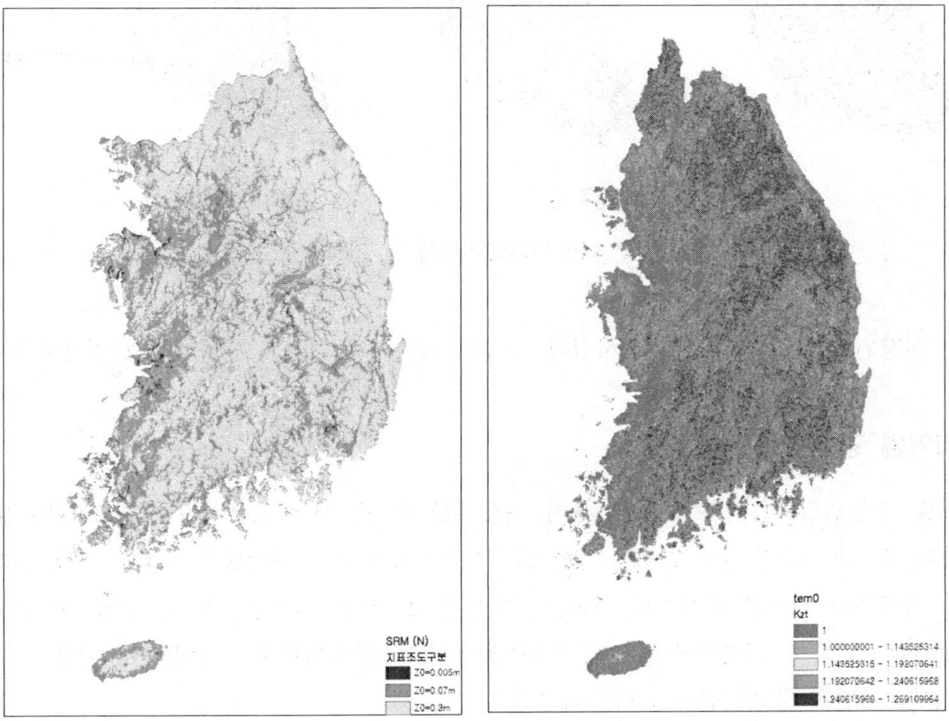

그림 4.2 북(N)쪽 풍상측에 대한 지표조도 모형(좌), 지형할증 모형(우)

4. 태풍 및 강풍 위험도 산정

4.1 태풍 시뮬레이션을 통한 강풍 모형

본 프로그램에서는 태풍의 이동경로, 중심기압을 이용하여 태풍 시뮬레이션을 통한 강풍 모형을 생성하여 활용하고 있다. 태풍 바람장 모형은 Batts외 연구자들(1980)의 연구를 기초로 하여 최대경도풍을 추정하였으며, 최대풍속 반경에서 해수면에서의 풍속은 NOAA(1972)의 경험식을 활용하여 가정하였다. Batts외 연구자들(1980)이 연구한 바람장 모형이 국내 상륙하는 태풍과의 부적합성이 발견되어 이영규 외 연구자들(2007)에 의하여 우리나라에 적합하도록(최대풍속반경 100해리) 확장된 바람장 모형을 연구한 바 본 프로

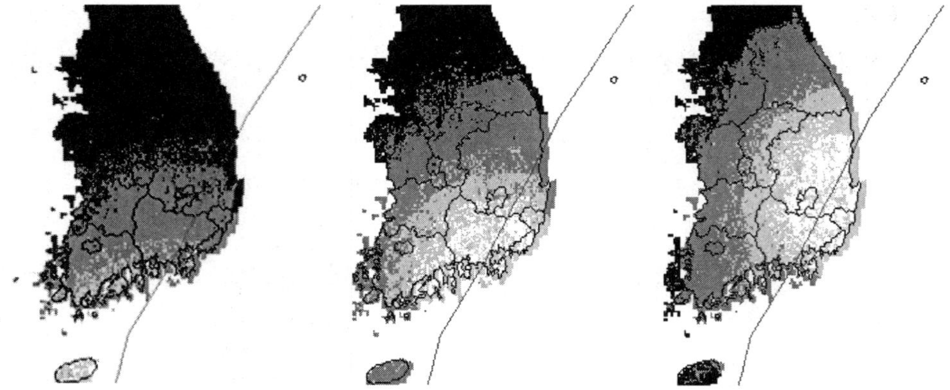

그림 4.3 태풍 매미의 시뮬레이션 결과

그램은 확장된 바람장 모형을 사용하였다. 그림 4.3은 태풍 매미의 시뮬레이션 결과이다.

4.2 지역별 강풍위험도 산정

지역별 강풍위험도를 평가하기 위하여 태풍시뮬레이션 및 빈도분석의 결과로 얻어진 해당지역(시 · 군단위)의 풍속모형을 기반으로 지표조도 모형과 지형할증 모형을 적용하여 격자별 강풍위험 지도를 획득한다. 획득된 격자별 강풍위험 지도는 주어진 행정구역정보(동단위)를 기준으로 산술평균되어 행정구역별(동단위) 강풍위험도로 변경되어 활용된다. 그림 4.4는 동단위 강풍위험도를 나타내고 있다.

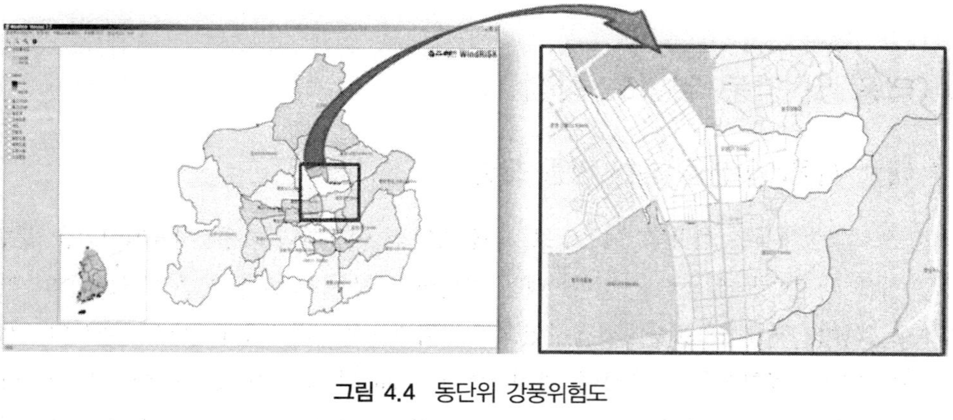

그림 4.4 동단위 강풍위험도

5. 시설물 유형별 풍해 취약도 및 위험평가

시설물의 취약도함수는 일반적으로 피해이력 데이터를 이용한 경험적인 방법과 정형화된(규격화) 시설물을 대상으로 해석적 접근을 이용한 해석적 방법이 이용되었다. 프로그램에서는 "산업용 시설물의 풍해 취약도함수 국산화 연구"(2007)의 결과를 기반으로 한 시설물별 취약도함수를 활용하였다. 또한 지역별 시설물의 분포는 통계청의 통계자료를 기반으로 가공하여 적용하여 지역별(동단위) 강풍위험평가를 수행하고 특정 시설물에 대하여 동단위 파괴확률을 산정할 수 있도록 하였다. 또한 시설물과 시설물의 위치를 이용하여 특정시설물에 대한 위험평가를 수행할 수 있도록 개발하였다. 그림 4.5는 농림부 표준규격인 07년 단동 비닐하우스(W5.0m×H2.6m)를 대상으로 1995년 태풍 제니스의 중심기압을 더 낮게 가정했을 때 20% 파괴확률을 동별로 나타낸 그림이다.

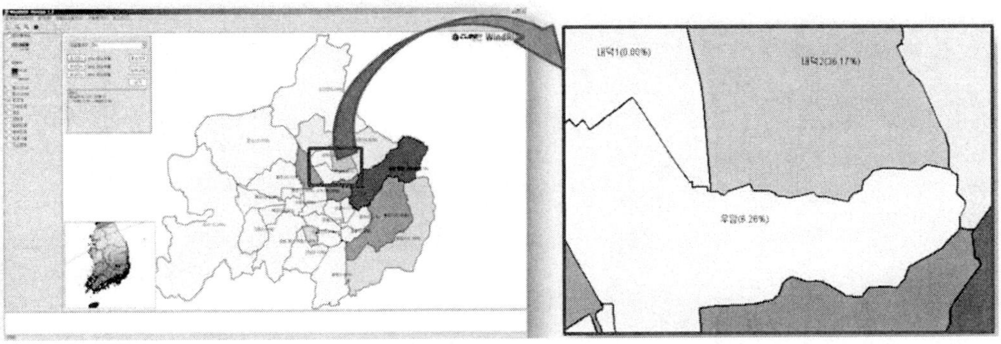

그림 4.5 비닐하우스(규격 : 07년 단동 W5.0m×H2.6m)의 20% 파괴 확률

6. 맺음말

시설물별 파괴확률을 추정하기 위해서 연구된 바람장 모형, 지형할증 모형, 지표할증 모형을 GIS기반으로 보다 쉽게 적용할 수 있도록 프로그램을 개발하였다.

GIS를 활용하여 행정구역인 동단위에 대한 강풍위험도 평가를 누구나 쉽게 수행할 수 있는 프로그램을 제작하여 건물의 종류 및 정확한 위치를 적용하여 해당 위치에서의 강풍위험도 평가를 수행할 수 있다.

활용도를 높이기 위해서는 다양한 시설물의 취약도 함수와 시설물의 분포에 대한 통계정보의 확보가 필요하다.

| 참고문헌 |

1. Batts, M.E., M.R. Cordes, C.R. Russell, J.R. Shaver, and E. Simiu, (1980), "Hurricane Windspeeds in The United States", National Bureau of Standards Report Number BSS-124, U.S. Dept. of Commerce, Washington, DC.
2. J. Bietry, C. Sacre, and E. Simiu (1978), "Mean Wind Profiles and Changes of Terrain Roughness", J. Struct. Div., ASCE, 104, 1585-1593.
3. NOAA (1972), "Revised Standard Project Hurricane Criteria for the Atlantic and Gulf Coasts of the United States", Memorandum HUR7-120, U.S. Dept. of Commerce.
4. P. Duchene-Marullaz (1976), "Full-Scale Measurements of Atmospheric Turbulence in a Suburban Area", Proceedings of the Fourth International Conference on Wind Effects on Buildings and Other Structures, London, Cambridge Univ. Press. Cambridge, pp.23-31.
5. 이영규, 이승수, 박찬욱 (2007), "한반도 내습 태풍의 최대풍속반경 분석", 한국풍공학회지, 제11권 제2호, pp.203-210.
6. 국립방재연구소 (2007), "산업용 시설물의 풍해 취약도함수 국산화 연구-산업용 건축물을 중심으로", 발간등록번호 11-1660080-000030-01.

Disaster Information System

5장 재해정보 시스템

1. 재해정보 시스템의 개발 배경

우리나라는 여름에 기온이 매우 높으며, 장마와 태풍 등이 집중되는 기후적 특성을 가지고 있다. 최근 우리가 살아가는 사회는 산업화, 도시화의 과정을 지나면서 과거에 비해 경제적 가치가 크게 상승하였다. 또한 이와 함께 지구온난화 등의 기후변화로 인하여 극한 재해가 발생할 확률은 점점 더 커져가고 있고, 이는 사회적인 비용 혹은 손실로 이어지고 있다.

그림 5.1의 우리나라 자연재해 피해액 추이에서 확인할 수 있는 바와 같이 우리나라

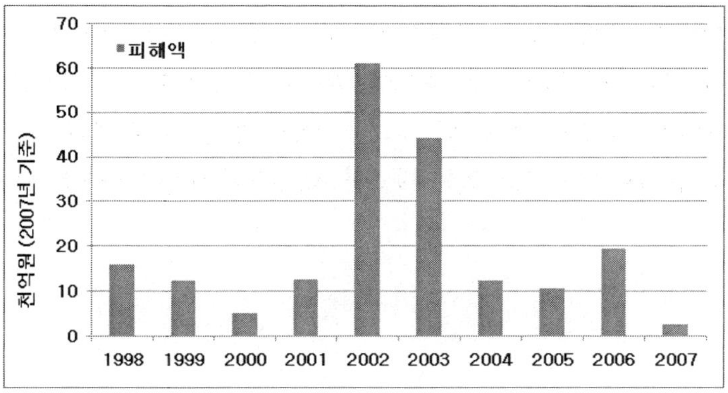

그림 5.1 최근 10년간 자연재해 피해 규모 (재해연보)

자연재해의 발생 경향을 확인하면 2000년 이후 매년 1조 원 이상의 피해를 발생시켰다.

이에 국가에서는 자연재해대책법을 기반으로 각종 법령 등을 통하여 지방자치단체별로 해당 지방자치단체의 특성을 반영하여 효과적으로 자연재해에 대응할 수 있는 기반을 갖추도록 요구하고 있다. 이러한 노력의 일환으로 최근 일부 지방자치단체별로 추진되는 재해지도 및 재해정보시스템 구축이 진행되고 있으므로 현재 진행중인 사업을 소개하고 한 단계 향상된 재해대응체계로서 재해지도 및 재해정보시스템 구축방향을 제시한다.

2. 재해지도의 생성

자연재해대책법에서 "'재해지도'라 함은 풍수해로 인한 침수흔적, 침수예상 및 재해정보 등을 표시한 도면을 말한다."로 정의하고 있다. 자연재해대책법 시행령 18조에서는 재해지도를 침수흔적도, 침수예상도, 재해정보지도의 3가지로 분류하여 정의하고 있다. 또한 자연재해대책법 시행령 19조에서는 지방자치단체의 장은 재해지도를 전산화하여 관리하도록 규정하고 있다. 조달청의 사업발주내역을 조사한 결과 경상남도 사천시, 전라북도 무주군 등 약 29개 지방자치단체에서 재해지도 관련 사업을 수행했으며, 전라북도 부안군 등 5개 지방자치단체가 현재 사업을 진행중인 것으로 조사되었다. 그림 5.2는 경상남도 사천시의 재해지도와 무주군의 재해지도 예이다.

2.1 기초자료 수집

재해정보지도를 작성하고 침수 및 강풍 위험 분석을 수행하기 위하여 다양한 기초자료가 필요하다. 표는 주요 기초 자료의 수집내역과 획득에 관한 정보를 나타내었다. 표에서 확인이 가능한 것처럼 청주시의 경우 과거 2004년에 수행되었던 '청주시 도시방재 기본계획'의 자료와 2008년에 수행되었던 '무심천 모니터링 연구보고서', 무심천 및 소하천 하천정비계획 등의 과거에 수행되었던 연구결과를 최대한 활용하였으며, 2009년 수행된 '풍수해저감종합계획'에서도 필요한 최대한의 정보를 상호 협조하여 용역이 수행되었다. 또한 기상청 및 환경부 등에서 공개하고 있는 다양한 정보를 수집하여 활용하였다.

그림 5.2 재해지도의 예(경상남도 사천시-좌, 전라북도 무주군-우)

표 5.1 기초자료 수집

자료명	출처 및 참고처	사용내역	비고
수치지도	국립지리원	배경지도 침수위험분석	구매
위성사진	청주시	배경지도	
하천단면(지방하천)		침수위험분석	
하천단면(소하천)		침수위험분석	
기상정보	기상청	침수위험분석	
과거 피해정보	재해연보	현황 서비스	
토지피복도	환경부	강풍위험분석	
DEM	WAMIS	강풍위험분석	
급경사지 현황	풍수해저감종합계획	재해정보지도	
병원/학교 현황	자체조사	재해정보지도	
배수펌프장	자체조사	재해정보지도	
재해위험지구	청주시	재해정보지도	
물자보관소	자체조사	재해정보지도	
주요저수지	자체조사	재해정보지도	

2.2 침수위험 분석

우선 홍수량 산정을 위하여 홍수량 산정 지침서(수자원학회, 2005)의 내용에 부합하도록 청주시의 두 하천 무심천과 석남천의 유역을 분할하여 27개의 홍수량 산정 지점을 결정하였으며, 소하천 18개의 하천을 대상으로 32개의 홍수량 산정 지점을 선정하여 실무적 용성이 높은 강우-유출 방법인 Clark 유역추적법과 합리식을 적용하여 홍수량을 산정하였다. 설계강우량을 유출모형에 적용하여 홍수량을 산정하기 위해 필요한 강우주상도는 강우에 대해 시간대별 누가곡선을 작성하여 활용하는 Huff의 4분위법을 활용하였다. 청주우량관측소의 강우지속기간별 분위별 호우 발생수를 검토한 결과 2분위의 호우발생수가 높은 것으로 나타나 2분위를 채택하여 활용하였다. 각 소유역별로 유역 추적법을 이용하여 홍수량을 산정한 후 하도추적을 실시하고 유역 추적 및 도시유출 모형에 의해 산정한 잔류유역의 홍수량을 합성하여 각 지점별 홍수량을 산정하는 방법을 적용하였다. 유역의 유출에 대한 실측 자료가 없기 때문에 토양의 종류, 토지이용상태, 선행토양함수조건 등을 고려하여 미국 토양보존국(U.S. Soil Conservation Service)에서 제안한 SCS방법을 활용하여 유효우량을 산정하였다. CN값 산정을 위하여 국토지리정보원의 수치토지이용현황도와 농업과학기술원의 정밀토양도를 GIS Tool을 활용하여 중첩시켜 유역별 CN값을 확보하였다. 도달시간을 산정하기 위하여 국내에서 널리 적용하고 있는 Kirpich공식, Rziha공식, Kraven(Ⅰ)공식, Kraven(Ⅱ)공식, Kervy공식 등을 비교·검토하여 최종적으로 Kraven(Ⅱ)공식을 사용하였다. 산정된 홍수량을 기초로 HEC-RAS, HEC-1, XP-SWMM 등을 활용하여 분석을 수행하였으며 분석결과 청주시의 주 하천인 무심천과 석남천 인근의 외수에 의한 범람위험성은 매우 낮은 것으로 분석되었으며 내수재해에 대한 위험성이 일부 있는 것으로 나타났다. 또한 소하천의 경우 일부 지역에서 외수에 대한 범람 위험성이 있는 것으로 나타났으며, 이를 기초로 침수예상 범위를 작성하였다. 재해지도에 표출된 내수재해위험지역에 대한 분석은 청주시 풍수해저감종합계획에서 수행되었다.

2.3 강풍위험 분석

강풍위험을 분석하기 위하여 세 단계의 과정이 필요하다. 그 첫 번째 단계는 재현기간풍속을 산정하는 작업이다. 설계풍속과 동일하게 평지의 개활지 지상높이 10m에서의 재현기간풍속을 추정한다. 지자체 내에서 관측된 수십 년 간의 장기간 풍속 시계열을 이용한 빈도 분석과 태풍 시뮬레이션을 통한, 두 가지 방식으로 재현기간풍속을 산정하여 종합적인 재현기간풍속을 산정한다. 두 번째 단계로 지표 거칠기에 의한 풍속의 영향을 반영하는 단계로 토지피복도를 기반으로 지표조도가 풍속에 미치는 영향을 산술적으로 반영한다. 마지막 단계는 지형할증에 의한 풍속 영향을 산정하는 작업이다. 산, 언덕, 능선의 지형 모양에 따라 풍속할증이 발생하며, 건축물 하중기준(2005)에 규정되어 있는 풍속에 대한 지형할증 조건을 수치고도모형(DEM)에 적용하여 풍속에 대한 영향을 반영한다.

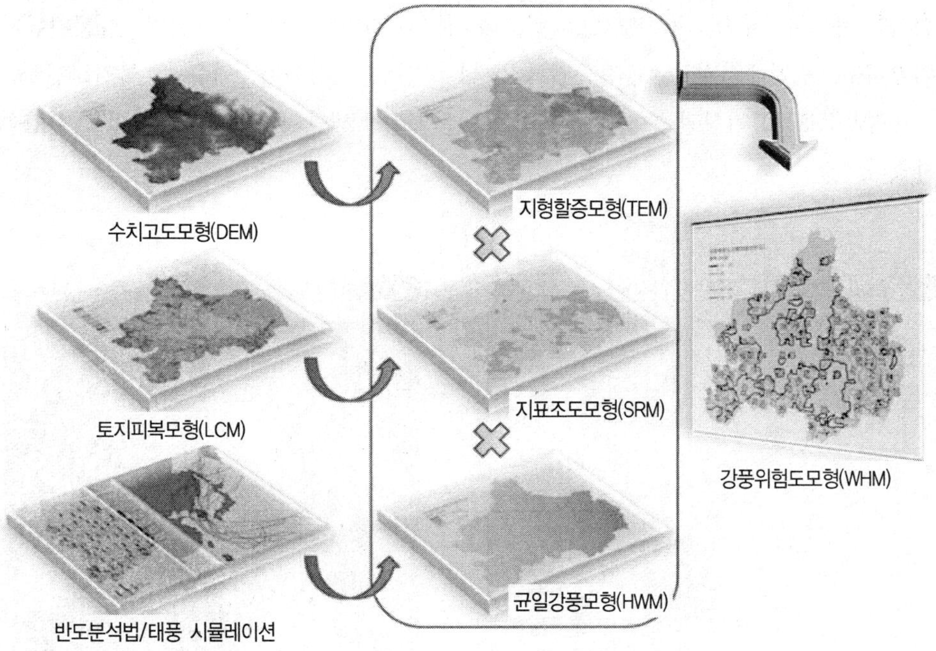

그림 5.3 강풍위험분석 방법론

2.4 침수흔적 조사

재해연보를 기초로 하여 과거 피해 현황을 기초로 침수흔적을 조사하였다. 청주시는 WAMIS Database의 기록으로 1995년 태풍 제니스 당시 1건으로 기록되고 있으나 보유하고 있는 문헌과 함께 탐문조사를 통하여 추가로 3건의 침수흔적 정보를 확보하였다. 침수흔적과 관련된 과거 침수영역은 과거의 지리적 특성과 해당지역 토착민들의 탐방을 종합·분석하여 계략적인 영역을 산정 하였다. 청주시의 경우 풍수해저감종합계획 용역에서 침수흔적 조사를 수행하였으며, 이 정보를 재해지도에 도시화하였다.

2.5 재해지도의 표출

확보된 재해정보와 위험분석결과 및 침수흔적과 관련된 많은 정보는 GIS 응용기술을 활용해 수치지도 및 위성(항공)사진 기반으로 표출하였다. 그림 5.3은 수치지도와 위성사진을 활용하여 재해지도를 생성 · 표출한 예이다. A3크기의 인쇄용지를 이용하여 펼쳤을 때 좌측에는 수치지도를 활용한 재해지도를 우측에는 위성사진을 활용한 재해지도를 나타냈으며, 재해지도의 상하좌우측에는 연결되는 지역의 페이지를 나타내어 쉽게 활용할 수 있도록 하였다. 주요위치정보로는 빈도별 침수위험지역, 과거침수지역, 강풍위험지역, 재해위험지구, 사전대피지구, 급경사위험지, 배수펌프장, 저수지, 배수문, 물자보관소, 대피소, 이재민구호소, 기상관측소, 수위관측소, 대피로에 해당되는 종류의 심벌을 활용하여 표시하였다.

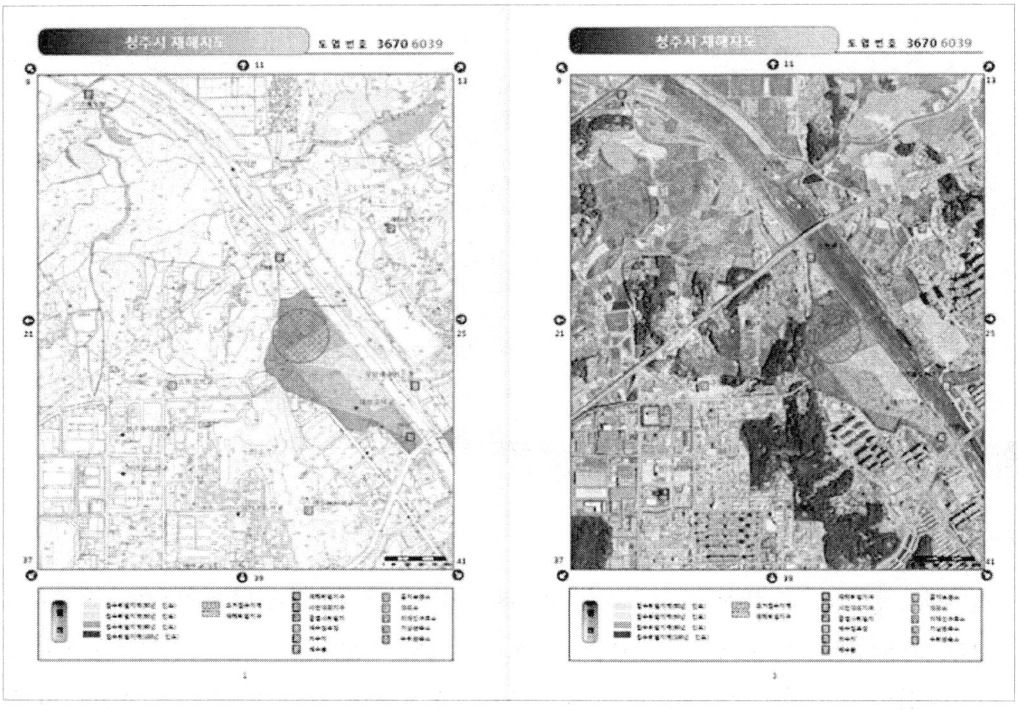

그림 5.4 재해지도(인쇄본)의 예

3. 재해정보시스템의 구축

3.1 실시간 정보를 통한 위험 분석

재해지도를 위하여 수행된 침수위험분석과 강풍위험분석의 결과를 활용하여 청주 기상대의 관측 값을 활용하여 현 상태에서 위험한 지역을 분석하는 기능으로 강우의 경우 청주 기상대에서 관측된 강우량을 기반으로 추가 예상되는 강우량의 입력을 통하여 입력된 값을 빈도별 강우형태로 변경하여 해당 빈도의 위험지역을 표출한다. 또한 강풍의 경우는 현 상태의 청주 기상대의 관측 풍속을 활용하여 지형 및 지표 할증을 고려하여 청주 전역의 풍속으로 변경하여 위험지역을 표출한다. 또한 실시간 기상정보와 수위정보를 확인 및 분석을 할 수 있도록 기상청의 AWS기상관측자료와 금강홍수통제소의 실시간 수위 및 유량정보를 링크하였다. 실시간 기능은 강우사상의 강우강도를 적절하게 반영하지 못하며, 일강우 기준으로 변경하여 분석하는 한계점을 가지고 있으나 추후 강우강도를 효과적으로 반영할 수 있는 모델을 접목한다면 더 유용한 분석기술이 될 수 있을 것으로 생각된다.

3.2 WEB을 통한 재해지도의 서비스

재해지도는 지면의 한계성으로 인하여 시설물의 위치정보 등의 매우 적은 정보를 표출하게 된다. 재해와 관련된 정보에 있어 위치정보는 매우 중요한 정보이나 추가로 더 많은 정보를 확인할 수 있다면 더 유용한 정보로써의 가치가 있을 것이다. 이에 청주시에서는 WEB을 통하여 더 많은 정보를 제공하고자 재해지도를 웹을 통하여 공급하면서 추가적인 다양한 형태의 정보를 제공하고자 하였다. 그림 5.4와 같이 재해지도의 내용을 확대·축소가 가능한 GIS기반으로 웹을 통하여 제공하면서 해당되는 시설물을 선택함으로써 시설물에 대한 추가정보를 확인할 수 있다. 웹을 통하여 제공되는 재해지도의 주요기능은

- GIS-Map의 8단계 확대, 축소, 이동 기능
- 재해정보(침수예상, 침수흔적, 관련시설물, 대피로 등)의 표출
- 시설물 선택을 통한 상세한 시설물 정보 표출
- 위성(항공)사진 기반의 재해정보 표출

로 요약할 수 있다.

그림 5.5 WEB을 통한 재해지도의 서비스

3.3 과거 피해내역의 조회

과거에 발생된 1970년대부터의 피해이력을 충청북도의 재해복구계획서를 기반으로 피해내역을 수집하여 조회할 수 있도록 개발하였다. 연도별, 특정재해, 특정기간에 대하여 재해를 검색하여 기간별, 재해유형별, 재해별 등의 다양한 형태로 피해액 총계를 확인할 수 있도록 개발하였으며, 피해에 대한 상황을 요약하여 해당 재해의 요약 상황을 확인할 수 있도록 하였다.

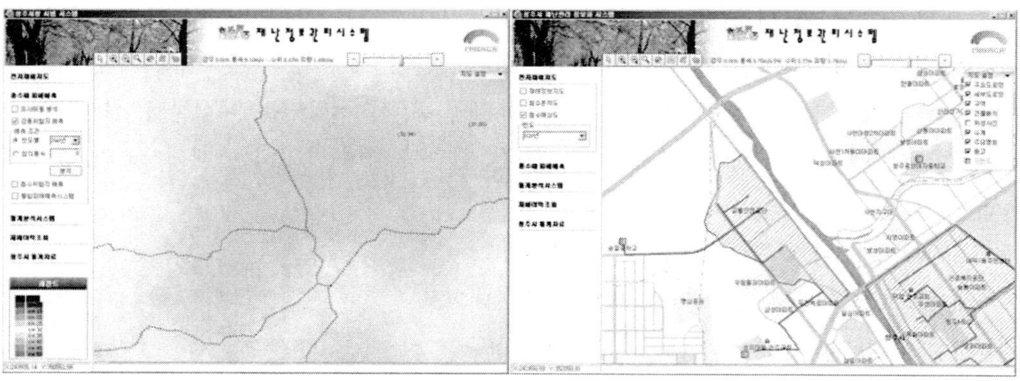

강풍위험분석결과　　　　대피로 및 대피소 표출

그림 5.6 재해정보시스템의 주요 표출의 예

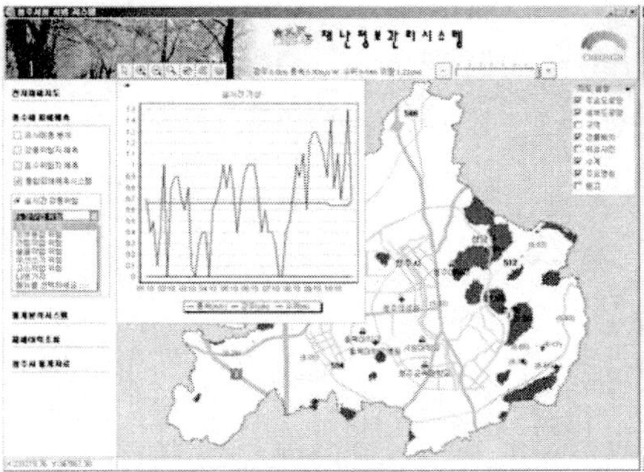

실시간 강풍위험지역

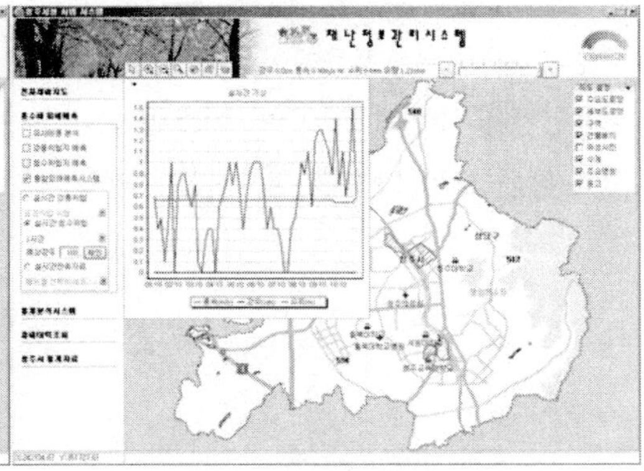

실시간 침수위험지역

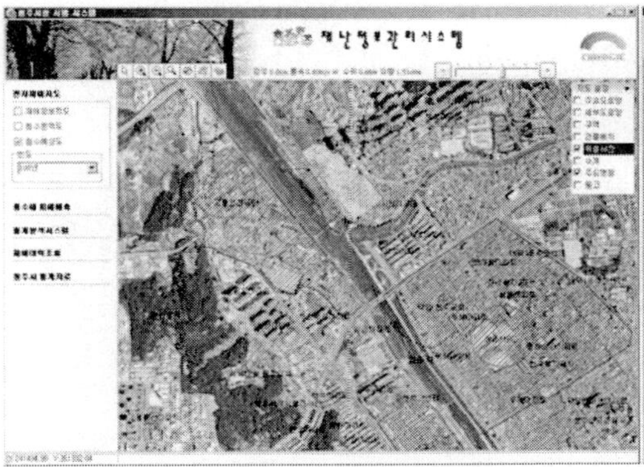

침수 예상지역 및 침수 흔적지역

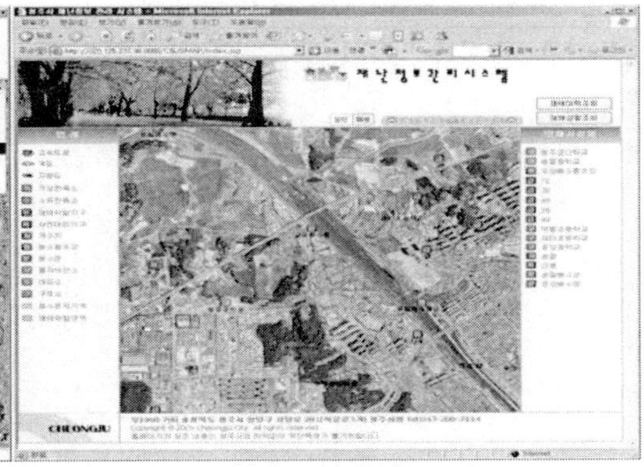

시설물 위치정보

그림 5.7 재해정보시스템의 주요 표출 예 (계속)

4. 맺음말

청주시는 자연재해와 관련된 각종 정보를 전산화하여 Database를 구축하였다. 또한 재해에 관한 통계분석, 강풍 및 침수위험분석을 수행하였으며, 분석결과와 전산화된 정보를 활용하여 자연재해대책법에서 요구하는 재해지도(침수예상도, 침수흔적도, 재해정보지도)를 생성하였다.

일련의 과정을 통하여 청주시는

- 선진 과학방재의 기본 확립,
- 실시간 정보를 활용한 재난 대응체계 향상,
- WEB서비스를 통하여 시민 방재의식 고취,
- 재해지도의 작성 및 WEB서비스를 통한 방재정보의 사용성 증대

와 같은 4가지 중요한 결과를 도출하였다.

추후 3D 홍수 시뮬레이션과 같은 보다 정밀한 재해위험분석을 수행하여 그에 준하는 대응방안을 수립할 것이며, 기후변화를 고려한 극한 상황에 대한 대처 계획을 수립하여 자연재해로부터 안전한 청주시를 이룩할 것이다.

6장 산지 돌발홍수 예측시스템

1. 산지 돌발홍수 예측시스템의 개발 배경

우리나라는 국토의 70% 이상이 산지로 구성되어 있으며, 이러한 산지의 하천과 계곡은 급경사 등의 지형학적인 특성으로 인해 태풍 및 집중호우 등으로 인한 돌발홍수에 상대적으로 취약한 형편이다. 일반적으로 산지지역에서의 국지적인 강우현상에 영향을 미치는 중요한 인자는 상승, 빙결고도, 대류과정 및 유입으로 볼 수 있다. 특히 이러한 인자 중에서 상승은 뇌우발생의 방아쇠 역할을 하고 있어 하층의 가열, 하층 수렴, 그리고 산 경사면에서 강제 상승 등이 상승운동의 과정이라고 할 수 있다(기상연구소, 2005).

뇌우는 번개와 천둥 발생과 함께 강한 폭우와 폭풍을 발생시킨다. 우리나라와 같이 산지지역이 많은 지형을 가지는 경우 이러한 산지경사면을 통한 강제상승운동으로 국지적인 집중호우를 야기시키는 경우가 많이 발생하고 있다. 아울러 강우-유출해석에 있어서도 강우의 공간적 변동성은 다른 수문자료보다 영향력이 크며, 특히 산악지형의 경우 산지효과(orographic effect)에 따른 영향이 큰 것으로 알려져 있다(Eagleson, 1970 ; Alpert, 1986 ; Ogura and Yoshizaki, 1988 ; Dore et al., 1992).

이에 산간계곡 등에 설치된 재난예경보시설 중 자동우량경보시설이 설치되어 있는 국내 돌발홍수 취약지역에 대한 지형학적인 특성을 분석하고 특히 산악특성에 따른 산지지역 강우특성을 살펴보고자 한다.

2. 산지 소하천유역의 지형학적 특성 및 강우분석

우리나라에는 산간 위험계곡지구에 자동우량경보시설이 총 145개 지구에서 운영 중에 있다. 자동우량경보시설이 설치된 지구 중 128개 지구에 대한 지형학적인 일반 특성을 살펴보고자 하였다. 이는 자동우량경보시설이 설치된 지역의 경우 대부분이 산지 돌발홍수에 취약한 지역으로 집중호우에 의한 갑작스러운 수위상승이 유발되는 지역이기 때문이다. 결국 이러한 산지지역의 특성은 산간계곡을 중심으로 경사가 급하고 강우발생 후 홍수도달시간이 짧은 특성을 가지고 있다.

2.1 산지 소하천유역의 일반특성

자동우량경보시설이 설치된 산지유역의 면적은 작게는 1km^{2}에서 크게는 1,100km^{2}의 범위를 가지고 있으나 대부분이 100km^2 미만의 소유역으로 구성된 것을 볼 수 있다(그림 6.1). 하천길이의 경우 최소 2km에서 최대 90km에 이르고 있으며 하천경사의 경우 평균 0.09m/m의 값을 가지는 것으로 조사되었다. 하천폭은 최소 6m에서 최대 225m에 이르고 있다. 또한 고도차의 경우 최소 223m에서 최대 1,700여 m로 고도차가 가장 큰 유역은 지리산 유역인 것으로 조사되었다.

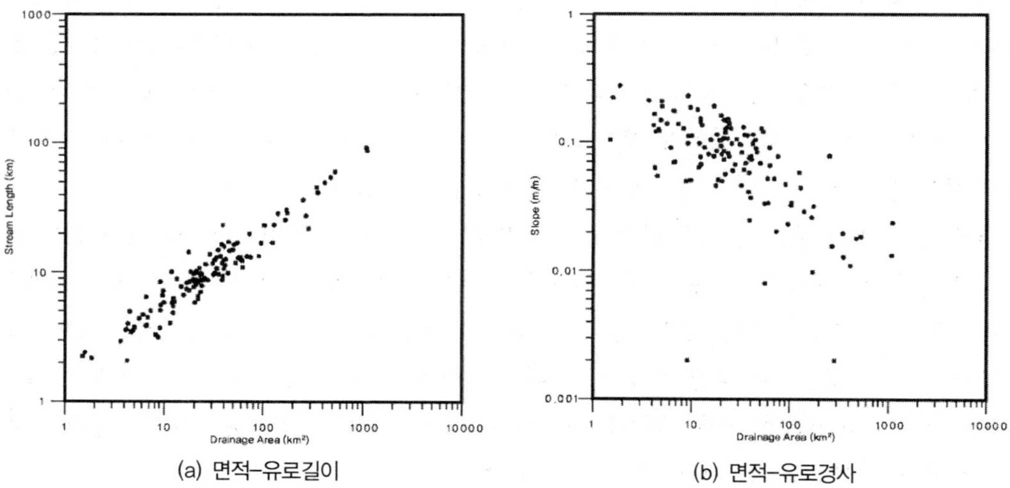

(a) 면적-유로길이　　(b) 면적-유로경사

그림 6.1 자동우량경보시설 설치유역의 지형학적 특성

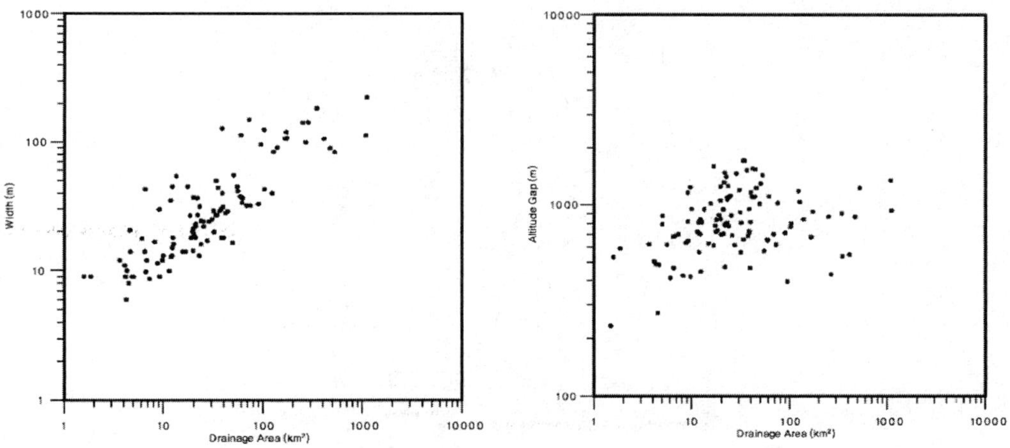

(c) 면적-하천폭 (d) 면적-고도차

그림 6.1 자동우량경보시설 설치유역의 지형학적 특성 (계속)

2.2 대상유역의 선정

대상유역은 자동우량경보시설이 설치된 유역 중 한 곳을 선정하고자 하였다. 또한 선정된 지역에서의 강우특성을 살펴보기 위해서는 가급적 산지유역 내에 많은 우량계가 설치된 유역을 찾아보았으며, 그 결과 김천 옥동천 유역을 대상유역으로 선정하였다.

먼저 김천 옥동천 유역의 지형학적 특성을 살펴보면 표 6.1과 같으며, 자동우량경보시설의 지형학적인 특성과 비교하여 면적은 중간 정도에 해당하며, 형상계수는 가장 크게 나타나고 있어 사각형 형상에 가까운 것으로 나타났다.

표 6.1 대상유역의 기하학적 특성

지역	유역	유역면적 A(km^2)	유역 총연장 L(m)	고도차 H(m)	유역평균경사 S(H/L)	유역평균폭 A/L(km)	형상계수 (A/L^2)
김천	옥동천	69.84	11,246	900	0.080	6.210	0.552

대상유역 내에는 3개의 우량계가 산간계곡에 설치·운영되고 있으며, 3개의 우량계는 내원우량계, 수도우량계와 함께 원황청우량계로써 모두 산간계곡의 상류에 위치하고 있다.

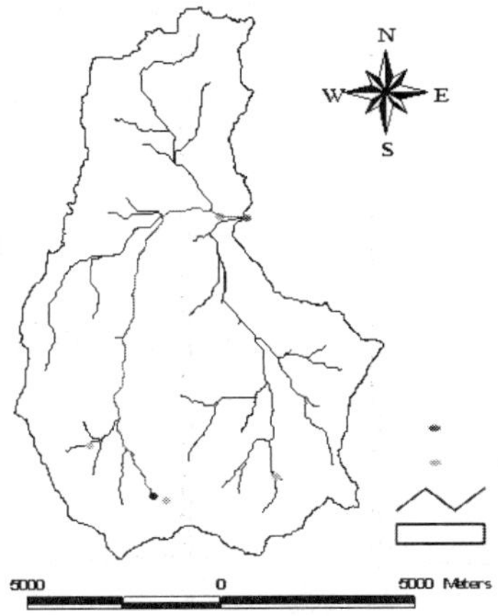

그림 6.2 김천 옥동천유역도(위) 및 현장전경(아래)

2.3 대상유역의 강우특성 분석

산지지역이 많은 우리나라는 높은 산맥 등으로 인해 여러 가지 기상학적인 변화가 나타나게 되며, 이는 공간적인 강우분포를 통해 나타나게 된다. 이러한 강우분포를 살펴보기 위하여 기상레이더자료와 함께 대상유역의 지점 강우자료를 비교해 보았다.

먼저, 해당 지역에 대한 레이더 자료를 취득하고, 레이더 자료에 의한 해당 유역의 면적강우량을 산정하였다. 해당 레이더 자료는 1km×1km 격자의 고도 2km의 자료이다. 대상 강우는 2009년 6월 22일 02시부터 13시까지의 자료로써 당시 레이더 영상에 의한 강우이동양상은 그림 6.3과 같다.

그림 6.3 2009년 6월 22일 기상레이더 영상

상기 그림에서 보는 바와 같이 구름대는 동남쪽으로 이동하면서 점차 한반도를 벗어나는 것을 볼 수 있다. 이 당시 김천 옥동천 유역에 시간당 10mm 이상의 호우가 발생하였으며, 각 우량국의 지점강우와 레이더의 면적강우자료를 비교하면 다음 그림 6.4와 같다.

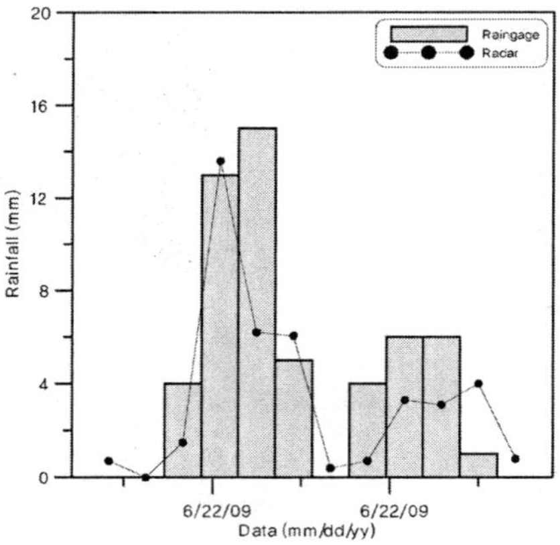

(a) 내원 우량국

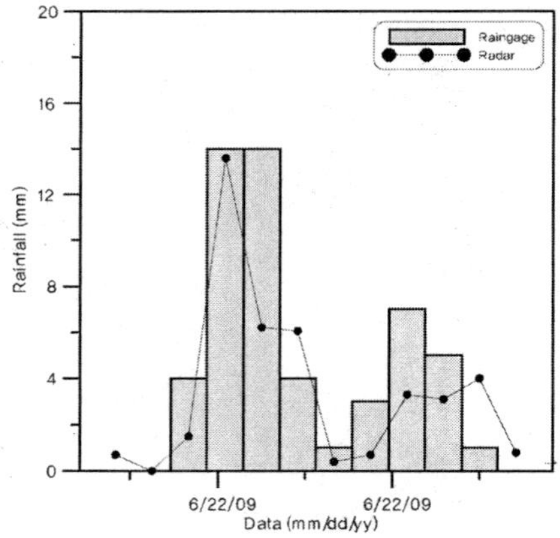

(b) 수도 우량국

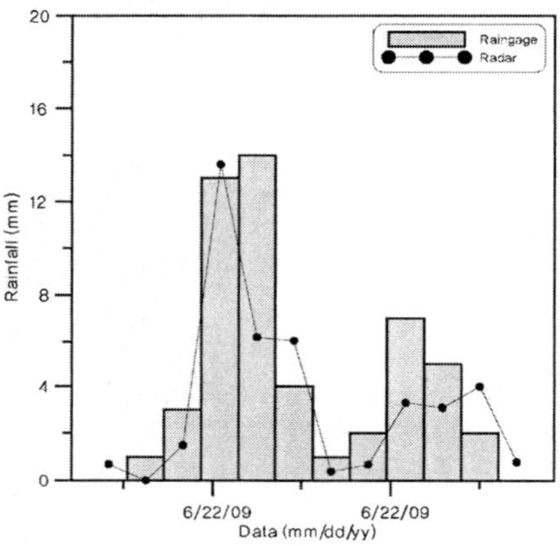

(c) 원황정 우량국

그림 6.4 레이더 및 지점강우량 비교

각 우량국의 지점강우량과 레이더의 면적강우자료를 비교해보면 모든 지역에서 레이더 강우보다 지점강우가 높게 나타나는 것을 볼 수 있다. 그러나 전반적인 첨두 강우발생시간 및 강우패턴 등은 대체로 일치하는 것을 볼 수 있다.

각 우량국의 강우량에 따른 유출량과 레이더 강우에 의한 유출량을 함께 비교해 보았다. 유출량 산정은 HEC-HMS를 이용하였다. 유출량을 산정한 결과 내원 우량국에서의 첨두유출량이 가장 크게 나타나고 있으며, 레이더에 의한 우량값이 가장 적게 나타났다. 상당히 작은 유역임에도 지점 강우 간의 첨두유출량 차이는 최대 약 7 CMS의 차이를 나타내고 있었다. 이는 첨두유출량 대비 약 9.7%의 차이로써 비교적 큰 차이를 나타내는 것으로 보이며, 향후 이에 대한 더 심도 있는 검토가 필요할 것으로 보인다.

3. 산지 돌발홍수 예측시스템 개요 및 모니터링

3.1 산지 돌발홍수 예측시스템 개요

산지지역에서의 돌발홍수는 도달시간이 매우 짧아 사전 강우예측을 통한 대피체계를 갖추는 것이 매우 필수적이다. 이에 국민안전처 국립재난안전연구원(구 소방방재청 방재연구소)에서는 강우예측을 기반으로 한 산지 돌발홍수 예측시스템을 개발하게 되었다. 본 시스템은 기상청으로부터 초단기 강우예측모형인 MAPLE 자료를 전송받아 활용하게 되며, 국내 돌발홍수 위험지역을 선정하여 각 지역별 경보발령 기준 설정을 통해 예·경보를 실시하게 된다.

그림 6.5 산지 돌발홍수 예측시스템 및 메신저를 통한 예·경보 전송

3.2 산지 돌발홍수 예측시스템 모니터링

산간계곡에서의 돌발홍수를 모니터링하기 위해 자치단체에서 설치·운영 중인 자동우량 경보시설을 활용하였다. 자동우량경보시설은 산 정상 부근에 강우량계를 설치하고, 하류부 지역에 경보국을 설치하여 실제 일정시간 동안 내린 강우를 바탕으로 경보를 내리는 시설로써 현재 우리나라에는 약 180여개소가 설치·운영 중에 있다. 특히 일부지역에서는 수위계도 설치되어 산지 돌발홍수를 모니터링하기에는 매우 좋은 관측시설이며, 이를 모니터링하기 위하여 국립재난안전연구원에서는 전국의 해당 관측데이터를 연구소로 수집하는 프로그램을 개발하여 운영 중에 있다.

4. 산지 돌발홍수 예측시스템 예·경보 정확도 분석

3가지 방법으로 정확도 분석을 실시하였다. 첫 번째는 단순히 강수 유무를 통한 정확도 분석이며, 두 번째는 실제 경보발령 상황과의 비교분석, 마지막으로는 수위자료를 통한 정확도 검토를 실시코자 하였다.

4.1 대상강우 및 예 · 경보발령 현황

2010년도 7.16~9.11까지 내린 호우사상을 모니터링 실시하였다. 특이사항으로는 8월의 강수일수는 18.7일로 평년 12.6일보다 많았고, 1973년 이래 1위를 기록하였다. 또한, 서울의 경우 강우일수는 32일로 관측 이래 최대 강수일수를 기록하였으며, 누적강수량은 951.7mm로 3위에 해당하는 것으로 나타나는 것으로 기상청에서 발표되었다.

산지 돌발홍수 예측시스템은 2009년에 145개 대상지역을 중심으로 초기모형이 완성되었으며, 이 시스템을 2010년도 우기철에 시범운영하였다. 시범운영 기간 동안 총 예·경보 발령횟수는 347회로서 일평균 6회 정도 전국적으로 발령되었으며, 실제 강우일수에 대한 발령횟수는 일평균 10회로 나타나 다소 과다하게 경보가 발령된 것으로 나타났다. 해당 기간 동안 가장 많은 경보발령이 난 시 · 군은 전북 진안군으로 총 39회 발령되었으며, 그 다음은 경남 함양군, 충북 괴산군 순이었다. 이렇게 과다한 경보발령의 이유는 기본적으로 비가 많이 내린 탓도 있지만 경보발령 기준이 너무 낮게 설정된 것도 큰 이유라 할 수 있다.

4.2 강수 유무에 의한 정확도 분석

강수 유무에 따른 정확도 비교는 시범 대상지역의 산지 돌발홍수시스템의 예 · 경보 자료와 대상지역에 설치된 강우량계의 강우자료를 단순 비교하게 되는데, 강우자료는 예측시점으로부터 3~4시간 이후에 발생된 실제 강수자료를 이용한다. 정확도 비교를 위해 실제 시스템상 예 · 경보 발령횟수인 347회 중 비교 가능한 강우관측자료가 있는 대상지역에서 예 · 경보가 발령난 285회에 대하여 검토하였다. 표 6.2에서 보는 바와 같이 1차 모니터링 기간에는 83%의 정확도를 가졌으나, 2차 모니터링 기간에는 91%로 상향된 것을 알 수 있다. 1차와 2차로 모니터링 기간이 구분된 것은 1차 모니터링 이후 시스템의 일부가 수정되었기 때문이다.

단순한 강수 유무에 대한 정확도는 어느 정도 높게 나타났으나, 이를 돌발홍수 예 · 경보 개념에서 정확도를 논하기에는 적절하지 못한 것으로 판단된다.

표 6.2 강수 유무에 따른 예 · 경보 정확도

대상기간	총 발령횟수	강우 미발생 횟수	정확도
7.16 18:00~8.13 20:00	116	20	83%
8.13 20:00~9.11 24:00	169	16	91%
합계	285	36	87%

4.3 자동우량경보시설 경보발령에 의한 정확도 분석

앞서 살펴본 강수 유무에 의한 정확도 분석은 강수자료 부족 및 강우지속시간 검토 부적정 등 다소 정확한 분석을 이끌어내는 데 어려움이 있다. 따라서 자동우량경보시설에서 실제 발령난 상황을 전반적으로 분석하였다. 예 · 경보 정확도는 표 6.3과 같다.

실제 산간계곡 현장에 설치된 경보기의 발령자료와 비교한 결과 정확도는 42%로 나타났다. 그러나 자동우량경보시설의 경보발령도 실제 경보가 울려야 할 만큼의 강우가 발생하였는가를 나타내는 지표로는 한계가 있다. 예를 들면, 자동우량경보시설의 20분 누적강우만으로는 강우가 만약 지속되지 않는다면 돌발홍수를 야기할 수 없기 때문에 실제 돌발홍수가 발생했는지는 알 수 없다. 따라서 앞서 살펴본 강우 및 실제 경보발령자료는 참고사항이지 실제 돌발홍수에 적합한 정확도 비교는 어려운 상황이다.

표 6.3 강수 유무에 따른 예 · 경보 정확도

대상기간	총 발령횟수	예측경보와 실제경보가 일치하는 횟수	정확도
7.16 18:00~8.13 20:00	76	23	30%
8.13 20:00~9.11 24:00	171	80	47%
합계	247	103	42%

4.4 수위자료에 의한 예 · 경보발령 정확도 분석

돌발홍수 사항을 가장 직접적으로 정확도를 판단할 수 있는 자료는 수위자료라 할 수 있다. 그러나 산간계곡의 수위자료 모니터링 자료는 충분치 못함에 따라 5개 대상유역 대해서만 우선적으로 검토하였다. 본 연구에서는 수위변동과 경보발령에 대해 이분법을 통하여 예 · 경보발령 정확도를 분석하였다(그림 6.6). 이분법 예측방법은 어떠한 사건이 발생할 경우와 발생하지 않을 경우로 나누어 평가하는 방법으로 주로 기상학적 현상에 대

한 예보에서 많이 사용되고 있다.

정확도 등을 산정한 결과는 표 6.4와 같다. 전남 곡성군 압록지구의 경우 정확도가 가장 높게 나타났으며, 충북 괴산군 달천지구의 경우는 낮게 나타났다. 전반적으로 정확도는 56%로써 절반 이상의 경보발령 정확도를 유지하는 것으로 나타났으나 국민의 생명과 안전에 대한 적극적인 대응을 위해서는 이보다 높은 정확도를 나타내어야 할 것으로 판단된다.

그리고 FAR(False Alarm Ratio)의 값이 너무 높게 나타나고 있어 이는 과잉경보의 영향인 것으로 판단되며 경보발령기준 재설정이 필요한 것으로 판단된다. 이는 결국 CSI(Critical Sucess Index)로 연결되어 매우 낮은 0.27의 값을 나타내게 되었다. 따라서 효과적인 예·경보를 위해서는 예·경보 발령기준뿐만 아니라 여러 가지 상황을 고려한 산지 돌발홍수 예측시스템을 갖추어야 할 필요가 있다.

		수위변동		
		Yes	No	Total
경보발령	Yes	hits	false alarm	forecast yes
	No	misses	correct negatives	forecast no
	Total	observed yes	observed no	total

- Hit : 사건이 발생할 것이라고 예측한 것이 실제로 관측된 경우
- Miss : 예측은 하지 못했으나 실제로 관측된 경우
- False Alarm : 사건이 발생할 것이라고 예측하였으나 관측되지 않은 경우
- Correct Negative : 예측하지 못하고 실제 관측되지 않은 경우

그림 6.6 예·경보 정확도 분석을 위한 이분법 예측방법

표 6.4 대상지구별 경보발령 정확도 산정 결과

대상지구	Accuracy	POD	FAR	CSI
충북 괴산군 청천지구	0.55	0.67	0.64	0.31
충북 괴산군 달천지구	0.39	0.67	0.83	0.15
충남 청양군 까치내지구	0.42	0.63	0.62	0.31
전남 곡성군 압록지구	0.79	0.33	0.50	0.25
전북 남원시 산내지구	0.63	0.50	0.50	0.33
평균	0.56	0.56	0.62	0.27

5. 산지 돌발홍수 예측시스템 개선 및 정확도 분석

5.1 예·경보발령 기준의 문제점 및 개선방안

시범운영한 산지돌발홍수 예측시스템의 예·경보는 3단계(주의, 경계, 대피)로 구성·운영하였다. 이는 단계별 운영을 통해 경보발령에 따라 적정하게 대응하기 위해 설정하였으나 실제 현장에서 받아들이는 체감도는 별반 차이가 없었으며, 오히려 단계별 발령에 따라 잦은 경보발령으로 혼란스럽기만 하였다. 이에 경보발령은 최대한 단순하게 접근하여야 할 필요성이 있음을 알게 되었다.

한 번의 강우사상에서 여러 번의 경보가 발령하는 사례가 종종 있었다. 이는 장마 또는 지속시간이 긴 강우사상의 경우 더욱 심하였으며, 이는 발령 기준에서 강우지속시간에 대한 기준이 20분 내외로 짧았기 때문이라 할 수 있다. 따라서 동일 강우사상에 대해서는 일정기간동안 중복적으로 발령되지 않도록 기준을 설정할 필요가 있다. 현재, 산지 돌발홍수 예측시스템의 예·경보 기준이 되는 강우지속시간은 현재 20분이다. 그러나 이러한 기준은 20분이 지난 이후에도 지속적인 강우가 내릴 것이라는 전제 조건을 가지고 있다. 따라서 이러한 경우 소나기 등과 같이 짧은 강우지속시간을 가지는 강수 상황에도 모두 경보가 발령되어 과다한 경보발령이 발생하게 되어 정확도가 떨어지게 된다. 이러한 문제를 해결하기 위해 산지 돌발홍수 예측시스템에 입력되어지는 MAPLE 입력강수자료에서 대상지역에 예측된 강수가 1시간 동안 1mm 이상 지속되는지 여부도 예·경보 발령기준의 제한조건으로 입력토록 하였다. 1시간 지속시간이라는 기준은 특별한 근거는 없으나 너무 많은 경보발령 횟수를 줄이기 위한 것과 함께 소나기라 함은 굵은 빗방울(지름 5~8mm)의 강우가 1~2 이내에 강하게 내리다가 그치는 비라고 통상적으로 의미함에 따라 1시간 이상 비가 내리는 경우로 한정하였다.

5.2 시스템 운영상의 문제점 및 개선방안

돌발홍수 발령기준 외에도 시스템 운영측면에서의 문제점이 도출되었다. 특히 MAPLE 입력체계를 명확히 이해하고 접근할 필요가 있었다. 산지 돌발홍수 예측시스템의 경우 10분자료를 활용해야 하나 현재 MAPLE 자료는 1시간 자료를 제공하고 있어 이를 10분 강우로 환산하여야 할 필요가 있었다. 이를 위해 우리나라 관측소별 10분 최대강우강도와 60분 최대강우강도의 상관관계 검토를 통해 환산계수를 산정하여야 했으며, 그 결과는 그림 6.7과 같다.

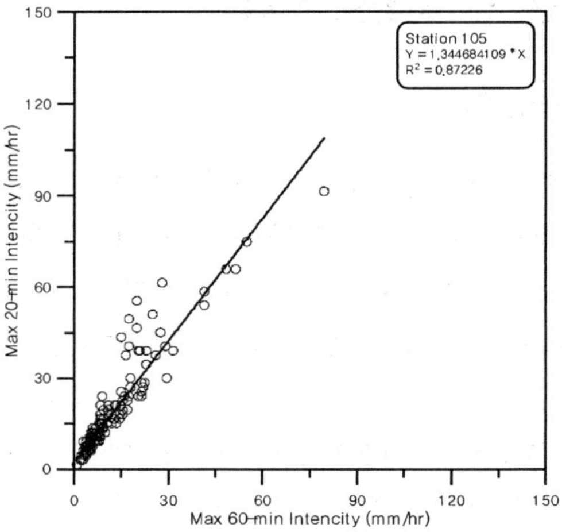

(a) 강릉

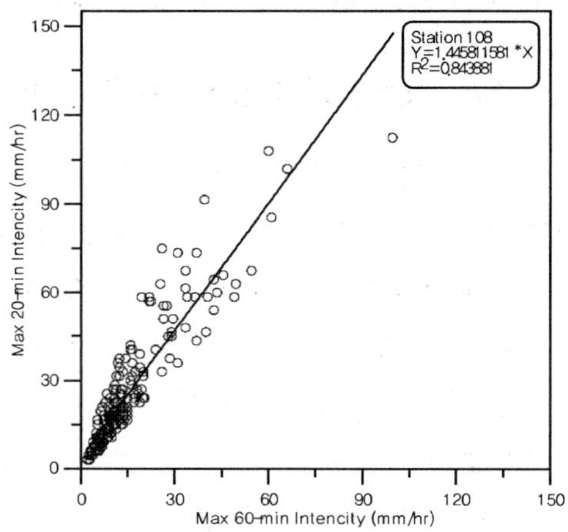

(b) 서울

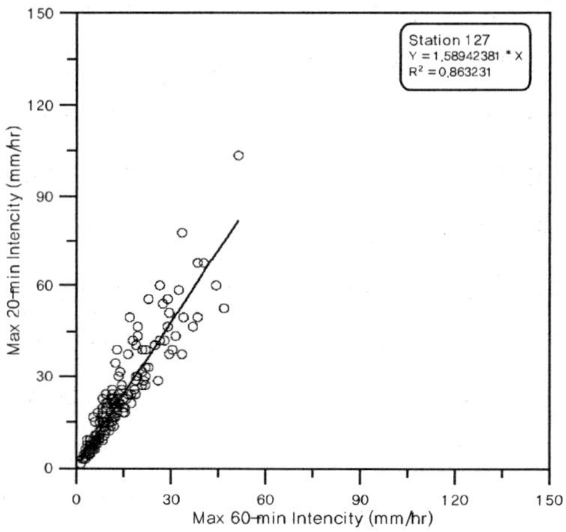

(c) 대구

그림 6.7 20분 최대강우강도와 60분 최대강우강도 비교

결과적으로 20분 최대 강우강도는 평균적으로 60분 최대 강우강도의 약 1.65배인 것으로 나타났으며, 이를 환산계수로 활용할 수 있다. 이외에도 비강수 에코의 발생, 강수의 생성과 소멸 현상 미반영 등 강우예측자료 자체의 한계점이 분명한 것도 정확도를 떨어뜨리는 요소로 작용하는 것으로 나타났으나 이는 향후 기상청에서 지속적으로 개선할 것으로 보인다.

6. 산지 돌발홍수 발생 위험지구

6.1 산지 돌발홍수 위험지구 평가요소의 선정

산지 돌발홍수 위험지구 평가요소는 크게 지역특성평가요소, 강우특성평가요소, 지형특성평가요소로 구분하였다. 이상적인 위험지구의 평가를 위해서는 인구밀도, 토지이용도, 잠재피해 등이 고려되어야 하겠지만 해당 요소들은 데이터로써 구축되어 있지 않으므로 전국 단위의 지구별 위험도 평가에 있어서는 고려되기 어렵다. 따라서 돌발홍수에 대한 위험지구 선정을 위한 평가 요소는 데이터 획득 및 재처리가 용이해야 하며, 선정된 평가요소를 통하여 산정된 돌발홍수 위험지구에 대해서는 실제 유역에서의 경보발령 이력을 고려하여 그 적정성이 평가되어야 한다.

6.1.1 지역 특성 평가요소

위험지구의 평가요소 중 하나로써 돌발홍수로 인하여 인명 및 재산 피해가 발생할 수 있는 것을 지역특성 요소로 선정하였다. 재산피해에 관해서는 지역적인 자료 확보가 필수적이나 현재의 전산화된 자료는 매우 제한적이다. 이는 개개 지역의 평가에는 조사를 통해 지역 특성 평가요소로의 활용이 가능하나 전국단위로 확대될 경우 자료의 조사와 전산화가 어려울 것이다. 인명 피해에 관해서는 주거단지, 위락지구, 야영장 등 돌발홍수 예·경보가 요구되는 지역을 위주로 산정하였다.

6.1.2 강우 특성 평가요소

돌발홍수 위험지역을 평가하기 위한 하나의 요소로써 강우 특성이 선정되었다. 강우특성을 통한 위험지역 평가를 위한 분석 절차는 다음과 같다.

1) 시범유역 확률강우량 분석

전체 유역에 대한 산지유역 특성을 반영할 수 있는 강우관측소를 조사하여 해당 관측소에서의 강우 관측자료를 수집하여 자료의 적정성 등을 평가하고 가용 가능한 자료인지를 판단한다. 가용 가능한 자료의 경우 확률강우량 분석을 실시하여 해당 유역을 대표할 수 있는 재현기간별 - 강우지속시간별 확률강우량 및 강우강도를 산정한다.

2) 한계우량 산정

시범유역에서 돌발홍수 예·경보가 가능한 지점 후보군에 대하여 지점별로 하천경사 및 하천 폭 등을 고려한 위험수위 도달 가능한 한계유량을 산정한다. 즉 일반적으로 하천의 수심이 0.5m 이상일 때 인명의 피해 발생이 가능한 돌발홍수가 발생하였다고 생각할 수 있다. 따라서 해당 지점에서 돌발홍수가 발생되기 시작하는 수심에서의 하천유량 값이 한계유량에 해당한다. 한계유량(Q_d)은 Manning 공식을 이용하여 산정하였다.

$$Q_d = \frac{1.486}{n} S_c^{0.5} B_b \left[\frac{Y_b}{m+1}\right]^{0.38} \quad \text{(식 6.1)}$$

여기서, S_c 는 유역 하도 경사(m/m), B_b는 최대 하폭(m), Y_b는 최대 수심(m), n은 Manning 조도계수이며, Q_d는 한계유량(m^3/sec) 이다.

한계우량은 한계유량을 발생시키는 최소의 강우량 값으로 정의된다. 지점별 한계유량에 대한 한계우량이 산정되면, 해당 유역에 대한 확률강우량으로부터 해당 한계우량의 재현기간을 산출할 수 있다.

3) 강우빈도를 고려한 돌발홍수 위험지구 선정방안 제시

지점별 한계유량을 유발하는 한계우량을 확률강우량과 비교하여 한계우량의 재현기간을 산정한다. 이렇게 산정된 한계우량의 재현기간은 돌발홍수 발생 가능성에 대한 강우 특성 요소의 영향도를 대표한다. 즉 한계우량의 재현기간이 장기간의 재현기간을 갖는다면 해당 지점에서의 돌발홍수의 발생 위험은 그만큼 희박하다. 반면, 한계우량의 재현기간이 1년 혹은 2년 등 단기간이라면 해당 지점의 돌발홍수 발생 위험은 상대적으로 높다는 것을 알 수 있다.

6.1.3 지형 특성 평가요소

돌발홍수 위험지구 선정을 위하여 고려되어야 할 지형적 특성은 산지유역에서 급격한 유출의 발생을 유발하는 요소와 동일하다. 즉 산지유역에서의 돌발홍수는 유역경사, 하도경사, 하도폭 등의 영향을 지배적으로 받으며 대부분 상류지역의 급격한 경사지역에서 큰 피해를 발생시킨다.

자연유역에서 유출에 영향을 미치는 지형적 요소로는 토지 피복 상태, 유역의 조도계수, 하천의 조도계수, 잠재보유수량 등 다양한 요소가 있으며, 이러한 요소를 고려한 수문학적 유출 분석은 매우 복잡한 과정을 거쳐야 한다. 그러나 돌발홍수가 주로 발생하는 산지의 급경사 지역은 대부분 미계측 유역으로 다양한 수문학적 지형 특성들을 모두 고려하는 것은 불가능하다. 또한 이러한 미계측 유역에서는 유출에 대한 관측자료 부재 등으로 분석 결과의 타당성을 검증하는 것이 매우 어렵다.

산지 돌발홍수에 대한 위험지역 분석에 있어서 돌발홍수 예측을 위해서는 수문학적 유출 해석에 기반하여야 한다. 그러나 실제 미계측 유역에서의 이러한 유출 해석은 거의 불가능하므로 수집 가능한 자료의 범위 내에서 최대한 그 오차를 줄일 수 있도록 분석이 이루어져야 한다. 따라서 돌발홍수에 대한 유역의 위험도 분석에 있어서 지형적 특성 데이터가 수집 및 재처리에 용이해야 한다. 특히, 전국적인 위험도 분석 및 위험지역 분류를 위해서는 대단위 정보처리가 가능한 지형적 요소들로 압축 선정되어야 한다.

전국 단위에서의 돌발홍수 위험도 분석 및 위험지구의 분류가 가능하도록 지형 특성 평가요소를 데이터의 수집 및 처리가 용이한 유역경사, 하도경사, 하도폭으로 제한하였다. 또한 이러한 지형적 평가 요소들을 지역별로 추출하기 위하여 GIS를 이용하였다.

6.2 다기준 의사결정 기법에 의한 돌발홍수 위험지구 평가방법

6.2.1 다기준 의사결정 기법

다기준 의사결정(Multi-Criteria Decision Making, MCDM) 기법은 현실 문제에 대해 여러 기준에 입각해서 대안들에 대한 선호의 순서를 결정하거나 하나의 최적 대안을 선택하는 방법론이다. 다요소 의사결정 분석(Multi-Attribute Decision Analysis, MADA)은 정성적인 방식으로 공공정책 수립, 공모과제 선정, 협력업체 선정, 댐 입지 선정, 유한개의 후보해가 존재하는 댐 운영 문제 등 대안의 수가 적고 다소 불확실성이 큰 문제에 적용되며, MAUT(Keeney와 Raiffa, 1976), AHP/ANP(Saaty, 1980 ; Saaty, 1996), PROMETHEE(Brans와 Vincke, 1985), ELECTRE(Roy, 1991) 등이 있다. 다목적 계획법(Multiple Objective Programming, MOP)은 열등하지 않은 해, 즉 파레토 최적해(Pareto-Optimal Soulution, POS)의 도출을 목적으로 생산 일정 계획, 댐 방류량 결정 문제 등 가능해가 무수히 많으면서 비교적 논란의 여지가 적은 문제에 주로 적용되고 있다(Steuer, 1986). 이 중 PROMETHEE(Preference Ranking Organization METHod for Enrichment Evaluations)는 적용과정과 이론의 이해가 상대적으로 쉽고 또한, 대안 간의 순위선호도를 이용하여 산지유역의 상대적 돌발홍수 위험지역 산정에 적합하여 최종적으로 선정되었다. 따라서 본 연구에서는 PROMETHEE를 이용하여 지역특성, 강우특성, 지형특성에 따른 유역 돌발홍수 위험도를 산정하는 방안을 제시하였다.

6.2.2 평가 요소간 가중치 부여 방법

PROMETHEE를 포함한 다기준 의사결정기법에 있어서 가장 중요한 요소는 평가요소에 대한 각각의 가중치 산정이 선행되어야 한다는 것이다. 이러한 가중치 산정에는 다양한 방법이 제안되어 왔으나 일반적으로 관련 분야 전문가의 의견 수렴을 통하여 가중치를 산정하는 방법이 이용되고 있다. 그러나 이러한 가중치 산정 과정에서 자칫 평가자의 판단이 오류를 범하게 될 경우 이를 보정할 방법론이 존재한다 하더라도 산정 결과의 왜곡되는 현상이 발생될 수밖에 없다. 따라서 본 연구에서는 평가요소별 가중치 산정에서 주관적인 의견 개입을 최소화하기 위하여 평가요소별 유역의 인자값을 기준으로 하여 가중치를 산정하는 엔트로피(Entropy) 방법을 적용하였다.

본 연구에서 수립한 돌발홍수 위험지구에 대한 분석 절차는 그림 6.8과 같다.

첫째, 지역특성, 강우특성, 지형특성에 대한 평가항목 선정과 해당 유역에서의 평가 요소별 자료를 획득한다.

둘째, Entropy기법을 이용하여 평가항목간 가중치를 산정한다.

셋째, 산정된 평가항목별 가중치를 이용하여 유역의 평가항목별 데이터에 대한 유역별 위험도 및 위험 순위를 PROMETHEE기법을 이용하여 산정한다.

넷째, 전체 유역에 대하여 분할된 유역 각각의 돌발홍수 위험도 산정 결과를 분석하여 고 중·저 위험지구 등급별로 구분한다.

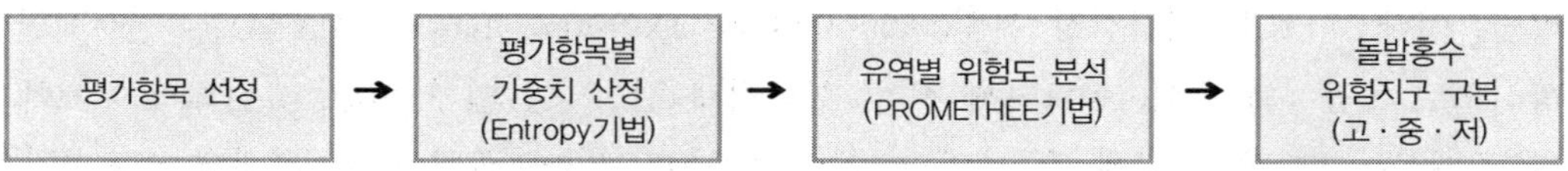

그림 6.8 돌발홍수 위험지구 분석 절차

PROMETHEE의 적용절차를 간략히 나타내면 그림 6.9와 같고 자세한 과정은 Brans와 Vincke(1985)를 참조한다.

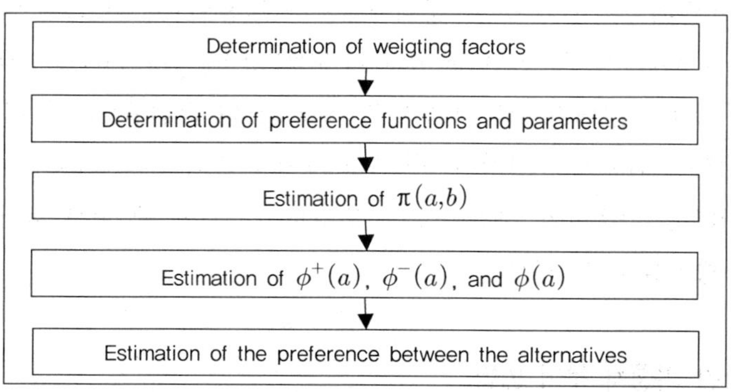

그림 6.9 Procedure to apply PROMETHEE

6.3 실제 유역에의 적용

산지 돌발홍수 위험지구 평가방안을 적용하기 위하여 봉화군 B지역을 시범유역으로 선정하였다. 이 지역은 2008년 7월에 돌발홍수가 실제 발생한 곳으로 실제 발생된 위치와 제안된 방법으로 평가한 후 나온 결과를 비교할 수 있어서 시범유역으로 선정하였다. 시범유역은 면적이 1,132km^{2}로 도산수위관측소 지점을 기준으로 총 105km의 유로연장을 가진다. 시범유역의 위치는 그림 6.10과 같다.

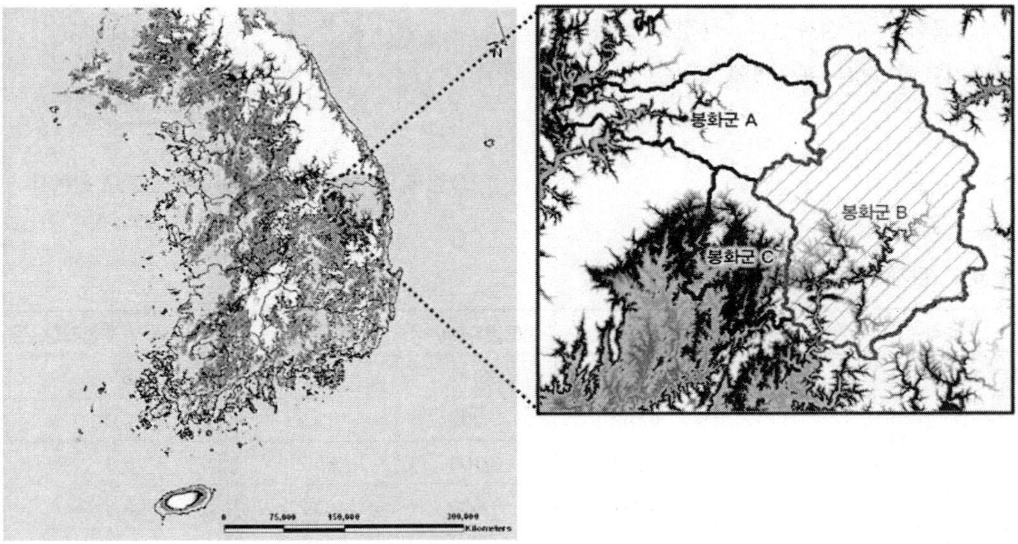

그림 6.10 봉화군 B지역

6.3.1 소유역별 평가지표별 값 산정

봉화군 B지역을 17개의 소유역으로 세분화한 후 각 소유역에 대하여 평가지표별 값을 산정하였다. 평가지표 중에서 봉화군 B지역에 대하여 수집 가능한 지형특성 요소로써 관광지 및 위락지구를 선정하였으며, 그림 6.11에서 나타나듯이 이 지역에는 10개의 위락지구와 두 개의 도립공원이 포함되어 있다. 유역경사와 하도경사는 DEM을 이용하여 산정하였고, 최고차 하천에 대한 하천폭은 김홍태(2005)의 연구결과 도출된 하천폭(B_c) 산정식을 이용하여 산정되었다.

$$B_c = 2.9772 \times A^{0.620} \ (A : \text{유역면적(㎢)}) \qquad \text{(식 6.2)}$$

(식 6.2)에서 산정된 하천폭을 이용하여 유출량(GIUH로 산정)에 따른 유속과 수심을 계산하였으며, 수심을 0.5m(인명피해가 발생 가능한 최소수심)가 되게 하는 한계유출량 및 이에 따른 한계우량을 산정하였다. 산정된 한계우량의 재현기간은 강우분석을 실시하고 산정된 빈도별 강우지속시간별 확률강우량과 소유역간 한계우량값을 비교하여 산정하였다. 산정된 소유역별 평가지표별 값은 표 6.5와 같다.

그림 6.11 봉화군 B 지역의 주변 주요 관광지

표 6.5 평가항목별 수집자료

유역	위락지구개수	유역경사(m/m)	하도경사(m/m)	하도폭(m)	한계우량의 재현기간(년)
1	1	0.027	0.010	61.6	3.7
2	1	0.012	0.009	73.9	6.8
3	1	0.034	0.008	85.2	8.9
4	0	0.021	0.009	89.2	9.8
5	0	0.056	0.012	72.9	19.6
6	1	0.012	0.011	92.0	14.3
7	2	0.038	0.004	90.2	3.2
8	0	0.026	0.009	108.1	59.0
9	0	0.031	0.011	99.7	28.7
10	0	0.028	0.011	102.0	34.0
11	0	0.019	0.009	56.5	0.8
12	1	0.018	0.011	106.1	38.4
13	2	0.037	0.012	51.5	17.9
14	1	0.040	0.012	54.8	26.6
15	0	0.015	0.018	47.8	46.7
16	0	0.026	0.011	64.4	48.2
17	2	0.006	0.010	121.9	29.4

PROMETHEE 적용을 위한 평가항목별 가중치는 Entrophy를 적용하여 전문가에 대한 설문조사 없이 산정되었으며, 표 6.6과 같이 산정되었다.

표 6.6 평가항목별 가중치

평가항목	위락지구	유역경사	하도경사	하도폭	한계우량 재현기간
가중치	0.167	0.194	0.060	0.066	0.513

산정된 평가항목별 가중치의 특성을 살펴보면 하도경사와 하도폭의 비중이 낮았으며 한계우량의 재현기간에 대한 가중치가 가장 크게 산정되었다. 이는 한계우량 값의 편차가 약 16배(최소값 : 3.7년~최대값 : 59.0)로 다른 평가항목 값의 편차에 비해 크기 때문이다. 이것은 Entrophy 방법에 의한 가중치 산정시 나타나는 특성이다. 즉, Entrophy 방법에서는 값의 편차가 클수록 가중치를 높게 부여하도록 계산되기 때문이다.

6.3.2 대상유역의 소유역별 위험도 분석

PROMETHEE의 선호함수 6가지 유형 중 돌발홍수 가능성의 특성을 고려하여 V형 선호함수를 선정하였다. 이것은 돌발홍수 가능성이 평가지표가 어느 정도 값 이상으로 커진다고 하여도 계속적으로 높아지지 않는 특성을 보이기 때문이며 V형 선호함수가 이러한 특성을 가장 잘 나타내기 때문이다. V형 파라미터 설정은 각 평가지표의 최대값과 최소값의 차를 사용함으로써 평가지표 범위 내에서 다음의 식과 같이 설정된다.

$$H(x_h) = \begin{cases} x_h/m, & x_h \le m \\ 1, & x_h \ge m \end{cases} \qquad \text{(식 6.3)}$$

표 6.7은 각 평가항목의 최대값과 최소값을 이용한 V형 선호함수의 파라미터를 나타낸다.

표 6.7 V형 선호함수 파라미터

	위락지구 개수	유역경사	하도경사	하도폭 (m)	한계우량 재현기간(년)
MAX	2	0.056	0.018	121.9	59.0
MIN	0	0.006	0.004	47.8	0.8
Parameters	2	0.050	0.014	74.1	58.2

대안 a, b의 평가기준의 차에 대해 의사결정자의 선호 성향을 나타내는 함수인 $p_h(a,\ b)$와 평가기준별 가중치의 곱의 합을 평균하여 다음의 표에 나타내었다. 위의 식을 적용하여 선호지수를 계산한 결과는 표 6.8과 같다.

표 6.8 17개 유역에 대한 선호지수

	1	2	3	4	5	6	7	8	9	10	11	12	13	14	15	16	17
1	0.000	0.020	0.015	0.038	0.047	0.036	0.010	0.124	0.068	0.077	0.024	0.076	0.025	0.040	0.102	0.096	0.072
2	0.000	0.000	0.007	0.025	0.039	0.016	0.007	0.115	0.060	0.070	0.017	0.061	0.020	0.035	0.087	0.090	0.053
3	0.005	0.017	0.000	0.029	0.036	0.028	0.004	0.115	0.057	0.069	0.028	0.068	0.016	0.031	0.098	0.092	0.064
4	0.000	0.007	0.001	0.000	0.017	0.015	0.004	0.090	0.035	0.045	0.002	0.056	0.014	0.030	0.070	0.068	0.052
5	0.024	0.037	0.023	0.033	0.000	0.038	0.024	0.102	0.041	0.053	0.031	0.069	0.015	0.025	0.080	0.075	0.067
6	0.001	0.002	0.003	0.018	0.026	0.000	0.006	0.100	0.043	0.053	0.018	0.045	0.006	0.022	0.074	0.076	0.037
7	0.026	0.043	0.030	0.058	0.062	0.057	0.000	0.144	0.085	0.098	0.048	0.097	0.027	0.058	0.128	0.122	0.077
8	0.000	0.011	0.001	0.004	0.000	0.011	0.004	0.000	0.000	0.000	0.005	0.006	0.000	0.000	0.009	0.000	0.018
9	0.004	0.016	0.003	0.009	0.000	0.015	0.006	0.061	0.000	0.012	0.011	0.028	0.000	0.000	0.044	0.038	0.025
10	0.002	0.014	0.003	0.007	0.000	0.012	0.006	0.048	0.000	0.000	0.009	0.016	0.000	0.000	0.032	0.027	0.021
11	0.006	0.019	0.020	0.022	0.036	0.036	0.015	0.112	0.057	0.067	0.000	0.076	0.030	0.045	0.084	0.085	0.072
12	0.001	0.006	0.003	0.018	0.017	0.005	0.006	0.055	0.017	0.017	0.018	0.000	0.000	0.000	0.034	0.034	0.013
13	0.028	0.043	0.028	0.055	0.040	0.044	0.014	0.127	0.067	0.079	0.051	0.078	0.000	0.033	0.101	0.099	0.059
14	0.013	0.028	0.013	0.040	0.020	0.029	0.015	0.097	0.036	0.048	0.036	0.048	0.002	0.000	0.072	0.068	0.045
15	0.009	0.015	0.015	0.015	0.010	0.016	0.020	0.040	0.015	0.016	0.009	0.016	0.006	0.006	0.000	0.012	0.027
16	0.001	0.014	0.006	0.010	0.002	0.016	0.011	0.029	0.006	0.007	0.007	0.014	0.000	0.000	0.009	0.000	0.027
17	0.017	0.018	0.018	0.034	0.033	0.017	0.005	0.086	0.033	0.042	0.034	0.033	0.000	0.017	0.064	0.067	0.000

선호지수($\pi(a,\ b)$)는 대안 a와 b 사이의 가중치(w_h)를 고려하여 다음의 식을 통하여 계산되었다.

$$\pi(a,\ b) = \frac{1}{k}\sum_{h=1}^{k} p_{h\ (a,b)} \cdot w_h \qquad \text{(식 6.4)}$$

여기서, 선호유출량은 다른 대안들을 선호 혹은 지배하는 정도를 나타내는 수치이고, 선호유입량은 선호유출량의 반대 개념으로 다른 대안으로부터 선호, 지배되는 정도를 나타내는 수치이다.

본 연구에서 사용하는 순흐름량은 대안 a와 b가 비교 불가능한 관계에 놓여졌을 경우를 배제하여 순흐름량화하여 시범유역의 돌발홍수 발생에 대한 상대적 우선순위를 나타낼 수 있다.

선호유출량 계산은 17개 유역에 대한 선호지수의 행의 합으로 나타내며, 선호유입량은 선호지수의 열의 합으로 나타낼 수 있다. 순흐름량은 선호유출량과 선호유입량의 차로 계산된다. 표 6.9는 순흐름량에 따른 봉화군 B지역의 17개 유역별 돌발홍수 위험 순위를 나타낸다.

표 6.9 돌발홍수 위험 순위

유역번호	선호유출량	선호유입량	순흐름량	위험순위
1	0.871	0.137	0.734	3
2	0.701	0.310	0.391	6
3	0.758	0.188	0.570	4
4	0.506	0.416	0.090	10
5	0.735	0.385	0.351	7
6	0.532	0.391	0.141	9
7	1.160	0.157	1.004	1
8	0.069	1.445	−1.376	17
9	0.273	0.620	−0.347	12
10	0.198	0.751	−0.553	14
11	0.781	0.349	0.432	5
12	0.243	0.788	−0.545	13
13	0.944	0.161	0.784	2
14	0.610	0.342	0.269	8
15	0.247	1.086	−0.839	15
16	0.157	1.048	−0.891	16
17	0.517	0.730	−0.212	11

6.3.3 돌발홍수 위험지구 구분

이상의 산정 결과를 바탕으로 전체 유역에서의 분할 유역별 돌발홍수 위험지구를 고·중·저로 세 개의 위험군으로 분류하였다. 대상 유역에 대하여 돌발홍수 위험지구를 구분하면 표 6.10과 같다.

표 6.10 돌발홍수 위험지구 구분

위험등급	순흐름량	유역번호	위험순위
고위험군 (상위30%)	1.004	7	1
	0.784	13	2
	0.734	1	3
	0.570	3	4
	0.432	11	5
중위험군 (30%~60%)	0.391	2	6
	0.351	5	7
	0.269	14	8
	0.141	6	9
	0.090	4	10
	−0.212	17	11
	−0.347	9	12
저위험군 (하위40%)	−0.545	12	13
	−0.553	10	14
	−0.839	15	15
	−0.891	16	16
	−1.376	8	17

돌발홍수에 대한 고위험군은 상위 30%를 기준으로 하여 총 5개 지역이 선정되었으며, 저위험군은 하위 40%를 기준으로 총 5개 지역이 선정되었다. 그림 6.12는 고·중·저 위험군에 따른 유역 구분을 나타낸다.

이상의 결과에서 13번 유역의 경우 본 연구의 분석기법에 따라 정량적 평가 결과 돌발홍수 발생에 따른 고위험군 유역(순위 2번)으로 구분되었다. 이 유역의 경우 과거 돌발홍수로 인한 침수피해가 발생하였던 지역(타원형으로 표시)으로 본 연구 결과가 실제 침수실적과 비교하여 타당성 있는 결과를 도출하고 있음을 나타내고 있다.

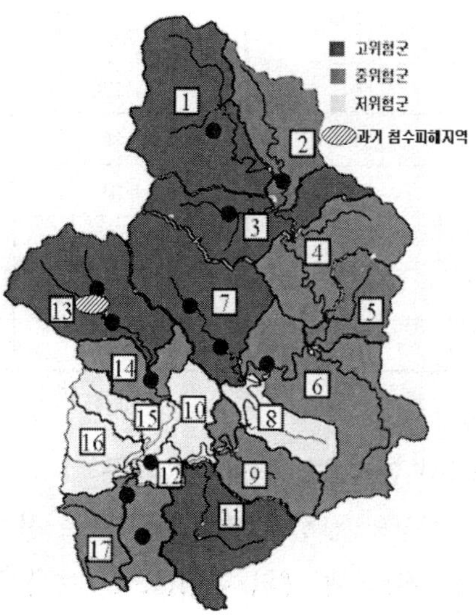

그림 6.12 돌발홍수 위험지구 구분

7. 맺음말

기후변화로 인하여 국지성 호우 등 기상이변이 자주 발생되는 현 시점에서 산지돌발홍수의 발생은 많은 인명과 재산피해를 가져올 수 있다. 돌발홍수는 그 특성상 짧은 시간 내에 발생하고 산지유역에서 주로 발생하므로 일단 발생하고 나면 이미 적절한 조치를 취하기 어려운 경우가 많다. 따라서 발생하기 이전에 지역별 발생위험도를 평가하여 대책을 수립하는 것이 산지돌발홍수에 의한 피해를 경감하는 데 중요한 역할을 할 것이다.

산지지역에 대한 강우분석은 산지지역에 대한 강우자료 부족으로 많은 연구가 수행되지 못하고 있는 실정이다. 그러나 최근에 들어서 강우레이더 등에 대한 활용성이 높아지고, 또한 산간계곡 등의 재난예·경보를 위해 설치한 자동우량경보시설의 우량계 등이 여러 지점에 설치·운영되고 있어 향후 해당 자료를 장기적으로 잘 보관하고, 강우자료 품질에 관심을 둔다면 매우 좋은 자료로 활용할 수 있을 것으로 판단된다.

미국의 경우 산간지역의 공간적인 기후인자를 설명하는 모형으로 PRISM(Parameter-elevation Regressions on Independent Slopes Model)이 있으며, 이 모형은 국지적인 지역에서의 기후-고도 회귀함수를 구할 수 있는데, 산지지역이 많은 국내에서도 이러한 모형을 참조하여 국내 산지지역에 적합한 강우모형 개발이 필요할 것으로 판단된다.

지역별 산지 돌발홍수 위험도를 평가하기 위하여 다기준의사 결정기법의 하나인 PROMETHEE를 적용하였으며, 평가지표로서 유역의 지역적 특성인자, 지형적 특성인자, 강우특성인자를 산정하였다. 또한 각 평가지표의 가중치 부여를 위해서 주관적인 영향이 강한 전문가 집단의 설문조사 대신 평가지표의 값을 기준으로 가중치를 결정하는 Entrophy방법을 적용하여 가중치를 결정하였다.

선정한 평가지표 인자나 평가인자별 가중치 부여 방법 등의 개선을 통하여 보다 신뢰도 높은 산지 돌발홍수 위험도 평가가 가능할 것이며, 이를 위한 지속적인 연구가 필요할 것으로 사료된다.

| 참고문헌 |

1. 국립기상연구소 (2005), "집중호우 발생기작에 관한 연구"
2. 국립방재연구소 (2008), "산지소하천유역 돌발홍수 피해예측기술개발(1차년도)"
3. 국립방재연구소 (2009), "산지소하천유역 돌발홍수 피해예측기술개발(2차년도)"
4. 안재찬, 이종설, 최우정, 이병주 (2008), "자동우량경보시설 경보발령기준 검토연구", 한국방재학회논문집, 제8권 제4호, pp.101-109
5. 김홍태 (2005), "GIS기반 지형수문유역모형 개발 및 미계측유역 돌발홍수예측 적용에 관한 연

구", 박사학위논문, 부산대학교
6. Alpert, P. (1986), "Mesoscale indexing of the distribution of orographic precipitation over high mountains", Journal of Climate and Applied Meteorology, Vol. 25, pp.532~545
7. Dore, A.J., Choularton, T.W., Brown, R. and Blackall, R.M. (1992), "Orographic Rainfall Enhancement in the Mountains of the Lake District and Snowdonia", Atmospheric Environment, Vol. 26A, No. 3, pp.357~371
8. Eagleson, P.S. (1970), "Dynamic Hydrology", McGraw-Hill, New York
9. Ogura, Y. and Yoshizaki, M. (1988), "Nomerical Study of Orographic-convective Precipitation over the Eastern Arabian Sea and the Ghat Mountains during the Summer Monsoon", Journal of the Atmospheric Sciences, Vol. 45, No. 15, pp.2097~2122
10. Brans, J. P. and Vincke, Ph. (1985), "A Preference Ranking Organisation Method", Management Science, Vol. 31, No. 6, pp.647~656
11. Keeney, R. L. and Raiffa, H. (1976), "Decisions with Multiple Objective: Preferences and Value Tradeoff", John Wiley & Sons, New York
12. Roy, B. (1991), "The Outranking Approach and the Foundations of ELECTRE Methods", Theory and Decision, Vol. 31, pp.49~73
13. Saaty, T. L. (1980), "The Analytic Hierarchy Process: Planning Setting Priorities", Resource Allocation. McGraw-Hill, New York
14. Saaty, T. L. (1996), "Decision Making with Dependence and Feedback: the Analytic Network Process", RWS publisher, Pittsburgh

Volcanic Disaster Response Online Network System

7장 화산재해 대응을 위한 온라인 네트워크 시스템

1. VDPEDIA 개요

온라인 네트워크(VDPEDIA)는 홈페이지를 통한 다양한 서비스를 제공함으로써 국제협력 네트워크 기반구축이라는 연구수행 목적을 달성하기 위한 하나의 활용도구이다. 즉 온라인 네트워크를 통해 국제적으로 유기적인 연계 및 정보 공유와 더불어 단순한 국내 네트워크를 벗어나 해외 전문가들과의 최신정보 및 기술교류를 활성화시키고, 국내 전문가의 역량을 세계적으로 홍보하며, 국제적 네트워크 형성 및 정보교류의 장이 될 수 있도록 개발되었다.

이를 위해 1단계에서는 GVM, VHub 등과 같은 유사 온라인 네트워크에 대해 조사하였고, 사용자의 요구를 분석하였으며 온라인 네트워크 구축방안을 수립하였다. 이를 토대로 2단계에서는 온라인 네트워크를 구축하였으며, 다양한 테스트를 통해 수정 · 보완하여 시범운영을 진행하였다. 마지막 단계인 3단계에서는 도메인 등록(www.vdpedia.org)을 통해 서비스를 개시하였으며, 설문조사 시스템을 추가하여 사용자의 요구사항에 대해 수시로 반영하고, 모바일 네트워크 개발을 통해 온라인 네트워크의 활용도를 극대화하였다. 더불어 온라인 네트워크 서비스를 통해 추가 기능 및 개선 방안을 수립하고, 유지관리 및 운영방안을 제시하였다.

2. 온라인 네트워크 구축 방향 수립

2.1 유사 온라인 네트워크 시스템 조사 및 분석

온라인 네트워크를 효율적으로 개발하기 위하여 다양한 형태의 유사온라인 네트워크 시스템을 조사하였다. 현재 온라인상에는 무수히 많은 온라인 네트워크가 형성되어 있다. 네트워크의 구성원은 크게는 국가, 언어 등으로 구분되며, 좁게는 직업, 관심 분야, 성별 등으로 구분된다. 온라인 네트워크의 특성상 대부분이 언어로 활동되기 때문에 국가와 해당국가의 언어상 제약이 강한 특징이 있다. 따라서 온라인 네트워크 운영주체의 특성을 이용하여 양·다자 간으로 구분하였으며, 양자 간의 경우 운영주체가 1인으로 개인과 개인으로 구성된 전문화된 네트워크로 개인블로그, SNS를 규정하였다. 다자 간의 경우 운영주체가 기관, 단체 등과 같이 조직으로 구성된 네트워크로 전문적인 콘텐츠와 자유로운 정보의 공유가 가능한 포털사이트, 기관 및 단체 산하 사이트로 규정하였다. 조사된 사이트는 화산재해에 관련된 사이트와 화산재해와 관련되지 않지만 다수의 온라인 유저가 이용하는 사이트 등 화산재해에 국한되지 않게 조사하였다.

양자 간의 경우 총 5개 사이트를 조사하였다. 사이트별 특징은 맨 to 맨으로 구성이 주를 이루기 때문에 보다 손쉽게 원하는 정보를 단기간에 접할 수 있으며 정보공유나 토론의 피드백을 보다 빠르고 손쉽게 얻을 수 있다는 장점이 있다. 하지만 특정 분야의 전문화된 내용을 주로 다루기 때문에 사용자의 수가 상대적으로 적은 편이며, 개인이 보유하고 있는 정보정확성에 대한 신뢰도가 떨어진다는 단점이 있다.

다자 간의 경우 총 8개의 사이트를 조사하였다. 사이트별 특징은 다수의 온라인이용자 간 공통의 주제를 다루기 때문에 다양한 의견의 조율과 토론의 장이 형성된다는 점이다. 상대적으로 이용하는 이용자의 수가 많아서 폭넓은 정보의 공유가 가능한 장점이 있으나 정보전달이 일방적인 단점이 있다.

재해의 후속조치 차원에서 네트워크 역할은 신속성과 정확성에 있다. 사용자가 필요로 하는 정보를 SNS와 같이 신속하게 배포하되, 이용자가 위화감을 느끼지 않을 정확한 정보여야 한다.

2.2 온라인 네트워크 구축 목표

대표적인 화산재해 관련 사이트들을 조사한 결과 크게 두 가지 특성을 보이고 있는데, 하나는 화산재해에 대한 기술 혹은 연구와 관련된 전문적인 지식 공유 및 제공을 목적으로 개발되었고, 다른 하나는 전문가 혹은 관심 있는 사용자들의 의견교류 공간 제공을 목적으로 개발되어 활용되고 있다. 또한 제공되는 자료의 경우 대부분이 화산의 폭발, 분출, 활동 등 화산재해 전반적이고 포괄적인 내용에 대해서 다루고 있다.

이에 본 온라인 네트워크는 화산재해에 포괄적으로 접근하기보다 화산피해 현황 및 대응, 즉 방재 관점의 콘텐츠를 심도 있게 다룬 자료를 제공함으로써 해외 사이트들과의 차별화를 둘 계획이며, 전 세계를 대상으로 하기보다 동아시아 지역 위주로 특성을 살려 추후 GVM, VHub 등과 같은 화산 관련 사이트들의 Sub 사이트에 등록될 수 있도록 노력하여 국내뿐 아니라 세계적으로 활용될 수 있도록 할 예정이다.

그림 7.1 온라인 네트워크 구축 목표

정보공유와 더불어 화산폭발 및 위기상황 시 전문가들이 모여 논의할 수 있는 공간을 제공하여 긴급한 상황에 대처할 수 있도록 하고, 또한 사용자들이 자유롭게 의견을 교류할 수 있는 온라인 포럼 공간을 함께 제공하여 국내·외 전문가의 참여를 유도할 수 있도록 구성하였다.

2.3 온라인 네트워크 구축 방향

온라인 네트워크 시스템에서 다루는 정보의 특성상 전문가 위주의 콘텐츠로 그림 7.2와 같이 구성되었다. 다만, 추후 전문가 위주의 콘텐츠 외에 화산에 대한 일반적인 콘텐

사용자 정의	◆ 연구 지원과 정보 공유의 활성화를 위하여 **국내외 전문가를 위한 콘텐츠 구성**
표준 언어	◆ 국제 협력 기반 구축을 위하여 **모든 콘텐츠의 영문화**를 표준언어로 채택
구현 방향	◆ **신속하고 안정적인 접속 환경 제공**으로 사이트 이용률 및 만족도 증대 : 열악한 인터넷 환경을 고려한 텍스트 기반의 웹사이트 설계 : **웹 접근성 및 웹 표준화** 준수 : 심플하고 직관적인 화면 구성 ◆ **원문 LINK**를 통한 자료 제공을 통해 **객관적인 정보 제공** 및 **저작권 문제 해결** : 단, 저작권 문제를 해결한 자료에 대해서는 다운로드를 통해 Direct로 제공할 예정
차별화 방안	◆ 기존 유사한 사이트들과의 차별성 및 우월성 확보 : **화산 재해 대응 및 방재 관련 콘텐츠 구성**(화산피해 관련 위주의 정보 제공) : **아시아 지역에 집중된 정보 제공** : 일반 사용자용 정보 제공 및 **백두산 관련 정보 제공**을 통한 홍보
활성화 방안	◆ 신속한 정보 공유 방안 검토(**SNS 및 E-mail 연동** 등) ◆ 차별화된 콘텐츠 구성을 통해 국제 연구기관의 **Sub사이트로 등록** 방안 추진 ◆ 지속적인 국제전문가들과의 교류 및 정기적인 홍보 활동 ◆ VDPEDIA를 통한 국제 연구기관들과의 연결 통로 제공 ◆ 더욱 편리하게 콘텐츠를 이용할 수 있도록 모바일 애플리케이션 개발

그림 7.2 온라인 네트워크 구축 방향

츠 구성을 통하여 일반 사용자들도 활발히 참여할 수 있는 방안에 대해 모색할 필요가 있다.

국제전문가의 참여 유도와 더불어 제공되는 정보의 경우 국내보다는 해외의 자료들이 많은 점을 고려하여 영문버전으로 개발되었으며, 화산폭발 및 위급상황 시 전문가들이 모여 논의할 수 있는 공간을 제공하고, 온라인 포럼의 경우 정해진 주제 및 자유롭게 다양한 의견 교류가 될 수 있는 공간이 될 수 있도록 구성하였다.

인터넷 환경이 열악한 해외사용자들을 고려하여 텍스트 기반의 시스템을 구축하여 사용자들의 시스템 환경 제약을 최소화하였고, 웹 접근성 및 웹 표준화를 준수하여 다양한 웹브라우저에서 사용이 가능하고 장애인들이 사용하기에 부족함이 없도록 구성하였다.

더불어 원활한 서비스를 위하여 모바일 애플리케이션을 개발·보급하여 활용도를 극대화하였다.

3. 온라인 네트워크 개발 및 구현

3.1 메뉴구성

온라인 네트워크의 메뉴별 주요 기능은 그림 7.3과 같다.

메뉴 주요 기능 상세 설계	
EMERGENCY MEETING	화산폭발 및 위급상황 시 전문가들이 모여 논의할 수 있는 공간 제공
ONLINE FORUM	화산 관련 주제에 대해 자유롭게 의견을 교류할 수 있는 공간 제공
VOLCANO DISASTER	화산피해현황 및 자료에 대한 정보 제공
RESOURCE	화산 관련 연구기관, 학술지, 논문 등 전문기술 정보 제공
NEWS	국내·외 화산관련 기관들의 소식 제공
VDPEDIA	VDPEDIA 소개 및 유관기관 소개

그림 7.3 각 메뉴별 기능

그림 7.4 메인 페이지 구현 화면

온라인 네트워크에 제공되는 자료는 화산 관련 논문, 연구기관, 프로젝트, 학술지, 학술발표, 화산피해현황으로 구성하였고, 여러 웹사이트에서 많이 쓰이는 'Resource'라는 이름으로 구성하였다. 화산폭발 및 위급상황 시 전문가들이 온라인상에 모여 논의할 수 있는 공간을 제공하는 목적으로 Emergency Meeting을 구성하였고, 온라인포럼은 온라인상에서 여러 사람이 참여하여 대화하는 방식으로 화산에 대한 의견을 주고받으면서 의견을 수렴해 나가는 토론의 장을 만들기 위한 목적으로 구성하였다.

온라인 네트워크의 전체 메뉴 구조는 기본메뉴인 Emergency Meeting, Volcano Disaster, Online Forum, Resource, News, VDPEDIA로 구성되었고, 상세메뉴에서는 논문, 연구기관, 학술지, 학술발표, 국내뉴스, 해외뉴스, 공지사항, 소개 글, 파트너, 자유게시판으로 구성되었다.

3.2 Emergency Meeting

그림 7.5 Emergency Meeting View 페이지

화산폭발 및 위급상황 시 온라인 네트워크에서 관리자가 화산 관련 전문가 및 연구원들에게 E-mail 또는 SNS로 긴급 소식을 전하여 전문가 및 연구원들이 온라인 네트워크에 접속하여 논의할 수 있는 공간을 제공하는 목적으로 구성하였다.

3.3 Online Forum

온라인 포럼에서는 백두산 및 화산 분야에 관련된 주제를 다루게 되며, 여러 사람이 참여하여 대화하는 방식으로 화산에 대한 의견을 주고받으면서 의견을 수렴해 나갈 목적으로 설계하였다. 온라인 포럼은 관리자가 화산에 대한 주제를 정하여 등록하면 사용자는 그 주제에 맞게 토론을 할 수 있는 공간이다.

3.4 Volcano Disaster

세계적으로 화산재해에 대한 정보가 거의 없기 때문에 온라인 네트워크에서는 화산 관련 피해 현황을 조사하여 화산에 관심이 있는 전문가, 연구자, 일반인들을 대상으로 화산 피해 현황 정보를 쉽게 획득할 수 있도록 정보를 제공하고 있다. 또한 사용자가 직접 자료를 게재할 수 있으며, 제재된 내용은 검토 후 시스템에 추가될 수 있도록 구성하였다.

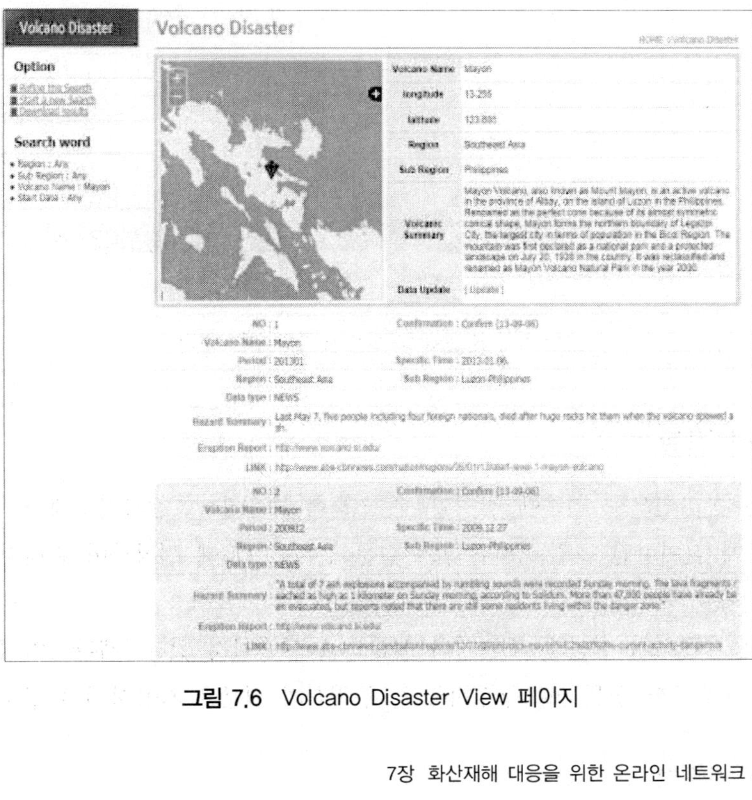

그림 7.6 Volcano Disaster View 페이지

3.5 Resource

화산 재해 대응 분야에서 해당 과제에 관련된 자료를 NTIS 국가 R&D 표준정보관리서비스를 기준으로 일정 분류에 따라 체계적으로 구성하였다. 대표적인 해외사이트들의 자료들을 보면 대부분이 화산폭발, 분출, 활동에 대해서 다루고 있어, 온라인 네트워크에서는 대응, 즉 방재 관점의 콘텐츠로 구성하여 해외사이트들과의 차별화를 둘 계획이다. Resource에서 다루는 자료는 대응, 방재 관점의 논문, 연구기관, 학술지, 학술발표 등으로 구성하였다.

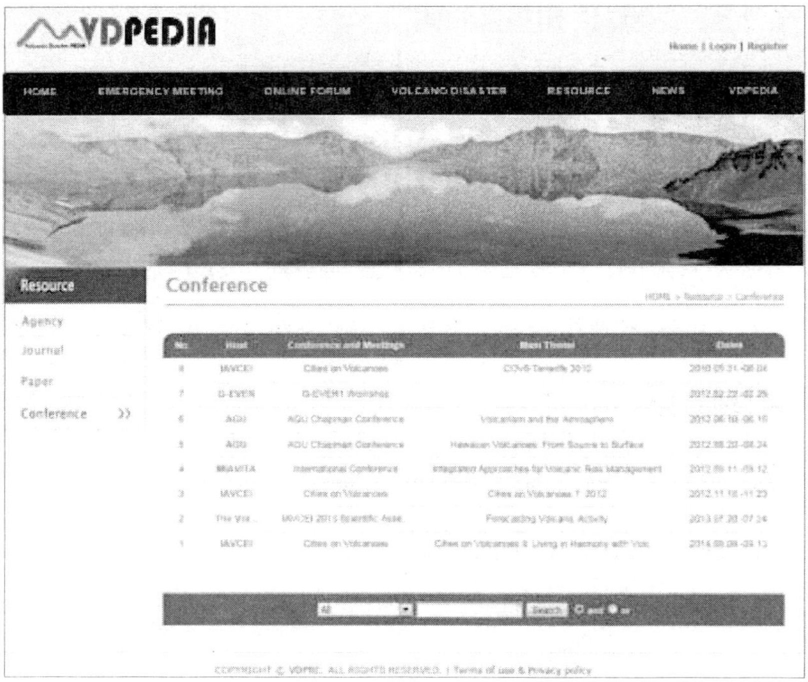

그림 7.7 Resource List 페이지 구현 화면

3.6 설문조사 기능

설문조사는 온라인으로 설문에 참여할 수 있도록 VDPEDIA 웹사이트에 시스템을 구축하였다. 설문에 참여하면 그림 7.8과 같이 설문 결과를 DB에 저장하여 관리자가 직접 확인할 수 있도록 구현하였다.

설문조사는 객관식의 설문과 주관식의 설문으로 이루어져 있다. 객관식의 설문은 주로 기타 의견이 불필요한 설문들로 구성하였고, 주관식의 설문은 사용자의 요구사항 또는 시스템 오류 등을 확인하는 설문으로 이루어졌지만, 모든 설문항목에는 개인적인 의견을 제시할 수 있도록 구현하였다.

q2t	q3	q3t	q4	q4t	q5t
백두산 화산대응 기술개발 사업의 결과를 다루었으면 합니다.	국립재난안전연구원	전문적인 연구 기관으로 적합할듯 합니다.	필요하다		없어요
	백두산 화산 대응 기술 개발 사업단		필요하다	필요하나 푸시 알림을 끌수 있는 형태로 제공	버튼 클릭시 엑박이 뜨는 경우가 도가 낮은 느낌이 많이 듬 다름 페이지는 ...
	국립재난안전연구원		필요하다		
	국립재난안전연구원		필요하다		.
	국립재난안전연구원		불필요하다		설문조사 아이콘이 로그인하고 [illegible] 고 메일로 주신 주소를 눌러 들어 요...
	국립재난안전연구원		필요하다		
	전문 유지보수 업체		기타의견		
	국립재난안전연구원	재난을 담당하고 있는 부서에서 운영하여야 통일성이 있을 것임. (지진대응시스템과의 상관관계...	필요하다		- 사이트의 여러 메뉴들 중 중요도 에서부터 배치하는 것이 필요할 ...
동영상 자료	국립재난안전연구원		필요하다		Volcanic Event를 Volcanic Disast Volcanic E...
	소방방재청		필요		그동안 좋은 시스템 만드시느라

그림 7.8 설문조사 DB Data

3.7 도메인의 등록

온라인 네트워크 시스템의 도메인은 닷 컴(.com), 닷 넷(.net)과 같은 일반 최상위 도메인으로 기관의 의미를 가지고 있는 도메인인 닷 오알지(.org) 도메인과 온라인 네트워크 시스템의 명칭인 VDPEDIA를 도메인 네임으로 사용하여, 온라인 네트워크 시스템은 'http://www.vdpedia.org'라는 주소로 서비스를 하고 있다. 또한 온라인 네트워크 시스템에서는 닷 오알지(.org) 도메인뿐만 아니라 .kr 도메인을 사용하여 VDPEDIA가 한국에 있음을 나타내고, 닷 오알지(.org)처럼 기관의 의미를 가지고 있는 .or.kr 도메인을 추가로 확보하여 최종적으로 www.vdpedia.or.kr 도메인 등록을 완료하였다.

3.8 모바일 네트워크 개발

최근 스마트폰 사용자가 급증함에 따라 모바일 기기에 최적화된 모바일 웹사이트를 이용하는 빈도가 급격하게 늘어나는 추세이다. 그림 7.9는 시간대별 모바일 웹과 PC웹 사용률을 비교한 그래프이다.

그림 7.9 VDPEDIA 메인 페이지

그림 7.9와 같이 모바일 웹은 PC웹과 대등하게 활용되고 있다. 그러나 PC와 모바일은 접속 OS, 해상도, 하드웨어, 인터넷 환경이 서로 매우 큰 차이가 있다. 이와 같은 이유로 데스크톱 환경에 맞게 만들어진 기존의 웹사이트들이 스마트폰 등 모바일 기기에서 보기 어려워 별도의 모바일 전용 웹사이트가 필요하다. 스마트폰에서 기존의 웹사이트를 보기 위해서는 확대, 축소를 반복해야 하고, 많은 이미지와 기능 때문에 여러 가지 문제가 존재한다. 작은 스마트폰 화면에서는 기존 웹사이트의 글자를 알아보기 어려우며, 화면을 확대해 클릭해도 대량의 이미지와 메뉴를 내려 받느라 많은 시간이 걸려 일반 데스크톱 환경에 맞게 구현된 웹 페이지를 모바일 환경에서 구현하는 데 문제가 발생하게 된다. 이러한 이유로 모바일 기기에 최적화된 환경이 필요하다.

4. 맺음말

화산재해 국제협력 네트워크 기반구축을 수행하기 위하여 온라인 네트워크(VDPEDIA)를 개발하였다. 온라인 네트워크(VDPEDIA)를 통하여 국내의 연구자들에게는 좋은 정보제공과 함께 국제협력을 수행할 수 있는 출발점이 될 것으로 기대한다. 지속적인 유지보수와 함께 필요한 추가기능 개발을 통하여 살아 있는 온라인 네트워크가 될 것이다.

| 참고문헌 |

1. 박태준, 조진주, 김한솔 (2013), "웹 접근성 프로젝트 시작하기", 위키북스
2. 방송통신위원회 (2010), "한국형 웹 콘텐츠 접근성 지침 2.0".
3. 윤재광, 탁진현, 백영태, 이세훈 (2007), "Templet을 활용한 웹사이트 구축 시스템", 한국컴퓨터정보학회, 15(1), pp.83~87
4. 조아라 (2009), "GeoWeb을 활용한 축제정보 사이트 구축", 이화여자대학교 대학원
5. 홍순구, 강영무, 이현미, 차윤숙 (2011), "웹 접근성의 교육현황 및 활성화를 위한 제언", 한국산업정보학회, 16(3), pp.73~87

8장 백두산 화산폭발 시나리오

1. 백두산 화산폭발 시나리오 개발 배경

인류문명이 자연재난으로 멸망한다는 소재의 영화 '2012'에서는 지진과 화산폭발, 거대한 해일 등 각종 재난을 실제 과학자들의 시나리오를 토대로 한 편의 영상에 담아 거대한 스케일을 선보였다. 특히 영화 속 거대한 폭발을 일으킨 슈퍼 볼케이노는 미국 옐로우스톤 국립공원의 화산으로 실제로 지난 약 200만 년간 세 번의 초대형 분화로 60만 년의 폭발주기를 갖고 있지만, 마지막 분화 이후 현재까지 64만 년이 지나도록 분화하지 않고 있는 상태이다. 옐로우스톤 칼데라 면적은 3,960㎢로 경기도 전체 면적의 3분의 1에 해당하는 규모이며, 이 거대한 화산이 폭발한다면 미국 영토의 66%를 초토화시킬 수 있다고 전문가들은 예측하였고, 최근 기록적인 융기현상 감지 등의 폭발 징후를 보이고 있어 머지않아 영화 '2012'처럼 옐로우스톤 화산 폭발이 그대로 현실화될 것이라는 예상도 나오고 있다.

그렇다면 그런 초대형 화산폭발이 우리나라에 발생한다면 어떨까? 백두산 화산 또한 슈퍼 볼케이노 중 하나로 과거 천 년 전의 폭발 규모로 다시 폭발한다면 그 위력은 백두산 부근의 중국, 북한 및 국내, 일본 등 동북아시아지역은 물론 전 세계까지 엄청난 피해를 야기시킬 것이다. 이런 초대형 재난을 대비하기 위해서는 백두산 화산폭발에 따른 피해예측 및 대응능력 확보와 함께 피해 영향 시나리오에 따른 재난 대비가 필요한 상황이다.

백두산 화산폭발 대응시나리오 개발을 위하여 국외 화산재해 사례 및 대응체계 현황을 살펴보고 화산재해로 인해 국내에 영향을 끼칠 수 있는 거시적 환경분석을 토대로 화산폭발 시 위험요인의 우선순위와 피해영향에 대한 시나리오를 도출해 본다.

2. 화산재해 현황 분석

2.1 과거 화산재해 발생 현황

과거 수백 년간 전 세계에서 30만 명 이상의 인명이 화산폭발에 의해 희생되었다. 1600년부터 약 400여년 간의 화산재해 피해 상황을 살펴보면 과거에는 질병 · 기아 등 화산폭발에 의한 1차 피해가 아닌 2차 피해에 의한 사망자가 많았으나, 1900년 이후에는 화쇄류 · 용암류 등 화산이 폭발하면서 발생하는 1차 피해에 의한 사망자가 전체 사망자의 약 78%를 차지하는 것으로 나타났다. 이는 화산폭발이 지진보다 전조 예측이 가능함에도 불구하고, 화산폭발 지역에서 주민들의 피난 및 대피가 이루어지지 않았기 때문으로 화산재해 대비 대응의 중요성을 여실히 보여준다.

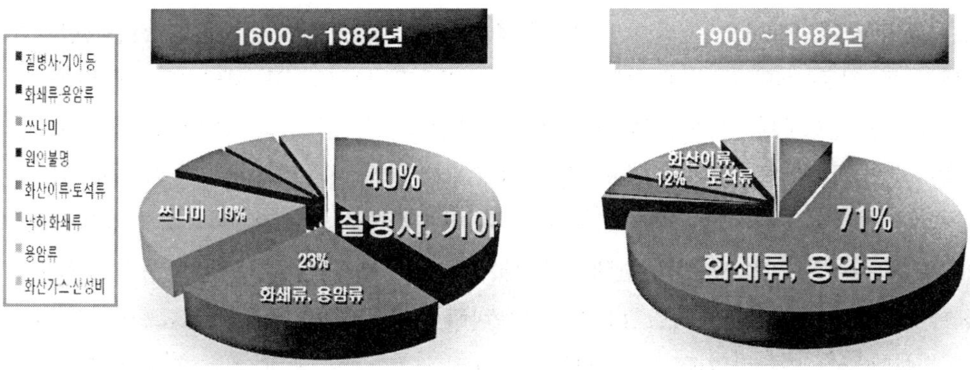

그림 8.1 화산재해로 인한 피해유형별 인명피해

또한, 대륙별 화산분화 건수, 사망자수, 화산재해로부터 영향을 받은 사람 수, 경제적 피해는 그림 8.2와 같다. 최근 110여년 간 아시아대륙에서 가장 많은 화산분화와 화산재해로부터 영향을 받은 사람들이 발생했고, 사망자수와 경제적 피해는 아메리카에서 가장 많이 발생한 것으로 나타났다. 아시아의 경우 사망자 수보다 화산재해로부터 영향을 받은 사람 수가 많은 이유는 재해관리 취약국이 많기 때문으로 보여진다.

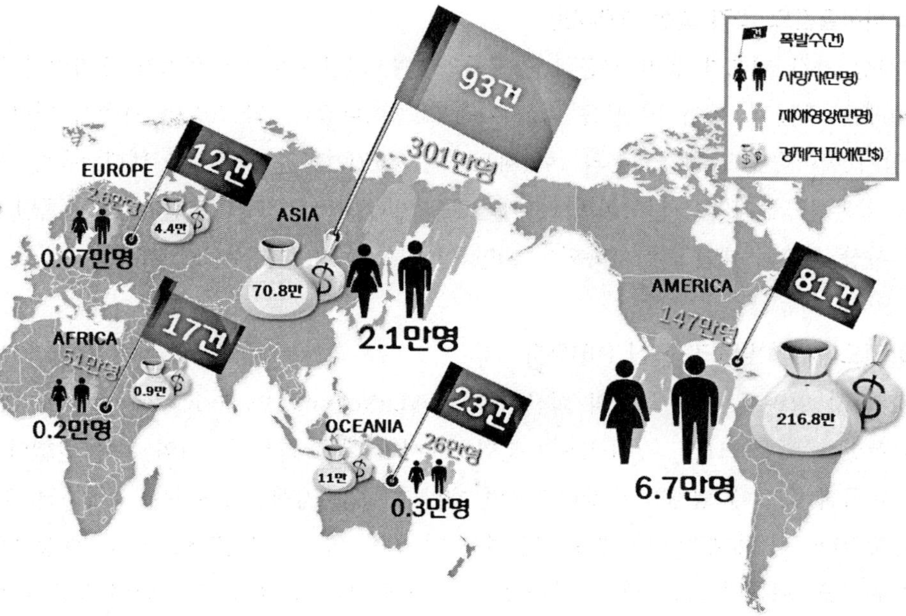

그림 8.2 화산재해로 인한 대륙별 인명피해 (1900~2013)
* 데이터 : CRED, 이미지 : 재난안전연구원 작성

2.2 대형 화산재해 사례

역사상 최악의 화산피해와 1980년 이후 인명, 재산, 사회·경제적 영향을 미친 주요 화산폭발 사례 10개에 대하여 조사하였고, 그 중 참고문헌과 DB정보를 토대로 주변인구, 경계권고 및 피난권고, 주민교육 및 방재훈련, 화산활동기간, 화산재해대응기관 등 5개 항목을 조사하여 각 사례별로 화산재해에 대한 방재대응력을 분석하였다.

2.2.1 이탈리아 베수비오 화산 (79년)

고대시대의 가장 큰 화산폭발로 로마 귀족들의 휴양도시이자 농업, 상업의 중심 도시였던 폼페이 전체가 화산재로 완전히 덮여버렸다. 당시 라틴어에는 화산이란 단어조차 존재하지 않을 정도로 폼페이 시민들은 화산폭발의 위험성을 인지하지 못했으며, 화산폭발로 16,000여명 이상의 시민들은 일상생활을 하다 5~6m 높이로 쌓인 화산재 및 부석에 의해 그대로 묻혀버렸다. 5억 4,000만 톤이나 되는 화산재가 57,000㎢ 면적에 떨어졌으며, 폭발로 1,277m이었던 베수비오 산은 하루 만에 높이가 400m나 낮아졌다.

2.2.2 아이슬란드 라키 화산 (1783년)

역사상 가장 거대한 용암 분출로 기록되었으며, 화산폭발로 산성비가 내리면서 농작물에 피해를 주었고, 독이 든 물을 먹은 가축도 죽어나갔다. 약 70%의 가축이 폐사하였으며, 당시 아이슬란드 인구 5분의 1에 해당하는 9,350여명의 사망자를 냈다. 유럽, 북아메리카, 일본 등의 지역에 기상이변 및 대기근을 발생시켰고 그 외 지역에서도 폭발 후 수년간 사상 최악의 대기근이 계속되어 10만 명 이상이 사망한 것으로 기록됐다.

2.2.3 인도네시아 탐보라 화산 (1815년)

현재까지 알려진 역대 최대의 화산 분화로 VEI(Volcanic Explosivity Index) 7.1에 해당하며 폭발 당시 폭 11㎞, 깊이 1㎞의 분화구에서 뿜어낸 화산재는 4억 톤에 달했다. 대폭발로 미국과 유럽에 냉해가 발생하였으며 캐나다 동부 퀘벡시티에서는 그해 6월, 30cm의 눈이 쌓였다. 전 세계가 화산재로 뒤덮여 세계 연간 평균 기온을 5℃ 이상 하강시켰으며, 그해 유럽을 '여름이 없는 해'로 만들었다. 분출 규모가 천년 전 백두산의 분출과 비슷했던 것으로 알려졌다.

2.2.4 인도네시아 크라카타우 화산 (1883년)

화산폭발로 전 지구적 평균 기온을 0.5℃ 하강시켰으며, 사망자가 36,417명에 달했다. 화산폭발 후 대기권으로 유입된 세립의 화산회 영향으로 지구표면의 태양복사 에너지는 평소의 13%로 감소, 2년 후의 유럽대륙에서는 10%로 계속되는 등 지구의 평균기온을 하강시켰다. 대기에 부유하는 화산회 입자의 빛의 산란에 의하여 일출과 일몰 시 경관은 화재가 난 것처럼 붉은 색을 띤 경관이 약 2년간 지속되었다.

2.2.5 미국 세인트헬렌스 화산 (1980년)

세인트헬렌스 화산 정상부가 붕괴할 정도의 대규모 분화가 발생하여 낙하 화산재 양이 1.5억m^3, 5억 4천만 톤, 처리기간은 10주 소요, 처리비용만 2.2백만 달러가 발생하는 등 큰 문제점들이 나타났고, 교통, 농업, 라이프라인 등에서의 피해 발생으로 사회 및 경제적 영향도 심각한 문제로 대두되었으며, 화산재 피해 경고 정보전달체계에서도 문제점이 나타났다.

2.2.6 콜롬비아 네바도델루이스 화산 (1985년)

네바도델루이스 화산에서 지진, 화산가스 분출 등 화산분화 전조현상 후 바로 화산폭발로 이어져 최대 규모의 화산이류·화쇄류가 발생하여 2만 5천여 명의 사망자, 1만 4천여 명의 이재민이 발생하였다. 이는 화산재해 대응 취약국에 대한 선진국의 국제협력 및 지원이 체계화되는 계기가 되었고, 그 결과 미국 해외재난지원사무소와 USGS(미국 지질조사국)가 화산재해지원프로그램 VDAP(Volcano Disaster Assistance Program)을 개발하였다.

2.2.7 일본 운젠 화산 (1991년)

운젠 화산은 토석류, 쓰나미에 의한 인명피해가 많았던 화산으로 화쇄류의 경계 및 주의가 부족한 상태로 피난권고지역에서 화산분화관측을 수행하던 화산전문가, 소방 및 매스컴 관계자들이 화쇄류에 희생되었다. 또한 화산피해에 대한 구제대책의 법제화가 선행되어 있지 않아 구제대책이 현지에 적용된 것은 화산분화 3개월 후로 나타났다.

2.2.8 필리핀 피나투보 화산 (1991년)

피나투보 화산은 1980년 세인트헬렌스 화산의 약 10배에 해당하는 산체붕괴 규모의 대규모 폭발이었던 반면, 화산분화 예측에 성공하여 최악의 자연피해와 사회·경제적 피해에 비하여 직접 화산피해에 의한 사망자는 적었다. 대형 화산재해에 의한 영향이 일시적으로 전 지구적 평균 온도를 0.5℃ 저하시켰고 남극 오존층 파괴도 최고 속도를 기록하였다.

2.2.9 아이슬란드 에이야프얄라요쿨 화산 (2010년)

에이야프얄라요쿨 화산분화는 인명피해는 없었지만 대량의 화산재로 인한 항공기 사고를 우려하여 전 세계적으로 항공기 결항이 속출하였다. 그 여파로 각 국가별로 막대한 사회·경제적 피해를 초래하였고, 국내 수출 피해 규모도 약 1억4천만 달러로 추정되는 등 대형 화산재해가 전 지구적 자연뿐만 아니라 결과적으로는 경제적 영향까지 미친 것으로 나타났다.

2.2.10 인도네시아 메라피 화산 (2010년)

메라피 화산분화는 수마트라에 M 7.7 지진 발생 다음날 발생하여 대응 대비가 부족한 상황에서 화산분화가 일어나 더 큰 피해를 입게 되었다. 전조현상에 따라 피난지역을 확대하며 대피를 권고하였지만, 피난을 거부한 주민들은 뜨거운 화쇄류와 가스 구름에 희생되었다. 특히 메라피 화산국립공원의 자연피해액은 3억8,880만 달러로 가장 큰 피해를 입었다.

표 8.1은 10개 화산재해 사례의 방재대응 항목에 대해 정리한 것으로 대비대응이 좋았던 사례는 방재대응력이 큰 것으로, 대비대응이 부족했던 사례는 방재대응력이 작은 것으로 분석하였다. 방재대응력이 크게 평가된 사례는 2010년 아이슬란드 화산으로 지속적인 모니터링과 방재훈련으로 인명피해와 직접피해가 적었으며, 과거 분화 사례일수록 피난경고, 재난관리기관이 없는 등 방재대응력이 부족한 것으로 나타났다.

표 8.1 세계 주요 화산폭발 규모와 영향

화산명		화산재해 대응능력 평가항목						화산재해 대응력
		주변인구	VEI 화산폭발지수	경보 및 피난권고	교육 및 방재훈련	폭발기간	화산재해 대응기관	
베수비오	이탈리아 79년	●	5	—	—	18 시간	—	약
라키	아이슬란드 1783년	●	6	—	—	6 개월	—	
탐보라	인도네시아 1815년	●	7	—	—	며칠	—	
크라카타우	인도네시아 1883년	●	6	—	—	며칠	—	
네바도델루이스	콜롬비아 1985년	●	3	▲	×	30 분	▲	
세인트헬렌스	미국 1980년	▲	5	●	▲	며칠	●	
메라피	인도네시아 2010년	●	2	●	●	1 달	●	
운젠	일본 1991년	●	1	●	●	4 년	●	
피나투보	필리핀 1991년	●	6	●	●	며칠	●	
에이야프얄라요쿨	이탈리아 2010년	▲	5	●	●	며칠	●	강

2.3 국외 대응체계 현황

각 국가별 화산재해 관련 법제도 및 대응체계 현황을 비교하면 그림 8.3과 같다.

그림 8.3 국가별 화산재해 대응체계 현황

주요 화산재해국인 미국, 일본, 인도네시아 모두 자연재해 관련 법령에 화산재해가 포함되어 있으며, 일본의 경우는 재해대책기본법 외에 활동화산 대책 특별조치법을 제정하여 시행·운영하고 있다. 화산보유국의 대응체계 공통점으로는 화산재해 최소화를 위해 화산방재전문가가 정책결정 및 재난관리단계에서 활동하고 있으며, 화산방재교육 및 홍보센터를 운영하고 화산관측기술과 전조현상 분석을 통해 재해경험 및 기술력을 향상시키고 있다.

2.3.1 미국

미국은 재난관련 법령 중 스태포드법에서 자연재해에 '화산폭발'이 포함되어 있으며, 1차적인 재해 발생시는 연방정부가 비상시나 대규모 재해일 경우 정부가 개입을 하는 것으로 나타났다. 또한, 미국 및 태평양 연안의 화산감시뿐만 아니라 국외 화산재난 취약국의 방재대응력을 지원하기 위하여 VDAP 프로그램을 개발하였다.

2.3.2 일본

일본도 화산분화를 재해로 간주하며 지역별, 화산별 대응체계 및 매뉴얼을 구축하고 있다. 동아시아지역 항공로의 화산재 정보는 동경 기상청 VAAC(Volcanic Ash Advisory

Center)에서 발표하고 있으며, 화산재해 대응을 위한 피해예측 및 인공위성 감시 연구가 활발히 진행되고 있다.

2.3.3 인도네시아

인도네시아는 지진보다 화산을 주요 재난으로 생각하는 국가로서 대통령 직속기관으로 국가재해대응청이 자연재해 대비 및 대응에 관한 전반적인 사항을 총괄하고 있다. 화산재해를 최소화하기 위해 화산 및 지질재해대응센터, 재해대응 교육센터 등을 운영하며 화산방재 연구 및 재해예방 교육, 훈련을 실시하고 있다.

2.4 시사점과 활용방안

앞서 언급한 대형 화산재해 사례 및 대응체계현황을 재난관리 단계별로 나누어 문제점을 분석하고 시사점을 그림 8.4와 같이 도출하였다.

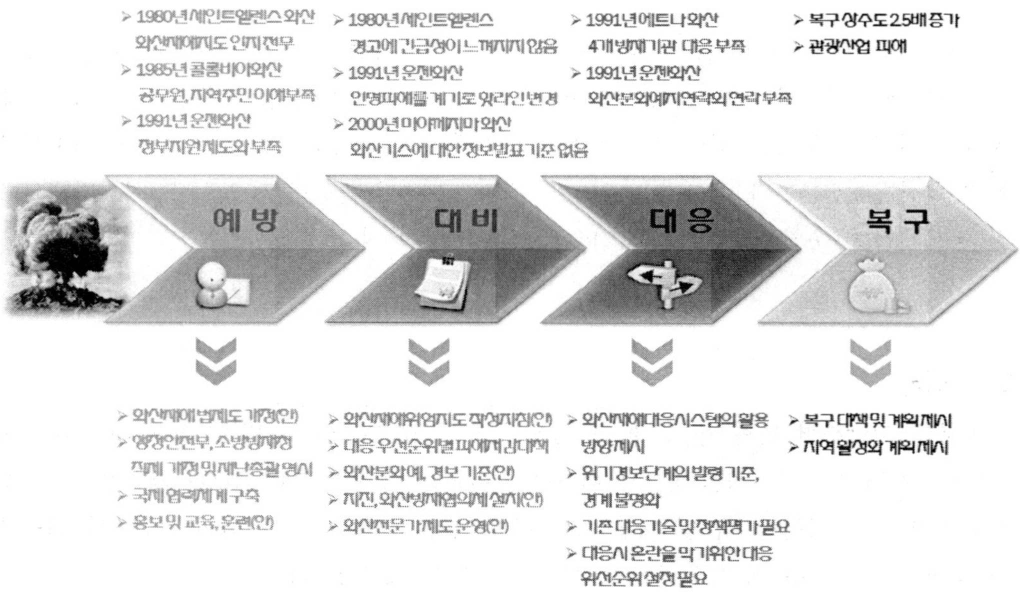

그림 8.4 재난관리 단계별 문제점 및 시사점

예방단계에서는 화산활동에 대한 정보가 주민에게 정확하고 이해하기 쉽게 전달되는 것이 중요하고 화산재해 관련 법제도 정비가 필요하다는 것을 알 수 있었다.

대비단계에서는 화산재해 발생 전달 및 정보의 핫라인(Hot-Line) 단축 및 변경이 필요하고 화산분화 경고 종류에 화산가스에 관한 경고기준이 필요하다는 것을 알 수 있었다.

대응단계에서는 유관기관과의 신속한 협조 및 공조체제가 필요하고, 사회기반시설 등에 대한 상시 응급대책이 준비되어 있어야 하며, 화산재해에 의한 통신, 인프라, 교통 등이 단절될 수 있기 때문에 필수 사회기반시설의 대체수단이 반드시 필요하다. 화산재해 특징, 규모와 피해양상과의 관계 분석이 필요하며, 방재대응 우선순위와 복구계획의 기초방향 설정 · 제시가 필요하다.

복구단계에서는 화산폭발 이후 사방, 치산, 하천, 도로, 주택, 농로 등의 복구계획에 있어서 전문가와 지자체간 조정을 이끌어주는 기관이 필요하며 화산재 제거를 위한 상수도 및 중장비 활용계획을 세워놓아야 한다.

위와 같은 재난관리 단계별 시사점은 백두산 화산폭발의 대비대응에서 중요한 재난관리 지침이 될 수 있으며, 이를 바탕으로 국내 주요 부처의 화산재해 대응시나리오 및 실무매뉴얼 개발을 통하여 신속한 대응이 이루어질 수 있을 것이다.

3. 방재대응 분석

3.1 거시환경 분석과 위험 요인 도출

거시환경 분석(STEEP)은 재난의 형태가 점차 복합화, 대형화, 다양화됨에 따라 미래의 재난상황을 거시영역별로 거시환경을 분석하는 접근방법으로 미래예측에 주로 사용된다. STEEP 분석은 사회(Society), 기술(Technology), 경제(Economy), 생태(Ecology), 정치(Politics) 이렇게 5가지 요소로 이뤄진다.

백두산 화산폭발로 인해 영향을 끼칠 수 있는 거시적 환경요인이 무엇인지 파악하기 위하여 국내 · 외 화산재해 사례 및 화산 관련 문헌 연구를 활용하여 STEEP 분석을 실시하였다. 또한 백두산 화산폭발 전의 거시환경에 대해서도 분석을 진행하였고 그 결과는 그림 8.5와 같다. 분석결과 사회는 거대화, 과밀화로 점점 성장해 가면서 시스템의 의존도는 상승하고 환경오염은 심화되어 가고 있는 시점에서 백두산 화산이 폭발한다면 화산폭발 직후에는 항공 및 교통의 마비, IT 및 통신, 전력의 마비를 시작으로 물가폭등으로 인한 국가 및 가계경제 침체, 탈북민 사태, 외교문제 등을 비롯하여 장기적 측면에서는 오존층 파괴 및 사망률 증가 및 전 세계의 혼란으로 이어질 수 있다는 결론을 얻었다.

앞서 백두산 화산폭발의 거시적 환경분석 결과를 토대로 백두산 화산폭발 시 위험 요

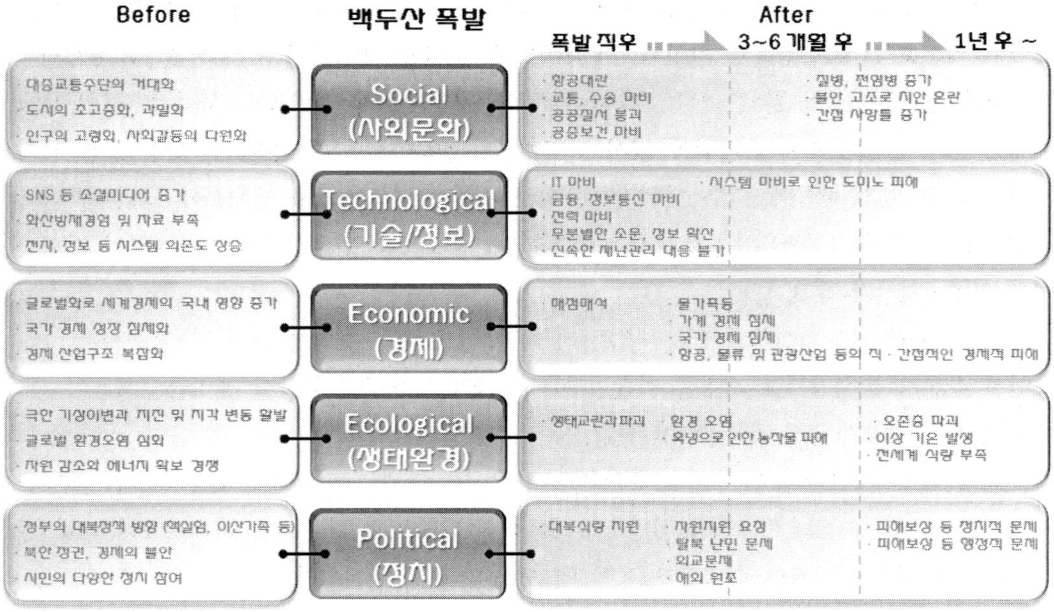

그림 8.5 STEEP 분석을 통한 국내 화산폭발 위협요인과 영향 분석

인 도출을 위한 설문조사를 실시하였다. 재난재해 업무 담당자를 대상으로 일반적인 STEEP 분석 항목인 사회문화, 기술정보, 경제, 생태환경, 정치 분야에서 2010년 아이슬란드 화산폭발 규모 또는 그 이상의 폭발 규모로 백두산 화산이 폭발한다고 가정하였을 때, 화산폭발시 가장 위험요인으로 생각하는 항목에 대해 설문을 진행하였다.

이 위험 요인 도출 설문조사는 AHP(Analytic Hierarchy Process) 설문조사의 input parameter를 추출하기 위한 설문조사로 다음과 같은 결과를 도출하였다.

표 8.2 STEEP 분석 항목에 따른 위험 요인 도출 설문결과

사회문화	기술/정보	경제	생태환경	정치
• 라이프라인 단절 • 교통마비 • 치안 혼란	• 장비와 시설 부족 • 연쇄적 시스템 마비 • 소문, 정보의 왜곡 및 확산	• 교통, 운송 수송 중단에 따른 경제적 피해 • 물가폭등 • 복구비용 발생	• 농작물 피해 • 산성비 및 독성물질 발생 • 생태교란 및 파괴	• 식량 및 자원 지원 • 탈북민 사태 • 정치적 갈등

3.2 AHP 분석을 통한 우선순위 도출

위험요인 설문조사 결과를 토대로 화산전문가 및 재난재해 담당자들을 대상으로 AHP 설문조사를 실시하였다. AHP 설문조사는 위험요소의 우선순위를 도출하기 위한 설문조사로서 백두산 화산폭발시 경제 분야가 가장 위험하다고 생각한다는 결과가 나왔으며, 그 다음은 생태환경, 사회문화, 기술정보, 정치 순으로 우려하는 위험요인 우선순위가 나타났다.

우선순위	대분류 항목
1	경제
2	생태환경
3	사회문화
4	기술정보
5	정치

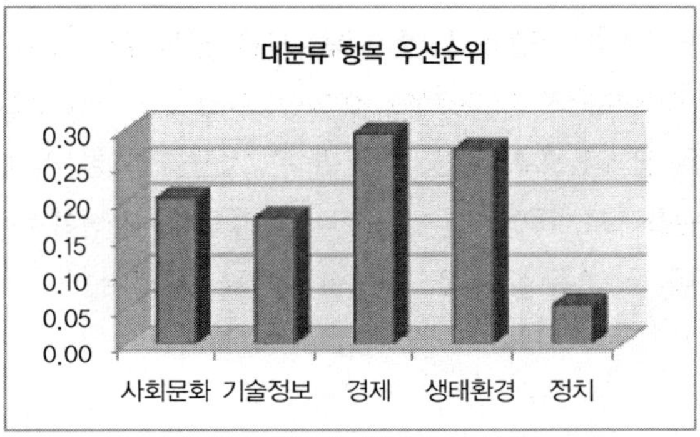

그림 8.6 대분류 항목의 위험요소 우선순위

표 8.3 중분류 항목의 위험요소 우선순위

우선순위	대분류 항목	중분류 항목	가중치
1	경제	교통, 운송 수송 중단에 따른 경제적 피해	0.141
2	생태환경	농작물 피해	0.123
3	사회문화	라이프라인 단절	0.094
4	기술정보	연쇄적 시스템 마비	0.086
5	경제	막대한 복구비용 발생	0.080
6	생태환경	산성비 및 독성물질 발생	0.076
7	경제	물가 폭등	0.073
8	생태환경	생태교란 및 파괴	0.072
9	사회문화	치안혼란	0.071
10	기술정보	화산재 처리 및 대응장비와 시설 부족	0.061
11	사회문화	교통마비	0.039
12	기술정보	무분별한 소문, 정보의 왜곡 및 확산	0.030
13	정치	북한지원 (식량 및 자원)	0.023
14	정치	탈북민 사태	0.018
15	정치	정치적 갈등	0.013

중분류 항목별로 살펴봤을 때는 교통 및 운송 수송 중단에 따른 경제적 피해가 가장 위험하다고 생각하는 요인으로 나타났고 그 다음은 농작물피해, 라이프라인 단절 등으로 표 8.3과 같은 우선순위가 도출되었다.

3.3 백두산 화산폭발 시나리오

백두산 화산폭발에 따른 화산재가 국내로 유입될 경우 그림 8.7과 같이 소량의 화산재만으로도 항공 및 도로, 철도의 운행에 영향을 주어 교통이 전면 마비되고, 장기간의 유통마비는 식품과 생필품 등의 부족사태를 발생시켜 사재기, 약탈 등의 치안부재를 일으킬 수 있을 것이다. 또한, 지면에 쌓이는 화산재는 농수산물에 직접적인 피해를 주며, 식수의 오염은 장기적으로 보건, 건강에 큰 영향을 끼칠 것이다. 화산재와 함께 비가 내릴 경우 화학반응으로 독성물질이 생길 수 있으며, 화산재로 전압시설의 정전이 발생하여 금융, 시스템 등 모든 도시의 기능이 정지될 수 있다.

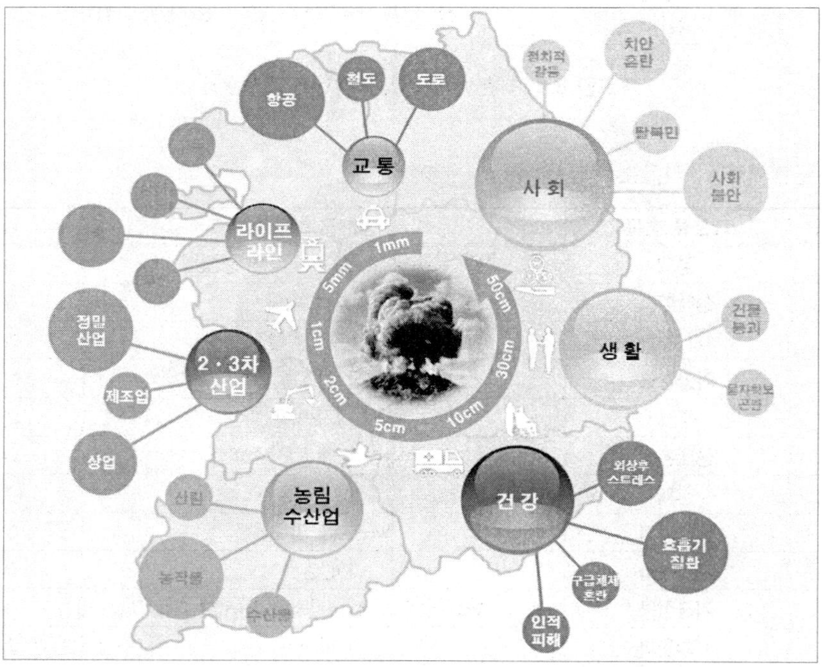

그림 8.7 국내 화산재 피해 영향 분석

국제적으로는 중국과 북한이 대규모 화쇄류와 화산이류의 피해를 입을 수 있어 이로 인한 자연, 경제적 피해가 엄청날 것으로 예상되며, 편서풍 기상장의 영향으로 화산재가 일본까지 날아갈 수 있기 때문에 백두산 화산폭발의 직접피해와 간접피해는 동북아시아에 커다란 정치 · 경제적 변화를 불러일으킬 수 있다.

위와 같이 화산폭발 시나리오에 따른 위험요인들에 대한 선제적 준비 및 대응대비가 이루어진다면 대규모 재난의 피해를 최소화할 수 있고, 대형화 및 복합재난으로 발전 가능성의 악순환을 차단할 수 있을 것이다.

4. 맺음말

동일본대지진을 계기로 재난대비에 있어서 매뉴얼 중심의 국가재난관리체계는 큰 허점을 드러내게 되었다. 대규모 복합재난일수록 초기대응이 중요하며 초기의 선제적 대응은 피해를 최소화시킬 수 있기에 재난의 복합성을 상정한 다양한 관점에서의 재난대비 중요성이 부각되고 있다.

그렇기 때문에 백두산 화산폭발 피해와 피해 영향력을 산정하기 위해 과거 화산재해 사례 및 대응체계현황 분석을 통하여 문제점 및 시사점을 도출하였고, 이런 국외 문헌을 바탕으로 백두산 화산폭발로 인해 영향을 끼칠 수 있는 거시환경 분석을 실시하였다. 또한, STEEP 분석 항목인 사회문화, 기술정보, 경제, 생태환경, 정치 분야에서 화산폭발시 가장 위험요인으로 생각되는 항목에 대해 위험요인의 우선순위를 도출하였다.

향후 본 연구에서 도출된 항목들을 토대로 보다 상세하고 구체화된 화산피해 대응시나리오를 개발하고 그에 따른 대응대책과 함께 복합재난으로의 발전 위험성을 차단하여 화산재해에 선제적으로 대응할 수 있는 재난관리체계를 구축하는 데 이바지하고자 한다.

9장 국내 철근콘크리트조 및 조적조 저층구조물의 내진성능평가기법

1. 저층구조물 내진성능평가기법 개발 배경

2011년 3월 11일 일본 동북부에서 발생한 규모 9.0의 대지진과 2월 26일 뉴질랜드 크라이스트처치에서 발생한 규모 6.3의 강진은 지진발생 증가 및 규모의 대형화로 엄청난 피해를 안겨 주었다. 또한, 백두산이 분화할 때에는 직접적 또는 간접적인 피해규모는 어마어마할 것이라는 조심스러운 관측도 나오고 있다. 한국도 더 이상 지진의 안전지대가 아니라는 인식과 함께 대책수립이 시급한 상황이다.

국내의 경우 내진설계가 되어 있지 않은 건물들이 많다는 점을 감안하면 특히 예상 발생 지진에 대하여 건물의 내진안전성을 확보하기 위해서는 먼저 대상건물의 내진성능을 정확히 평가하는 것이 중요하다.

국외의 내진성능평가기법의 현황을 살펴보면, 미국의 내진성능평가방법은 ATC 14와 FEMA-310을 통하여 제시되고 있으며, 이 중 비선형 정적해석절차의 문제점을 개선하기 위한 연구결과를 반영한 FEMA 356, 440 및 ATC-55가 제안되어 있다. 이상에서 제안되고 있는 방법들은 기존 건물 또는 신축건물의 지진으로 인한 피해 정도 예측을 목적으로 하고 있으며, 구조재료별로는 특별한 규정을 두지 않고 있다. 일본의 경우는 건물의 요구성능 수준을 만족시키기 위하여 일본건축방재협회에서 내구 및 내진성능 향상 보수·보강시스템 및 시공매뉴얼을 개발하여 사용하고 있다. 일본의 내진성능평가방법은 여러 구조형식 및 재료로 이루어진 건물을 하나의 기준에 전부 포함하고 있는 미국의 방법과 달리 건물을 이루고 있는 각 구성 재료에 의해 서로 다른 형태의 기준을 제시하고 있다는 특징이 있다. 따라서 일본의 내진성능평가방법은 철근콘크리트 건물, 철골·철근콘크리트 건물, 철골조 건물, 목조 건물에 대하여 서로 다른 개념과 방법에 의해 성능평가방법이 따로 제정되어 있다. 이러한 형식의 내진기준은 각 구성 재료별 건물의 특징을 최대한 상세히 파악하여 내진진단을 수행할 수 있는 장점을 가지고 있으나 각 구조형식에 대해 서로 다른 형태와 방법에 의해 진단이 진행됨으로써 내진진단법을 이해하기 어렵고 통일성이 결여되어 혼란을 가져올 우려가 있다.

국내에서 기존 건축물의 내진성능평가기법이 연구되기 시작한 지 20여 년이 흘렀고, 그동안 다양한 평가방법이 제안되었다. 그러나 제안된 평가방법은 미국이나 일본의 평가방법을 도입 및 수정하는 내용이 주가 되어 국내 실정에 맞지 않는 부분도 많이 발견되었다. 따라서 국내에서 제안된 기존 건축물의 내진성능평가기법, 지진피해예측에 근거한 보강건축물의 합리적인 선정방법 및 이들 건축물에 적합한 내진보강방법 등의 연구는 아직까지 초보적인 단계라고 할 수 있다. 국내의 내진기준은 신축 건축물들에 적합한 것으로, 내진기준이 정립되기 이전의 건축물들에 대한 평가기법이 여전히 부족한 상태이다.

기존 국내·외의 내진성능 평가법을 간단히 살펴보고, 소방방재청에서 후원한 자연재해 저감 기술개발사업 중 기존 저층건축물 내진성능 확보 기술개발 과제에서 제안된 내진성능평가기법을 소개한다.

2. 기존의 내진성능평가법 분석

2.1 국내외 내진성능평가법 비교

미국, 일본 등에서 개발된 내진성능평가법은 이미 다른 문헌을 통해 다수가 발표되었으므로 국내·외의 내진성능평가법을 표 9.1과 같이 정리하였다.

미국에서는 동일한 철학 및 유사한 방법을 통해 모든 종류의 건축물의 내진평가를 수행하고 있다. 평가기법은 3단계로 이루어져 있으며 1단계 평가에서 잠재적 위험을 가진 건물을 선별하며, 이후 2단계에서 주로 선형해석에 의한 평가를 수행하며, 3단계에서는 구조물이 비선형거동을 통해 붕괴기구 혹은 파괴모드를 포함한 정밀한 평가를 수행한다. 미국의 내진성능평가는 성능기반 설계법에 기초하고 있어 명확한 목표성능수준이 설정되어 있으며, 이에 따른 입력지진력과 이에 대한 구조물 전체 혹은 부재별 능력을 판단하므로 개념이 명확하지만 절차가 다소 복잡하며 1단계 평가에서도 간략하지만 구조해석이 필요하다는 점이 특징이다.

표 9.1 각국의 내진성능 평가방법 비교

구분	미국	일본	한국
평가방법	ASCE31-03(FEMA 310)	내진진단법(2001)	각종 평가방법 종합
요약	**3단계의 평가절차** ■ Tier 1(Screening phase) • 구조부재, 비구조부재의 상태 검토 체크리스트 • 적절, 부적절 또는 해당사항 없음으로 평가 ■ Tier 2(Evaluation phase) • 선형정적해석(LSP) 또는 선형동적해석(LDP) • 부적절 항목 및 건물에 대한 전체적인 재평가 ■ Tier 3(Detailed evaluation phase) • 능력스펙트럼법 및 변위계수법 등에 의한 비선형 정적해석(NSP) **2종류의 성능수준** ■ MCE 2/3 지진에 대해 LS의 성능 수준 검토 ■ 건물의 용도에 따라 IO 성능수준 추가검토 ■ 건물 전체가 아닌 부재별 성능수준의 검토 ■ 명확한 목표성능 수준에 의한 DCR 평가	**3단계의 내진진단(RC조의 경우)** ■ 1차 진단법 • 기둥 및 벽량에 의한 평가 • 부재에 따른 평균전단응력도 및 인성치 사용 ■ 2차 진단법 • 보를 강체로 가정하여 전단건물로 가정 • 부재를 휨기둥, 전단기둥, 극취성 기둥, 휨벽, 전단벽으로 구분 • 설계기준강도 사용 및 배근상태에 따른 전단응력도 산정 ■ 3차 진단법 • 보의 강도 및 벽의 회전까지 고려 **판정기준** ■ I_s(구조내진지표) $\geq$ I_{so}(구조내진판정지표) • 구조내진지표 : $I_s = E_0 \times S_D \times T$ • 구조내진지표 산정 시 보유성능기본지표는 강성과 연성에 관계된 것으로 결국 에너지 개념으로 구조성능을 판단	**미국과 일본의 내진성능 평가방법 수정하여 평가** ■ 미국의 평가방법(ASCE 31-03, FEMA 350 등)을 중심으로 한 평가방법을 적용함 • 한국시설안전공단(2004, 2010년) • 국내의 스펙트럼가속도에 적합한 성능 수준을 산정하여 검토함 ■ 일본의 내진진단(내진진단기준/동해설, 2001)을 국내에 적합하게 수정하여 사용함 • RIST 등의 지침 연구(2002) • 한국시설안전공단(2008년 보고서) • 전남대 이강석 교수(2009년 논문) ■ 한국시설안전공단의 내진성능 평가방법 • 연구자들의 의향에 의하여 미국 → 일본 → 미국 평가방법으로 자주 수정됨
문제점 분석	■ 구조종별 같은 평가방법으로 평가함(특성치 미반영) ■ 평가항목 및 절차의 복잡성 • 강도(응력, 약층, 잉여력), 강성(층간변위, 연약층, 인접성), 형상, 노후화 등 ■ 끼움벽 또는 허리벽의 영향을 평가할 수 없음 ■ 목표성능(Demand)에 반응수정계수 사용 • 노후화 건물의 연성을 기대하는 것은 무리이므로 R값 사용은 불합리함	■ 구조종별 또는 진단차수에 따른 자세한 평가로 상세한 평가가 가능하지만 너무 다양하여 평가가 용이하지 않음(그러나 1차진단법은 절차가 간단하여 평가가 매우 용이함) ■ 성능(I_s)과 요구(I_{so})가 명확한 목표성능에 기반을 두지 않고, 경험적인 수치로 되어 있음 ■ 단지 성능이 요구보다 크면 안전한 것으로 보고 내진성능 등급은 판단할 수 없음 ■ 조적벽체의 내력 및 강성을 평가할 규정이 없음	■ 미국과 일본의 내진성능평가 방법의 단점을 같이 갖고 있음 ■ 미국과 일본의 평가방법 개념이 서로 상이하여 국내의 평가방법에 대한 혼란이 있음 ■ 같은 기관에서 몇 년 주기로 발간한 내진성능 평가방법이 연구자들이 성향에 의하여 자주 변경되는 단점이 있음 ■ 일본과 미국의 구조형식이 다르므로 적용 시 국내 구조시스템에 적합한 값을 사용해야 함

일본의 경우는 구조종별로 다른 개념에 의해 평가를 진행한다. 이러한 형식의 내진기준은 각 구성재료별 구조물의 특징을 최대한 상세히 파악하여 내진진단을 수행할 수 있는 장점을 가지고 있으나, 통일성이 결여되어 혼란을 가져올 우려가 있다.

또한 구조물의 능력(I_s)과 요구(I_{so})가 명확한 이론에 근거하기 보다는 경험적인 수치를 사용하여 구조물의 내진성능을 평가하고 있는 측면이 있다. 하지만 1차진단법의 경우에는 사용이 간편하여 단시간에 평가가 가능하며 그 결과도 수치화되어 내진성능 비교가 가능하다는 장점을 가지고 있다.

국내의 내진성능 평가기법은 미국과 일본의 내진성능평가 개념을 근본적으로 받아들이면서 국내의 실정에 적합하도록 수정한 것으로 개념은 미국과 일본의 내진성능평가 기법의 개념과 같다.

2.2 국내의 내진성능평가법 비교

국내에서 사용되고 있는 내진성능평가방법을 표 9.2에 나타내었다. 국내의 내진성능 평가방법은 미국이나 일본에 기반하고 있으며, 국내에 적합하게 수정·보완하여 제시되었다.

표 9.2 국내의 내진성능평가에 관한 연구

연구 내용	연구자	년도
기존 건축물의 내진성능평가기법	한양대, 현대건설기술연구소	1998
조적조 건축물에 대한 내진성능평가기법	서울시립대, 지진방재연구소	2000
한국 철근콘크리트 건물의 내진진단법 개발에 관한 연구	광운대, 한양대 초대형구조시스템 연구센터(STRESS)	2001
조적조 건물의 내력도 평가	광운대	2002
구조 내진성능평가에 관한 기술지침(안)	RIST, 동경대, 동경공업대, 광운대	2002
우리나라 중·저층 철근콘크리트 건축물의 지진피해 예측 및 보수보강기법 연구	고려대, 쌍용건설	2002
기존 건축물의 내진성능평가 및 향상 요령	한국시설안전공단	2004
국내 실정에 맞는 취성파괴형 및 삼중수평저항 시스템 건축물의 내진성능평가기법 개발	한국시설안전공단	2008
저층 철근콘크리트 건물의 간이 내진성능 평가방법	전남대	2009
기존 건축물의 내진성능평가 및 향상 요령 보완·개정	한국시설안전공단	2011
학교시설 내진성능평가 및 내진보강 가이드라인 개발	전남대	2011

국내의 내진성능평가방법을 비교하는데 있어서 모든 연구결과를 직접적으로 비교하기보다는 표 9.3과 같이 각 항목별로 특징을 요약하며 비교·분석하였다. 대상 평가방법은 "기존 건축물의 구조 내진성능평가에 관한 기술지침(안), 2002", "국내 실정에 맞는 취성파괴형 및 삼중수평저항 시스템 건축물의 내진성능평가기법 개발, 2008", "저층 철근콘크리트 건물의 실용적인 간이 내진성능 평가방법 제안, 2009" 및 "기존 건축물의 내진성능평가 요령의 개정보완, 2011" 등이다. 또한 평가항목으로는 평가방법 기반, 평가절차, 목표성능 수준 고려 여부, 재료의 노후화 고려 여부, 평가기준, 구조종별, 부재별 평가가능 여부, 평가방법의 복잡성, RC조 전단벽의 전단응력도 및 무보강 조적조의 전단응력도 등이다.

평가방법의 비교 결과 일본의 내진성능 평가방법에 기반한 연구는 다수의 연구가 예비평가를 중심으로 다루었고, 미국의 내진성능 평가방법에 기반한 연구는 3단계의 평가방법을 제시하였다. 3단계 평가법의 경우에는 예비평가는 수기로 간단히 평가할 수 있지만, 상세평가의 경우에는 LSP, LDP 및 NSP 등 컴퓨터 해석프로그램을 통하여 평가가 가능하도록 되어 있다.

3. 제안된 내진성능평가법 소개

본 연구에서 제안된 내진성능평가법은 완전한 새로운 평가법 개발이 아니라 기존의 내진성능평가법에 관한 분석결과를 바탕으로 국내의 현실에 적합하게 수정·보완한 것이다.

3.1 내진성능평가절차

내진성능평가절차는 그림 9.1과 같이 3단계로 이루어진다.

① 1단계 예비평가 : 예비평가에서는 간단한 자료 및 약산식을 사용하여 산정된 강도를 통해 내진성능을 보수적으로 평가한다. 예비평가에서 평가결과가 만족하지 못할 경우 내진성능에 문제가 있을 가능성이 높음을 의미하므로 상세평가를 통한 정밀한 평가를 권장한다.

표 9.3 국내의 대표적인 내진성능 평가방법

<table>
<tr><td rowspan="3">구분</td><td>제목</td><td>기존 건축물의 구조 내진성능 평가에 관한 기술지침(안)</td><td>국내실정에 맞는 취성파괴형 및 삼중수평저항 시스템 건축물의 내진성능평가기법 개발</td><td>저층 철근콘크리트 건물의 실용적인 간이 내진성능 평가방법 제안</td><td>기존 건축물의 내진성능평가 요령의 개정보완</td></tr>
<tr><td>일시</td><td>2002</td><td>2008</td><td>2009</td><td>2011</td></tr>
<tr><td>연구자</td><td>RIST, 동경대, 동경공업대, 광운대</td><td>한국시설안전공단</td><td>전남대 이강석 교수</td><td>한국시설안전공단</td></tr>
<tr><td colspan="2">평가방법 기반</td><td>일본 내진진단기준(2001)</td><td>RIST 등(2002)의 지침(안)</td><td>일본 내진진단기준(2001)</td><td>미국 FEMA 310, FEMA 356, FEMA 440</td></tr>
<tr><td colspan="2">평가절차</td><td>예비평가
(일본의 1차진단과 2차진단의 중간레벨)</td><td>예비평가
(일본의 1차진단과 2차진단의 중간레벨)</td><td>예비평가
(기둥 및 벽량에 의한 강도평가)</td><td>예비평가 : 기둥/벽량에 의한 평가
1차 상세평가 : LSP, LDP 기반 평가
2차 상세평가 : NSP에 의한 평가</td></tr>
<tr><td colspan="2">목표성능 수준 고려 여부</td><td>고려하지 않음
(내진판정지표를 경험으로 산정)</td><td>고려하지 않음
(내진판정지표를 경험으로 산정)</td><td>고려하지 않음</td><td>성능수준고려(IO, LS, CP)</td></tr>
<tr><td colspan="2">재료의 노후화 고려 여부</td><td>일본 내진진단기준 재료강도 고려
(현지 조사에 의한 재료강도의 하한값 또는 평균값 사용)</td><td>일본 내진진단기준 재료강도 고려
(현지 조사에 의한 재료강도의 하한값 또는 평균값 사용)</td><td>재료강도가 아닌 응력과 기둥/벽량에 의해 강도를 산정하므로 재료노후화 고려 안함</td><td>재료 보정계수, 강도감소계수 및 연도별 재료값(하한값, 평균값) 제시함</td></tr>
<tr><td colspan="2">평가기준</td><td>구조내진지표(I_s) 및 구조내진판정지표(I_{so})에 의한 평가
$I_s \geq I_{so}$</td><td>구조내진지표(I_s) 및 구조내진판정지표(I_{so})에 의한 평가
$I_s \geq I_{so}$</td><td>지진피해도별 요구성능(E_{pi}) 및 요구성능판정지표(E_{di})에 의한 평가
대소관계 결과에 따른 등급결정(12등급)</td><td>예비평가 : DCR에 의한 평가
상세평가 : 성능수준(IO, LS, CP)의 허용기준에 의한 평가</td></tr>
<tr><td colspan="2">구조종별</td><td>철근콘크리트조, 철골조, 조적조</td><td>철근콘크리트조, 철골조, 조적조</td><td>철근콘크리트조</td><td>철근콘크리트조, 철골조, 조적조, 철골철근콘크리트조</td></tr>
<tr><td colspan="2">부재별 평가 가능 여부</td><td>불가능</td><td>불가능</td><td>불가능</td><td>예비평가 : 불가능
상세평가 : 가능</td></tr>
<tr><td colspan="2">평가방법의 복잡성</td><td>내력평가식의 다소 복잡함(일본 1차와 2차의 레벨)</td><td>내력평가식의 다소 복잡함(일본 1차와 2차의 레벨)</td><td>간편함</td><td>1차 및 2차는 프로그램 활용이 필수
부재별 성능수준 평가로 복잡</td></tr>
<tr><td rowspan="3">예비평가시 RC조 전단벽의 전단응력도 (MPa)</td><td>양측 기둥 유</td><td>0.6</td><td>0.6</td><td>3</td><td>3</td></tr>
<tr><td>한쪽 기둥 유</td><td>0.2</td><td>0.2</td><td>2</td><td>2</td></tr>
<tr><td>기둥 무</td><td>0</td><td>0</td><td>1</td><td>1</td></tr>
<tr><td rowspan="2">예비평가시 조적조의 전단응력도 (MPa)</td><td>개구부 무</td><td>0.4</td><td>0.2</td><td rowspan="2">고려하지 않음
(RC조만 고려함)</td><td>0.2</td></tr>
<tr><td>개구부 유</td><td>0.15</td><td>0.1</td><td>0.1</td></tr>
</table>

② 2단계 상세평가 : 대상구조물의 보 및 슬래브는 매우 강하다고 가정하고 기둥 및 벽의 강도는 재료강도, 부재 크기, 배근량으로 계산하지만, 소성변형능력(인성)은 기존의 반응수정계수에 의한 평가값의 절반 수준임을 원칙으로 하여 평가하는 방법이다.

③ 3단계 정밀평가 : 대상구조물의 비선형 해석을 원칙으로 하며 부재의 연성도 및 변형능력을 고려하여 평가한다. 비선형 정적해석을 통해 성능점을 구하고 성능점에서 발생한 부재의 응력 및 변형을 개별 부재의 연성도 및 변형능력과 비교하여 검토한다. 성능점을 산정하기 위한 방법으로는 성능스펙트럼법(Capacity Spectrum Method)과 변위계수법(Displacement Coefficient Method) 등을 사용할 수 있다.

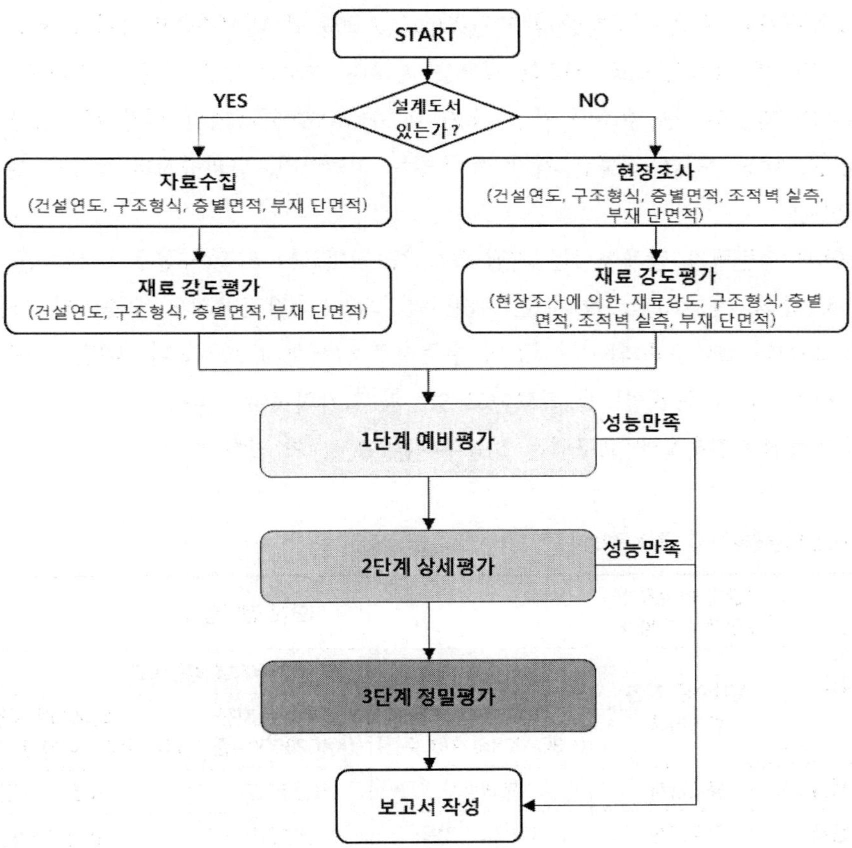

그림 9.1 내진성능평가 절차 흐름도

상세평가를 위해서는 배근상태를 포함한 설계도서가 반드시 필요하며 내진성능평가에서는 설계도서에 따라 시공되었다는 가정 하에 재료의 사용년수 및 재료상태에 따른 감소계수를 적용한다. 열악한 환경조건으로 재료의 열화가 특히 심할 것으로 예상되는 경우는 현장조사와 재료시험을 통해 이를 확인하여야 한다. 노후도 판단을 위한 현장조사와 재료시험방법은 정밀안전진단지침을 사용할 수 있다. 내진성능평가 시에 빠른 시일 내에 보다 정밀한 평가를 위해 1단계를 생략하고 2단계를 바로 실시하거나, 1단계 및 2단계를 생략하고 3단계를 바로 실시할 수 있다.

3.2 지진위험도 및 성능 수준

내진성능평가를 위한 지진하중과 지진위험도는 2009년 대한건축학회에서 제정한 '건축구조기준 및 해설'(이하 KBC2009)의 내용을 따른다. KBC2009에 따른 지진하중, 즉 2400년 재현주기 지진의 2/3 수준의 지진 작용 시 KBC2009에 정의된 내진 특등급건물, 내진 1등급 건물, 내진 2등급 건물은 각각 즉시거주, 인명안전, 붕괴방지의 성능을 발휘할 수 있어야 한다.

단, 3단계 정밀평가 단계에서는 지진규모, 즉 최대고려 지진(재현주기 2400년 지진 수준), 설계수준의 지진(KBC2009 수준 ; 재현주기 2400년 지진의 2/3 수준) 및 사용성수준 지진(KBC2009의 2/3 수준)의 각 지진의 수준별로 상세하게 평가한다. 내진성능평가는 대상 건축물이 이러한 목표성능을 확보하고 있는지 평가하여야 한다.

각 내진등급의 건축물에 요구되는 성능수준은 표 9.4와 같다.

표 9.4 내진성능평가 시 목표 성능수준

KBC2009 내진등급	1단계 예비평가 2단계 상세평가	3단계 정밀평가		
	설계수준 지진 성능목표	지진의 재현주기별 성능목표		
		사용성수준 지진 (KBC2009의 2/3 수준)	설계수준 지진 (KBC2009 수준)	최대고려 지진 (재현주기 2400년 지진 수준)
내진 2등급	붕괴방지	붕괴방지	조건부 판단	조건부 판단
내진 1등급	인명안전	고려하지 않음	인명안전	조건부 판단
내진특등급	즉시거주	고려하지 않음	고려하지 않음	즉시거주

3.3 1단계 예비평가

3.3.1 평가절차

내진성능 예비평가는 지진하중에 저항하는 수직부재의 재료강도와 단면치수로부터 개략적인 횡하중 저항능력을 평가하고 이를 지진하중에 의해 건물에 작용하는 밑면전단력과 비교하여 강도측면에서 내진성능을 안전측으로 평가한다. 수직부재가 전단파괴될 경우는 비선형 거동이 일어나지 않으므로 전단파괴하중을 그 부재의 횡하중저항 능력으로 볼 수 있으며, 휨파괴되는 부재의 경우에는 비선형 거동에 의한 에너지 흡수능력을 고려하여 휨파괴강도에 적절한 계수를 곱한 값을 그 부재의 횡하중 저항능력으로 본다. 전단파괴 부재와 휨파괴 부재가 공존하는 경우는 두 종류의 부재가 최대하중에 도달하는 시점이 다르므로 구조물의 횡하중 저항능력을 두 값의 단순합으로 볼 수는 없으며 휨과 전단거동의 상호작용을 고려한 간략식을 사용한다. 예비평가에서 평가결과가 성능목표를 만족하지 못할 경우 상세평가를 통한 정밀한 평가를 권장한다.

설계도서가 없을 경우 예비평가를 위해서는 현장조사를 통해 수직부재의 단면치수에 대한 조사가 필요하다. 재료특성의 경우 건설년도에 따른 기본값을 사용할 수 있다. 설계도서가 있을 경우 설계도서에 근거한 단면치수 및 재료특성을 사용할 수 있다.

전술한 바와 같이 본 예비평가는 한국시설안전공단에서 발간한 "기존 건축물의 내진성능 평가 및 향상 요령 개정보완(2011)"을 기반으로 작성되었는데, 공단의 예비평가에서는 구조물에 조적채움벽이 존재할지라도 보수적인 평가를 위하여 평가를 배제하였다. 그러나 기존의 연구결과를 참조하면 조적벽이 골조 사이에 존재하는 조적채움벽의 경우에는 구조물의 전단내력을 매우 상승시키는 결과를 초래하는 것을 알 수 있다.

그림 9.2는 1단계 예비평가 절차를 나타낸 것이다. 예비평가는 지진하중에 저항하는 수직부재의 재료강도와 단면치수로부터 개략적인 횡하중 저항능력을 구하고, 이를 지진하중에 의해 건물에 작용하는 밑면전단력과 비교하여 강도측면에서 내진안전성을 평가하는 것이다.

그림 9.2에서 S_{DS}는 KBC2009에 따른 단주기 설계스펙트럴가속도, W는 구조물의 총 중량 $(=\sum_{i=1}^{n} w_i \cdot A_i)$, A_i는 i층 바닥면적의 합, γ_i은 층전단력 분포계수 $(=\sum_{\ell=i}^{n} w_\ell h_\ell^k / \sum_{\ell=1}^{n} w_\ell h_\ell^k)$, 그리고 $\sum V_i$는 전단저항력의 합$(=v_{oi} \cdot A_{woi} + v_{ni} \cdot A_{wni})$을 나타낸다.

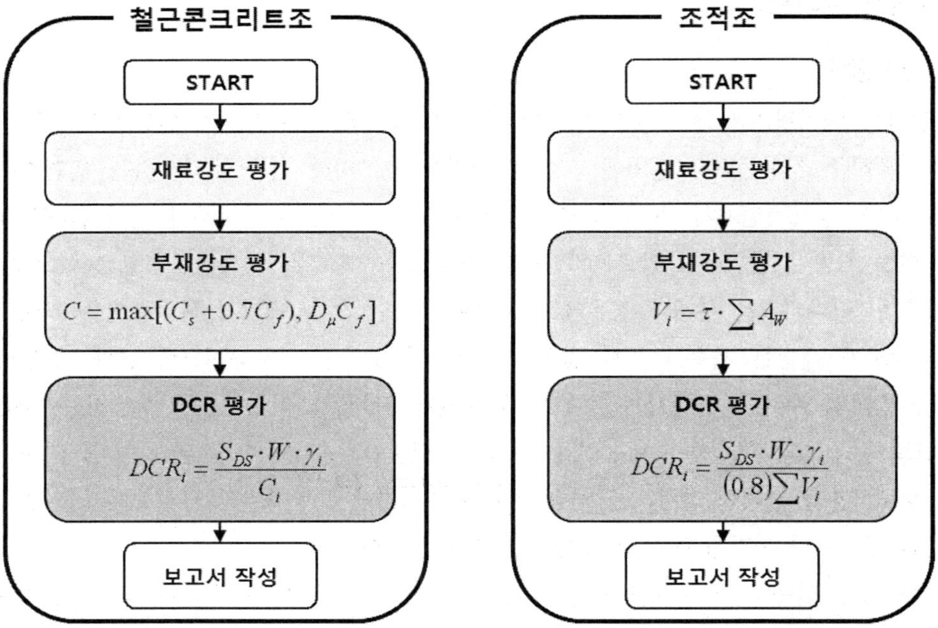

그림 9.2 1단계 예비평가 절차

3.3.2 성능수준의 판정

성능수준의 판정지표는 기본적으로 Demand/Capacity의 비(DCR)에 의한다. 예비평가에서는 전단력의 저항 여부를 중심으로 평가하므로 Demand는 평가기준 지진하중에 의한 층전단력, Capacity는 연직부재의 전단저항능력 합이다. 성능수준 판정을 위한 DCR의 범위는 공단의 결과를 그대로 따르는 것으로 하였다.

표 9.5 철근콘크리트조의 성능수준 판정을 위한 DCR 기준

DCR의 범위	성능수준
DCR≤0.5	즉시거주
0.5<DCR≤0.75	인명안전
0.75<DCR≤1.0	붕괴방지
1.0<DCR	붕 괴

조적조의 등급산정은 다음 표 9.6에 의한다.

표 9.6 조적조 성능수준 판정을 위한 DCR 기준

DCR 범위	성능수준
DCR≤0.25	즉시거주
0.25<DCR≤0.75	인명안전
0.75<DCR≤1.0	붕괴방지
1.0<DCR	붕괴

3.4 2단계 상세평가

3.4.1 평가절차

2단계 상세평가는 기존 건축물의 구조성능에 관한 내진진단을 되도록 짧은 시간 내에 보다 정확하게 수행할 수 있도록 하는 것을 목표로 하였으며, 구조내진지표 I_s 에 의해 연속량(수치)으로 나타냄과 동시에 그 결과를 판정할 때 이용되는 것이다. 2단계 상세평가의 절차는 그림 9.3에 나타냈다. 상세평가의 핵심이 되는 구조내진지표, 즉 I_s (Seismic Index of Structure)는 구조체의 내진성능을 나타내는 지표로, 대상이 되는 철근콘크리트조 건축물 및 조적조 건축물에 대해 평가하고 있으며, 수평력에 대한 건물의 극한강도 혹은 인성이 클수록 이 지표의 값은 크게 된다.

가장 기본적인 구조체 부분의 내진성능은 (식 9.1)과 같이 정의되는 구조내진지표(I_s)의 값으로 나타낸다.

$$I_s = E_0 \times S_D \times T \quad \text{(식 9.1)}$$

여기서, E_0 : 보유성능기본지표($C \times T$), C : 강도지표, F : 인성지표,
S_D : 형상지표, T : 경년지표

보유성능기본지표(E_0)는 가장 기본적인 내진성능을 나타내는 지표로써 건물이 보유하는 내력을 전단력계수의 형식으로 나타내는 강도지표(C)와 변형능력을 나타내는 강도지표(F)의 곱으로 산정한다. 이것은 건물이 지진을 받았을 때 안전하기 위해서는 벽이 많은 건물에서는 인성이 작기 때문에 상당한 강도가 필요하고, 또한 벽체가 적은 건물(라멘구조)에서는 강도의 여유가 적기 때문에 인성이 있는 구조여야만 한다는 것을 고려한 것으로써 벽체가 많은 건물과 라멘구조의 건물에 공통의 내진성능 척도를 설정하기 위한 목적으로 정한 것이다. 그리고 형상지표(S_D) 및 경년지표(T)는 각각 구조물의 정형성, 건설 후의 연수에 따라 보유성능 기본지표(E_0)를 보정하는 1.0을 기준치로 한 계수이다.

2단계 상세평가법은 2002년 RIST를 주축으로 하여 발간한 구조내진성능 평가에 관한 기술지침(안) 기반으로 작성되었다. 이 지침안은 일본의 내진진단기준의 1차 평가법과 2차 평가법의 중간단계 수준으로 수직부재의 철근을 고려한 상세한 평가방법에 근거를 두고 있다. 그러나 일본의 내진진단기준과 마찬가지로 구조물의 내진성능이 만족하거나 불만족하는 등의 단순판단만 할 수 있고, 내진성능등급을 결정할 수 없는 단점이 있었다.

따라서 본 2단계 상세평가법에서는 기존의 지침(안)에서 구조내진판정지표(내진성능요구도)와 구조내진지표(실제 구조물이 내진성능)의 비, 즉 DCR(요구/성능)을 통하여 각각 콘크리트조와 조적조의 내진성능등급을 결정할 수 있도록 하였다.

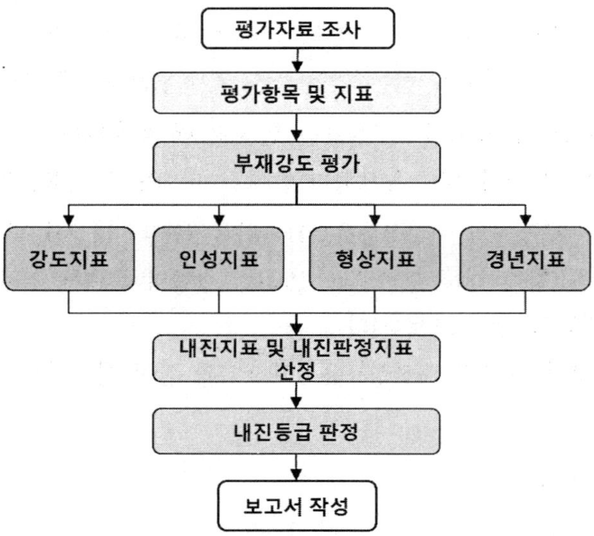

그림 9.3 2단계 상세평가 절차

3.4.2 성능수준 판정

내진성능평가 절차에 따라 층별로 구조내진지표를 산정한 후 이를 토대로 성능수준을 결정한다. 성능수준의 판정은 KBC2009 지진에 대해 판정지표인 I_{SO}를 산정한 후 판정기준에 의해 결정한다. 내진성능판정지표는 다음 식으로 산정한다.

$$I_{SO} = \frac{S_{DS} \times I_E}{\gamma} \qquad \text{(식 9.2)}$$

위 식에서 S_{DS}는 단주기 스펙트럴가속도, IE는 중요도계수, γ는 연성을 고려한 계수이다. 내진성능판정지표의 경우 밑면전단력계수의 형태로 표현되므로 기준에 의하면 반응수정계수를 고려하여야 하나 기존에 노후화된 철근콘크리트조나 조적조의 경우 현 기준에 제시된 반응수정계수 만큼 연성을 발휘할 수 없다고 판정되므로 표 9.7과 같이 γ계수를 제시하였고 최종 값은 전문가의 판단에 의해 사용할 수 있다.

표 9.7 γ 계수값

구조시스템	γ 계수
철근콘크리트조	$1.5 \le \gamma \le 2.0$
조적조	$1.0 \le \gamma \le 1.5$

구조물의 성능수준 판정을 위한 DCR 기준은 다음 식으로 산정한다. 철근콘크리트조 및 조적조의 성능수준판정 근거는 표 9.8 및 표 9.9에 각각 나타내었다.

$$DCR = \frac{Demand}{Capacity} = \frac{I_{SO}}{I_S} = \frac{S_{DS} \times I_E}{\gamma \times E_0 \times S_D \times T} \qquad \text{(식 9.3)}$$

표 9.8 철근콘크리트조의 성능수준 판정

DCR의 범위	성능수준
DCR<0.5	즉시거주 IO
0.5<DCR<0.85	인명안전 LS
0.85<DCR<1.0	붕괴방지 CP
1.0<DCR	붕괴

표 9.9 조적조의 성능수준 판정

DCR의 범위	성능수준
DCR<0.25	즉시거주 IO
0.25<DCR<0.85	인명안전 LS
0.85<DCR<1.0	붕괴방지 CP
1.0<DCR	붕괴

3.5 3단계 정밀평가

3.5.1 평가절차

3단계 정밀평가는 비선형 정적해석을 통하여 성능점을 산출하여 구조물의 성능을 평가하여 대상 건축물의 내진성능을 정확히 평가하고 평가기준 지진에 의하여 발생할 수 있는 피해의 정도를 최대한 정밀히 예측하는 데 그 목적이 있다.

비선형 정적해석절차는 성능스펙트럼(ATC-40)에 의한 방법과 변위계수법(FEMA-356)으로 구분되며, 이 두 방법의 문제점을 개선하여 정확성을 향상시킨 FEMA-440에 의한 수정된 선형화방법 및 수정된 변위계수법이 있다. FEMA 356방법은 탄성으로 가정된 단자유계 구조모델의 응답을 경험에 의존하는 몇 가지 인수로 변경함으로써 비선형 거동을 예측하는 변위변경절차(변위계수법)를 사용한다.

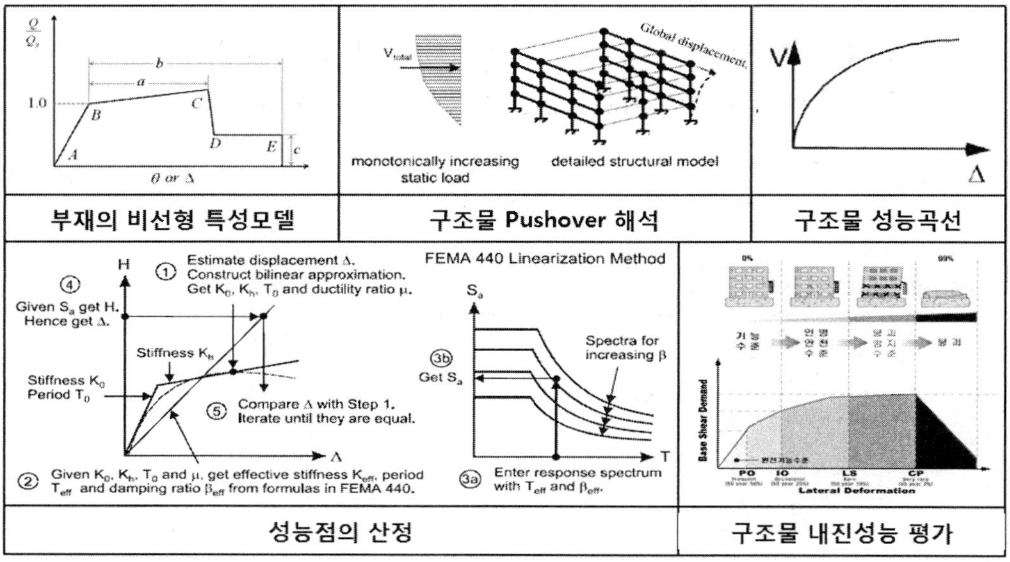

그림 9.4 3단계 정밀평가 절차

또 다른 방법인 ATC-40 방법에서 사용하는 능력스펙트럼법은 등가선형방법의 형태를 갖는다. 이 방법은 등가선형의 단자유도계 응답평가를 연성비의 함수를 이용하는 경험적인 유효주기와 감쇠의 관계를 이용한다. 비선형 정적해석 절차는 성능점을 정의하는 법에 따라서 다양한 해석방법이 사용된다.

3단계 정밀평가법은 미국의 내진성능평가 및 내진보강을 위해 사용하는 비선형 정적해석을 기반으로 하여 작성되었고, 한국시설안전공단에서 발간한 “기존 건축물의 내진성능 평가 및 향상 요령 개정보완(2011)”도 마찬가지로 같은 기반의 성능평가법을 작성하여 제안하고 있다.

한국시설안전공단의 내진성능 평가법은 기존의 미국평가법과는 다르게 각 부재별로 성능수준(IO, LS, CP)을 판정한 후에 각 층별로 부재의 전체에서 연직하중 분담률이 80% 이상이 되는 개소가 되는 경우에 성능등급이 결정되는 방법을 사용하고 있다. 그러나 3단계 정밀평가에서는 구조물 전체의 성능을 한꺼번에 평가하는 미국의 방법을 따르고 있다. 이는 구조물의 내진성능은 부재별 성능수준에 의해 결정되기 보다는 시스템의 특성에 의해 그 결과가 달라지므로 부재의 성능수준에 따른 평가는 정확하지 않은 평가결과를 나타낼 수 있다고 판단된다.

3.5.2 성능수준 판정

일반적으로 건축물에 대한 내진성능수준의 판정은 건축주의 요구, 지진재해에 의해 예상되는 손실, 경제성 및 허용 가능한 위험도 등을 고려하여 설계전문가에 의해 결정되며, 예상 성능 수준 및 지진재해 수준의 조합으로 정의된다.

그러나 3단계 정밀평가절차에서는 앞서 기술한 비선형 정적해석에 의한 결과를 바탕으로 하여 지진수준별로 각각 붕괴방지, 인명안전 및 즉시거주 수준을 제시한다. 내진특등급의 경우는 건물의 중요도를 고려하여 2400년 재현주기의 최대고려 지진에서도 즉시거주의 성능을 갖도록 하였고, 내진 1등급의 경우에는 KBC2009 설계수준의 지진규모에서 인명안전의 목표를 달성하도록 하였다.

표 9.10 3단계 정밀평가의 내진성능수준 판정기준

KBC2009의 내진등급	지진의 재현주기별 성능목표		
	사용성수준 지진 (KBC2009의 2/3 수준)	설계수준 지진 (KBC2009 수준)	최대고려 지진 (재현주기 2400년 지진 수준)
내진 2등급	붕괴방지	조건부 판단	조건부 판단
내진 1등급	고려하지 않음	인명안전	조건부 판단
내진특등급	고려하지 않음	고려하지 않음	즉시거주

4. 적용 사례

4.1 철근콘크리트조 건축물

대상 철근콘크리트 건물은 5층의 다세대 주택으로서 2000년 이전에 지어진 건물이다. 건물의 평면형상은 그림 9.5와 같고, 평가결과의 요약은 그림 9.6에 나타냈다.

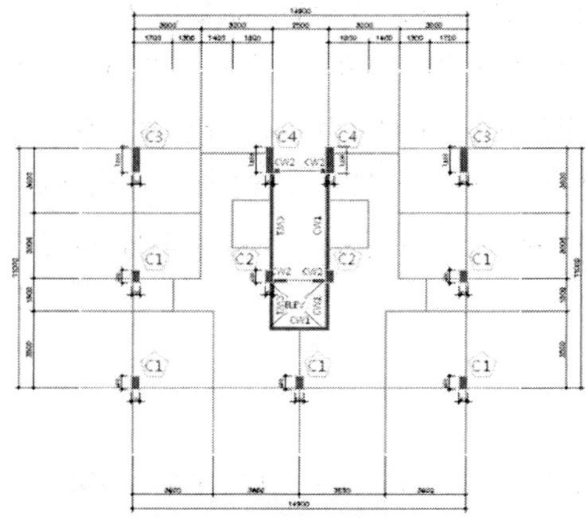

1층 평면도

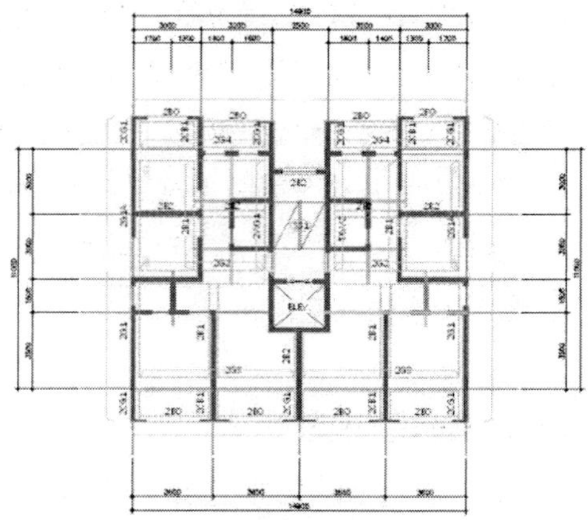

기준층 평면도

그림 9.5 대상 철근콘크리트 구조물

1단계 예비평가

		Demand	Capacity	DCR	성능수준
1층	x 방향	5155 kN	3744 kN	1.38	붕괴
	y 방향	5155 kN	9252 kN	0.56	인명안전
2층	x 방향	3126 kN	3090 kN	1.01	붕괴
	y 방향	3126 kN	10449 kN	0.30	즉시거주
3층	x 방향	1787 kN	3090 kN	0.58	인명안전
	y 방향	1787 kN	10449 kN	0.17	즉시거주
4층	x 방향	820 kN	3090 kN	0.27	즉시거주
	y 방향	820 kN	10449 kN	0.08	즉시거주
5층	x 방향	209 kN	3090 kN	0.07	즉시거주
	y 방향	209 kN	10449 kN	0.02	즉시거주

3단계 정밀평가

구 분	X방향	Y방향
다세대 주택	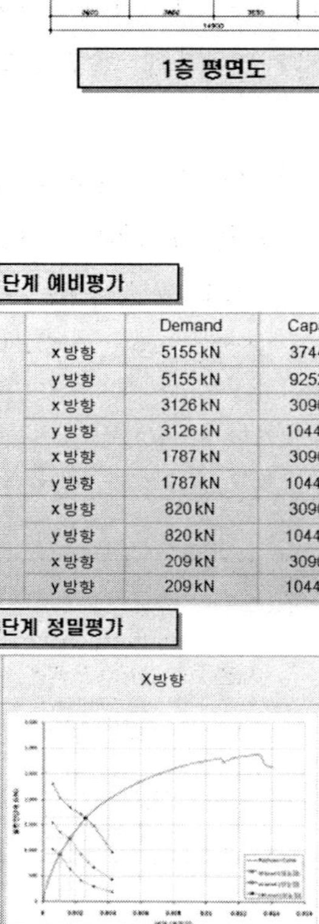	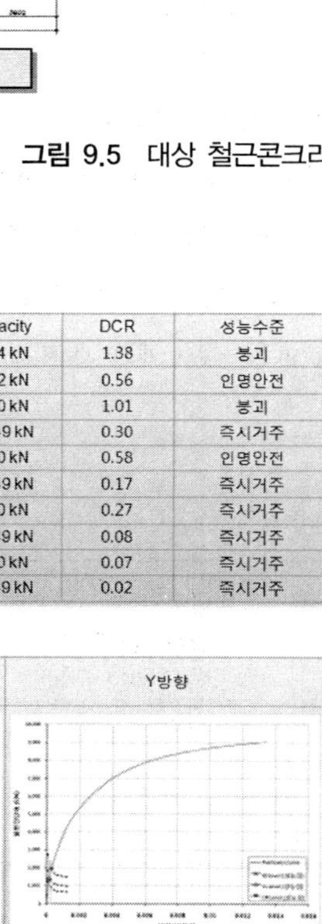
	붕괴방지 수준 지진까지 만족	붕괴방지 수준 지진까지 만족

2단계 상세평가

진단방향		X방향		판정 지표	$I_{S0}=0.4$			
층	C	F	파괴형식	E_0	S_D	T	I_S	성능등급
5	2.87	1.0 1.0 1.0	w BC SC	2.87	0.9	1.0	2.59	0.15 IO
4	1.60	1.0 1.0 1.0	w BC SC	1.60	0.9	1.0	1.44	0.28 IO
3	1.20	1.0 1.0 1.0	w BC SC	1.20	0.9	1.0	1.08	0.37 IO
2	1.04	1.0 1.0 1.0	w BC SC	1.04	0.9	1.0	0.93	0.43 IO
1	0.40	1.0 1.0 1.0	w BC SC	0.40	0.9	1.0	0.36	1.11 붕괴
진단방향		Y방향		판정 지표	$I_{S0}=0.4$			
층	C	F	파괴형식	E_0	S_D	T	I_S	성능등급
5	6.11	1.0 1.0 1.0	w BC SC	6.11	0.9	1.0	5.50	0.07 IO
4	3.39	1.0 1.0 1.0	w BC SC	3.39	0.9	1.0	3.05	0.13 IO
3	2.55	1.0 1.0 1.0	w BC SC	2.55	0.9	1.0	2.29	0.17 IO
2	2.20	1.0 1.0 1.0	w BC SC	2.20	0.9	1.0	1.98	0.20 IO
1	0.94	1.0 1.0 1.0	w BC SC	0.94	0.72	1.0	0.67	0.59 LS

그림 9.6 평가결과

각 단계별 평가결과를 요약하면, 1단계 예비평가와 2단계 상세평가의 경우 X방향 1층에서 붕괴의 성능 수준을 보였고, Y방향으로는 인명안전(Life Safety ; LS)의 성능 수준을 나타냈다. 그러나 3단계 정밀평가는 각 층별이 아닌 건물 전체의 성능곡선 및 성능점에 의해서 평가되는데, 평가결과 붕괴방지(Collapse Prevention ; CP) 수준의 지진으로부터도 성능이 만족하는 것으로 나타났다. 이러한 결과는 평가법의 초기단계는 매우 보수적으로 내진성능을 평가하지만 단계가 올라갈수록 복잡하지만 조금 더 합리적으로 평가되기 때문이라고 판단된다. 이러한 건물의 내진보강 실시 여부는 건축구조 전문가들의 판단이 필요하다고 할 수 있다.

4.2 조적조 건축물

대상 조적조 건물은 2층 규모의 일반 조적조 주택의 전형적인 예이다. 건물은 1977년 이전에 준공되었고, 과거 국내 저층 주거의 다수를 차지하고 있어 내진안전성의 검증이 무엇보다 절실한 사례라고 할 수 있다.

평가결과를 살펴보면, 1단계 예비평가의 경우에는 1층의 X, Y방향 모두 붕괴의 성능수준을 보였고, 2단계 상세평가의 경우에도 1층의 X방향은 붕괴의 수준이, Y방향은 붕괴방지 수준의 성능을 나타냈다. 마찬가지로, 3단계 정밀평가의 경우에도 X방향으로는 붕괴의 성능 수준 결과를 보였고, Y방향으로는 붕괴방지 수준까지 만족하는 결과를 나타냈지만, 성능점을 살펴보면 연성능력의 측면이 불안전해 보인다고 할 수 있다. 이러한 결과는 비록 하나의 평가결과이지만 국내 조적조 저층 주거건물의 경우에는 내진성능평가를 시급히 실시하여 보강 여부를 판단해야 할 것으로 판단된다.

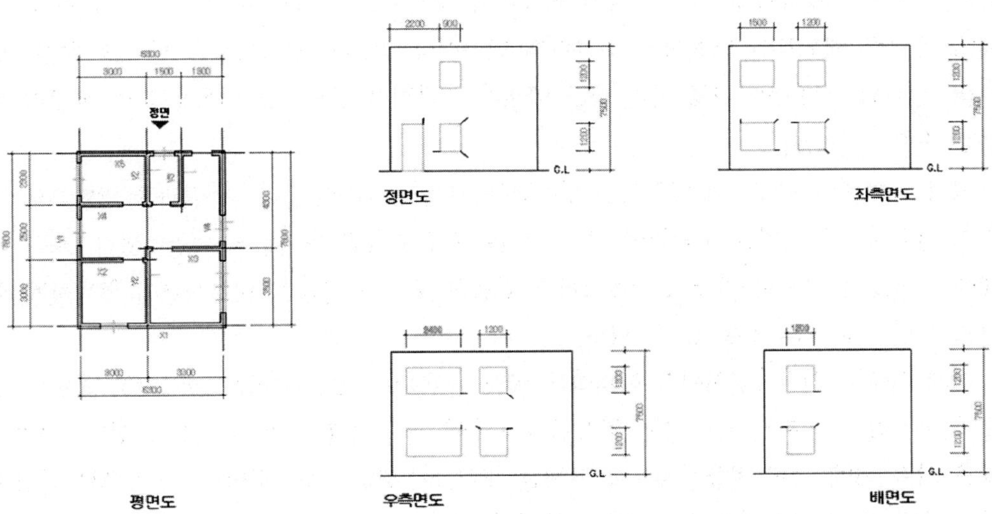

그림 9.7 대상 조적조 건축물

1단계 예비평가

		Demand	Capacity	DCR	성능수준
1층	x 방향	447 kN	260 kN	1.72	붕괴
	y 방향	447 kN	319 kN	1.40	붕괴
2층	x 방향	112 kN	145 kN	0.77	인명안전
	y 방향	112 kN	160 kN	0.70	인명안전

2단계 상세평가

진단방향		X방향		판정지표	ISO= 0.516			
층	C	F	파괴형식	E_0	S_D	T	I_S	성능등급 I_{so}/I_s
3			bw					
			BC					
			SC					
2	1.53	0.8	bw	1.23	1.0	1.0	1.23	0.42 LS
		1.0	BC					
		1.0	SC					
1	0.54	0.8	bw	0.43	1.0	1.0	0.43	1.19 붕괴
		1.0	BC					
		1.0	SC					
진단방향		Y방향		판정지표	I_{S0}= 0.516			
층	C	F	파괴형식	E_0	S_D	T	I_S	성능등급 I_{so}/I_s
3			bw					
			BC					
			SC					
2	1.76	0.8	bw	1.41	1.0	1.0	1.41	0.37 LS
		1.0	BC					
		1.0	SC					
1	0.71	0.8	bw	0.57	1.0	1.0	0.57	0.91 CP
		1.0	BC					
		1.0	SC					

3단계 정밀평가

구 분	X방향	Y방향
다세대 주택	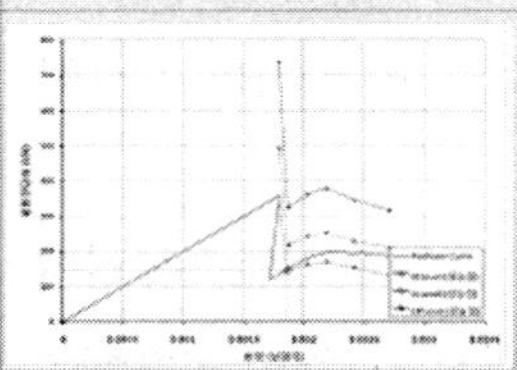	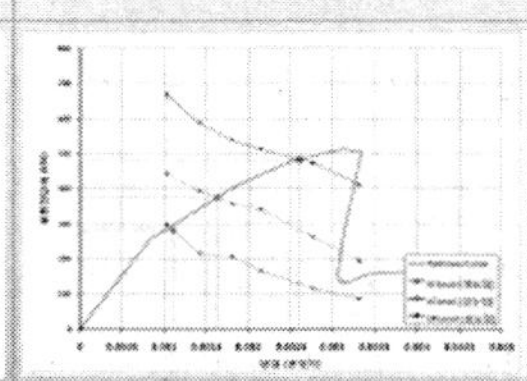
	모든 수준에서 붕괴	붕괴방지 수준 지진까지 만족

그림 9.8 평가결과

5. 맺음말

국민안전처(구 소방방재청)의 "저층건축물 내진성능 확보 기술개발"의 연구결과로서 제안된 내진성능 평가법에 관해 간단히 요약하여 소개하였다. 앞에서 살펴본 바와 같이, 국내에 제시된 대부분의 내진성능 평가법은 미국이나 일본의 평가법을 기반으로 작성되었으며, 평가법 개발자에 의해 각각 다른 방법이 제시되어 실무적으로 적용할 때 혼란이 가중된 것은 사실이다.

따라서 기존의 국내·외 내진성능 평가법을 자세히 분석하였고, 그 결과를 바탕으로 기존의 내진성능 평가법을 보완하여 보다 국내환경에 적합한 평가법을 제안하였다. 평가 사례에서 보듯이 국내의 저층 철근콘크리트 건물과 조적조 건물은 내진성능이 완벽하게 확보되어 있지 않다는 것을 알 수 있다.

이제 한국도 지진안전지대가 아니라는 많은 발표들을 꼭 주지하지 않더라도 국민의 생명과 재산을 보호하는 내진성능 평가법의 활용은 시급하다고 할 수 있고, 정책적으로도 빠른 시일 내에 국내 저층건축물의 적절한 내진보강방안이 추진되어야 할 것으로 판단된다. 아무쪼록 제안된 평가법의 활용이 증대되기를 기대한다.

| 참고문헌 |

1. 현대건설기술연구소, 한양대학교, "기존건축물의 내진성능 평가기법", 1998.
2. 이원호 외, "한국 철근콘크리트 건물의 내진진단법 개발에 관한 연구", 한양대학교 초대형구조시스템 연구센터(STRESS) 보고서, 2001.
3. 서울시립대학교, 지진방재연구소, "조적조 건축물에 대한 내진성능평가 기법", 2001.
4. 포항산업과학연구원, 동경대학교, 동경공업대학교, 광운대학교, "구조 내진성능 평가에 관한 기술지침(안)", 2002.
5. 건설교통부, 한국건설기술연구원, 고려대학교, "우리나라 중·저층 철근콘크리트 건축물의 지진피해 예측 및 보수 보강법 연구", 2002.
6. 한국시설안전공단, "기존 건축물의 내진성능 평가 및 향상요령", 2004.
7. 한국시설안전공단, "국내실정에 맞는 취성파괴형 및 삼중수평저항시스템 건축물의 내진성능 평가기법 개발", 2008.
8. 이강석 외, "저층 철근콘크리트 건물의 실용적인 간이 내진성능 평가법 제안 및 적용가능성 검증", 대한건축학회 구조계논문집, 제25권 9호, 2009.
9. 한국시설안전공단, "기존 건축물이 내진성능평가 요령의 개정보완", 2011.7.

Seismic Performance Evaluation Technique for Wooden Structure in Korea

10장 국내 목조건축물의 내진성능평가기법

1. 국내 목조건축물 내진성능평가기법의 개발 배경

세계적으로 일어나고 있는 자연재해 가운데 지진으로 인하여 발생하는 건축물의 손상 및 붕괴에 의한 막대한 인명피해와 경제적 손실을 줄이기 위하여 각 나라에서는 건축물 종류와 사용자 대상에 따른 내진성능 평가방법들을 다양하게 개발하여 사용하고 있다. 국내에서는 1978년 홍성에서 규모 5.0의 지진이 발생한 이후 지진의 위험성에 대하여 주의를 기울이고, 그에 따른 예방과 대책에 대한 연구가 주목을 받기 시작하여 1979년 댐, 1985년 터널, 1988년 건축물, 1992년 교량, 2000년 항만시설, 2004년 공항시설 등 국가 주요 시설물에 대하여 평균 규모 6.0의 강진에 대비하여 내진설계를 의무화하게 되었다. 그러던 중 2007년 1월 20일 오대산 부근에서 규모 4.8의 지진이 발생하였고, 며칠 뒤 1월 30일 행정자치위원회에서 지진재해대책법이 발의되었으며, 2008년 3월 28일 법률 제9001호로 「지진재해대책법」이 제정되었고, 2009년 3월 25일 시행령이 공포되었다. 「지진재해대책법」의 주요 내용은 지진재해의 예방 및 대비, 내진대책 등에 관한 연구와 함께 기존 시설물의 내진보강대책 수립과 지진으로 피해가 우려되는 주요기관의 지진가속도 계측과 통보 등에 대한 내용을 포함하고 있다. 또한 국민안전처의 지진대응시스템은 진도분포에 따른 건축물 및 인명피해에 대하여 예측하고 그에 따른 의료 및 피난지원 등의 응급대책 지원 등을 계획할 수 있는 시스템으로 대상 시설물은 구조형식별로 목구조, 비보강 조적조, 철골 경량 골조, 철골 모멘트 골조, 콘크리트 모멘트 골조로 나누어져 있지만, 목구조 이외의 시설물은 내진성능에 관한 연구와 실험을 통해 내진성능 평가법이 정립되어 있으나 목구조에 관한 내진성능 평가법은 전무한 실정이다.

이웃나라인 일본도 목조건축물에 대한 연구가 거의 이루어지지 않은 암흑기를 지내오다가 1995년 효고현 남부지진 시 목조건축물의 붕괴 104,906동, 반파괴 144,274동, 일부 손상 263,702동의 피해를 입은 이후, 목조건축물의 내진성능에 관한 연구가 활발하게 되었다. 이때 피해가 컸던 이유 중 하나는 2층 목조건축물을 짓기 시작하면서 비용을 줄이기 위하여 부재 단면이 작아지고 공간을 만들기 위해 벽체를 줄이고 기초에 건축물을 고정시켜 전통 목구조의 「유연성」을 배제한 채 만들어진 목조건축물이 커다란 지진 피해를 입었다. 현재는 대지진을 가정한 실험과 내진요소에 대한 계산 등을 통해 구조성능을 파악하고 보강을 통해 내진성능을 향상시킬 수 있는 내진성능 평가법이 개발되어 목조건축물에 널리 이용되고 있다. 그림 10.1은 국내, 미국, 일본 목조건축물의 지진피해 사진으로 목조건축물의 지진 발생시 거동은 지붕 하부의 벽체와 기둥이 수평하중에 저항하지 못하고 기울어져 붕괴되는 양상을 보이고 있다.

(a) 1971년 샌페르난도 지진

(b) 1995년 효고현 남부지진

그림 10.1 국외 목조건축물의 지진피해

지진 발생시 다른 건축물과 비교하여 목조건축물의 전단내력은 적은 반면, 벽체와 기둥에 균열과 손상을 받더라도 바로 무너지지 않고 기울어진 상태를 유지하거나 일정 변위만큼 변형되는 거동을 보이기도 한다.

국내에서 일반인 또는 비전문가에게 목조건축물의 내진성능에 대한 이해를 높이고 자가진단이 가능한 내진성능평가 매뉴얼 개발을 위하여 미국과 일본에서 실시하고 있는 내진성능평가 진단법에 대해 알아보고 비전문가용 내진성능 평가항목에 대해서 살펴보고자 한다.

2. 미국의 목조건축물 내진진단법

미국 임산물협회(American Forest & Paper Association)의 목구조 시공 매뉴얼(Wood Frame Construction Manual, 2005)에서는 바람, 눈, 지진에 대비한 목조건축물의 체크리스트를 접합부, 바닥, 벽체, 지붕 등 4개 시스템으로 나누어 제반 사항을 체크하는 것으로 평가하고 있고, 그 내용은 표 10.1과 같다.

표 10.1 미국의 목구조 시공 매뉴얼

연결부위 체크리스트		
수평부재와 전단 연결	• 지붕부재 • 지붕부재와 벽체부재 • 벽체부재 • 벽체부재와 바닥부재	• 바닥부재와 벽체 또는 개구부틀 부재 • 벽체부재 또는 개구부틀과 기초
상하부 연결	• 지붕부재와 벽체부재 • 벽체부재와 벽체부재	• 벽체부재와 기초
빠짐 방지	• 홀다운	
마감과 방수처리	• 지붕 마감 • 벽체 마감 • 바닥 마감	• 마감과 방수 • 벽체 방수
특별한 연결 부위	• 지붕 마루대의 연결 • 서까래 이음	• 하중분담 벽이 없는 곳의 벽체부재 • 개구부 주위의 연결
바닥 시스템 체크리스트		
바닥 연결 시스템	• 바닥 연결 / 노치와 베어링 • 베어링 • 끝단의 고정 • 측면 안정 • 단독 또는 연결되는 바닥 이음 / 하중 분담벽의 지지 / 하중 분담벽이 없는 곳의 지지 / 하중이 집중된 곳의 지지 • 캔틸레버 바닥 이음 / 하중 분담벽의 지지 / 하중 분담벽이 없는 곳의 지지 • 바닥 다이어프램	
목재 이음 시스템		
목재 바닥 트러스 시스템		
바닥 장선	• 장선 간격 • 장선 모서리 지지	
바닥 다이어프램		

벽체 시스템 체크리스트	
외부 벽체	• 목재 못 / 노치와 베어링 / 연속 못 / 모서리 • 천장판 • 바닥판 • 벽 개구부 / 머리부 / 높이방향 못 / 물림 못 / 창문 마감판
내부 하중분담 파티션	• 목재 못 / 노치와 베어링 / 연속 못 • 천장판 • 바닥판 • 벽 개구부 / 머리부 / 머리 보를 지지하는 못
내부 비하중분담 파티션	• 목재 못 / 노치와 베어링 • 천장판 • 바닥판
벽 마감	• 마감과 방수처리 • 외부 마감벽 / 마감 형태별 조정 / 손상된 마감벽의 조정 / 홀다운

지붕 시스템 체크리스트	
목재 서까래 시스템	• 서까래 / 서까래 잭 / 서까래 돌출부분 / 경사 돌출부분 / 노치와 베어링 • 베어링 • 끝단의 고정 • 고정보 • 중간보 • 천장 이음 • 열린 천장 • 지붕 개구부
목재 이음 지붕 시스템	
목재 지붕 트러스 시스템	
지붕 마감	• 마감 • 마감 모서리 지지
지붕 다이어프램 버팀대	

미국방화협회(National Fire Protection Association ; NFPA)에서는 주택업체에 필수불가결한 법규와 기준을 발간하고 있으며, NFPA는 미국전기기준(National Electric Code)과 단독 또는 2세대 주택관련 전기기준을 발간하고 있어 이들 법규는 건축법 제정기관에서 간행되는 건축법에 적용되고 있다. 이외에 미국의 경량 목조주택의 시공 및 준공 검사 체크리스트는 국제건축기준(IBC ; International Building Code)에 준하는 시공 단계별 검사 항목으로 이루어져 있는데, IBC는 미국의 대표적인 3개의 모델 건축법(UBC, NBC, SBC)을 통합하여 2000년부터 시행되고 있는 통합 건축법규로써 건축 허가 담당관 및 각 분야 전문가들이 제정한 표준 법규로 미국의 건축법 제도는 실제 각주 또는 시, 군 단위로 지방자치단체에서 이를 채택하여 자체 조례와 함께 시행할 때 구속력을 갖는 효력을 발휘하

게 된다. 체크리스트 중 목조건축물의 구조에 관련된 골조 검사에 관한 체크리스트는 표 10.2와 같다.

표 10.2 미국 국제건축기준(IBC)에 의한 목조건축물의 검사항목

목구조 검사 (Framing Inspection)	
일반 검사	• 구조용 목재의 품질(수종/등급/함수율) 확인 • 지표면으로부터의 목재의 최소 높이 확인(바닥 장선 18인치 이상, 보 12인치 이상) • 못박기 기준 준수사항 점검 • 철물 보강 및 접합물 시공 여부 확인
바닥 장선의 시공 점검	• 장선의 지간거리 요건 확인 • 장선의 최소 받침턱의 길이 점검(목재 깔도리 위 1-1/2인치, 콘크리트 위 3인치) • 배선 배관을 위한 구멍뚫기나 따내기가 적절하게 되었는지 확인 • 바닥장선의 보강이 필요한 곳이 적절히 보강되어 있는지 확인(블록킹이나 이중장선 시공 여부)
벽 시공 점검	• 층수에 따른 스터드 사이즈 및 간격 확인 • 고정볼트가 꽉 조여져 있는지 확인 • 윗깔도리 / 이중깔도리 모서리 겹침 및 끝 부분이 48인치 이상 떨어져 있는지 확인 • 벽 모서리의 스터드가 3개 이상임을 확인 • 배선 배관을 위한 구멍뚫기나 따내기가 적절하게 되었는지 확인 • 헤더의 지간거리 요건 확인
서까래 / 천장 장선 시공 점검	• 서까래의 경사 최소 3/12 이상인지 확인 • 서까래 / 천장 장선의 지간거리 요건 확인 • 마룻대의 폭이 서까래보다 같거나 큰지 확인 • 서까래가 대칭으로 시공되어 있는지 확인 • 허리케인 타이의 설치 여부 확인 • 지붕 환기구 면적이 적절한지 확인(바닥면적의 1/150보다 크게)
바닥 / 벽 / 지붕 덮개의 시공 점검	• 부위별 구조용 패널의 최소 두께 확인 • 전단벽이나 격판 구조물의 못박기 기준 사항 확인 • 패널 사이의 시공 간격 확인 (1/8인치) • 전단벽용 패널의 중심간격 등급 및 인증도장 확인
계단 구조 시공 점검	• 계단구조의 안정성 점검 • 계단 헤드룸 높이 확인

3. 일본의 목조건축물 내진진단법

일본에서는 실제 지진피해를 많이 겪기 때문에 내진성능을 판단하는 진단법과 함께 지진발생시 지진피해 건축물의 피해도 구분 및 판정기준에 대한 지침도 만들어 실제 피해 건물에 대하여 등급을 나누어 피해 구분을 나누고 있다. 일본 건축방재협회의 「피해 건축물 응급위험도 판정 매뉴얼」에 따르면 목조건축물에 대한 위험도 조사항목 가운데 "인접

건축물, 주위 지반 및 구조체에 관한 위험도"의 평가항목에 대하여 나열하면 표 10.3과 같다.

일본 건축방재협회의 「기초진단법」은 표 10.4와 같이 10개의 문항 가운데 건축물의 건축년도 및 손상과 개보수에 관한 4개 문항, 건물구조에 관련된 4개 문항, 지붕과 기초에 관련된 각각 1개 문항으로 이루어져 있다.

표 10.3 일본 목조건축물의 응급위험도 판정 매뉴얼

인접 건축물 주위 지반 및 구조체에 관한 위험도	
① 인접 건축물 주위 지반의 파괴에 의한 위험	건축물 위로 붕괴 위험성이 있는 건축물이나 암반 붕괴의 위험
② 건축물의 부동침하	지반침하 또는 부분적, 전체적인 손상에 의해 지붕, 기초 등이 상하방향으로 동일한 형태를 하지 않는 상황
③ 기초의 피해	기초의 상태 또는 토대의 연결 상태에 따라 판단
④ 건축물 1층의 경사	건축물 1층의 경사를 측정하여 1/60 이하, 1/60~1/120, 1/120 이상의 범위를 판단
⑤ 벽의 피해	외벽 또는 내벽의 피해 정도에 따라 판단
⑥ 부식 · 충해의 유무	피해가 있는 건축물이 부식, 충해의 유무에 따라 피해 또는 손상이 진행할 가능성이 있음

각 항목의 보기에서 적용 대상 목조건축물에 해당하는 사항을 체크하여 총 평점을 내고 10점은 우선 안심할 수 있지만 만일을 위하여 전문가와 상담을 하십시오, 8~9점은 전문가에게 진단을 의뢰, 7점 이하는 걱정할 정도이므로 빨리 전문가에게 상담을 의뢰 · 요구하는 판정이 내려지지만 기초진단은 초보자인 소유자에게 건축물에 대한 이해와 인지도를 높이기 위해 사용되므로 정확성은 낮은 편이다.

일반 목조주택과 구조시스템이 다른 건조물 문화재에 대한 문화청의 「소유자진단법」은 다음의 표 10.5와 같다. 일본 문화청 소유자진단의 진단판정은 5개 항목이 모두 60점 이상이면 구조적으로 건전하다고 평가하고 보존상황에 관한 사항이 60점 미만일 경우는 간단한 보강이나 관리, 활용방안의 개선이 필요하다고 제안하고 있고 구조특성에 관한 사항 가운데 1개 이상의 사항이 60점 미만일 경우 근본적인 수리가 필요하고 기초진단을 실시할 필요가 있다고 하고 있다.

표 10.4 일본 건축방재협회의 누구나 할 수 있는 우리집 내진진단

문제 1	건물이 지어진 때는 언제입니까?	평점
	• 지어진 것은 1981년 6월 이후 • 지어진 것은 1981년 5월 이전 • 잘 모르겠음	100
문제 2	지금까지 큰 재해를 겪은 적이 있습니까?	평점
	• 큰 재해를 겪은 적이 없음 • 바닥침수, 옥상침수, 화재, 자동차 침입사고, 대지진, 산비탈의 붕괴 등의 재해를 겪은 적이 있음 • 잘 모르겠음	100
문제 3	증축에 대하여	평점
	• 증축하지 않았음. 또는 건축 확인 등을 통해 필요한 서류절차를 통하여 증축을 했음 • 필요한 서류절차를 생략하고, 증축 또는 증축을 2회 이상 반복함. 증축시 벽이나 기둥의 일부를 철거함 • 잘 모르겠음	100
문제 4	손상 여부나 보수, 개수에 대하여	평점
	• 손상된 곳이 없음 또는 손상된 곳은 그때마다 보수하고 있어 건전하다고 생각됨 • 노후화되고 있음, 썩거나 흰개미 피해 등의 부조화가 발생하고 있음 • 잘 모르겠음	100
문제 5	건물의 평면은 어떤 형태인가? (1층의 평면)	평점
	• 장방형에 가까운 평면 • L, T자형 등의 복잡한 평면 • 잘 모르겠음	100
문제 6	커다란 바닥 뚫림이 있습니까?	평점
	• 1변의 길이가 4.0m 이상인 바닥 뚫림이 없음 • 1변의 길이가 4.0m 이상인 바닥 뚫림이 있음 • 잘 모르겠음	100
문제 7	1층과 2층의 벽면이 일치하는가?	평점
	• 2층 외벽의 바로 밑에 1층 내벽 또는 외벽이 있음 또는 1층 건물임 • 2층 외벽의 바로 밑에 1층 내벽 또는 외벽이 없음 • 잘 모르겠음	100
문제 8	벽의 배치는 균형이 맞습니까?	평점
	• 1층 외벽의 동서남북, 어느 쪽으로도 벽이 있음 • 1층 외벽의 동서남북의 벽 중, 벽이 전혀 없는 면이 있음 • 잘 모르겠음	100
문제 9	지붕 마감재료와 벽의 수는?	평점
	• 기와 등 비교적 무거운 지붕 마감재료이지만 1층에 벽이 많음. 또는 슬레이트, 철판기와, 동판기와 등 비교적 가벼운 지붕재료임 • 재래식 기와, 서양식 기와 등 비교적 무거운 지붕 재료이지만, 1층에 벽이 적음 • 잘 모르겠음	100
문제 10	어떤 기초인가?	평점
	• 철근콘크리트의 기초 또는 직접기초 등 • 그 밖의 기초 • 잘 모르겠음	100

표 10.5 일본 문화청의 소유자진단

(1) 토지에 관한 사항	
ㄱ. 지역 구분	평점
1) Ⅳ에 해당하는 지역	15
2) Ⅲ에 해당하는 지역	10
3) Ⅱ에 해당하는 지역	5
4) Ⅰ에 해당하는 지역	0
ㄴ. 재해 이력	평점
1) 없음	15
2) 있음	5
ㄷ. 활단층	평점
1) 없음	15
2) 있음 · 잘 모름	5
ㄹ. 지반	평점
1) 좋음	20
2) 좀 나쁨	10
3) 아주 나쁨	0
ㅁ. 조성 상황	평점
1) 절토지 · 말조성지	20
2) 성토지 · 잘 모름	10
3) 매립지 (하천 · 늪 · 호수)	0
ㅂ. 주변 지형	평점
1) 대체로 평지	15
2) 호수, 늪에 가까움	10
3) 급경사지에 인접	0

(2) 구조특성에 관한 사항 2-A. 규모 · 형상에 관한 사항	
ㄱ. 연면적	평점
1) 100㎡ 미만	25
2) 100㎡ 이상 250㎡ 미만	20
3) 250㎡ 이상 500㎡ 미만	10
4) 500㎡ 이상	5
ㄴ. 건물 높이	평점
1) 3m 미만	25
2) 3m 이상, 6m 미만	20
3) 6m 이상, 9m 미만	10
4) 9m 이상	5
ㄷ. 건물 높이/짧은 면길이	평점
1) 0.5 미만	25
2) 0.5 이상, 1 미만	20
3) 1 이상, 2미만	10
4) 2 이상	5
ㄹ. 건물의 형태	평점
1) 평면 · 입면 모두 정리된 형태	25
2) 평면 부정형	15
3) 입면 부정형	

2-B. 골조구조에 관한 사항	
ㄱ. 흙벽의 배치	평점
1) 4면 모두 흙벽길이가 1/5 이상	20
2) 흙벽길이가 1/5 미만의 면이 있음	10
3) 외벽에 흙벽이 없는 면이 있음	5
4) 외벽에 흙벽이 없음	0
ㄴ. 기둥의 배치	평점
1) 내외 모두 규칙적인 배치	15
2) 외부 또는 내부가 불규칙	10
3) 내부에 기둥이 없음	5

2-B. 골조구조에 관한 사항	
ㄷ. 기둥 단면적합/바닥 면적	평점
1) 0.01 이상	15
2) 0.01 미만, 0.005 이상	10
3) 0.005 미만, 잘 모름	5
ㄹ. 기둥 밑단부의 일체성	평점
1) 흙기초 위	15
2) 돌기초 위에서 인방 등으로 기둥을 연결	10
3) 돌기초 위에서 각 기둥이 독립	5
ㅁ. 기둥 주각부의 일체성	평점
1) 창방 또는 인방을 사용	10
2) 창방 또는 인방, 어느 쪽을 사용	5
3) 창방 · 인방을 사용 안함	0
ㅂ. 천장	평점
1) 멍에 · 장선 · 격자 천장	15
2) 도연(간연천장) · 틀 · 홑천장	10
3) 대나무살 · 회반죽 · 천장 없음	5
ㅅ. 기초석의 크기	평점
1) 기둥 주위에 기둥지름의 1/2 이상의 여유가 있음	10
2) 기둥 주위에 기둥지름의 1/3 이상의 여유가 있음	5
3) 기둥 주위에 별로 여유가 없음	0

2-C. 지붕구조에 관한 사항	
ㄱ. 지붕구조	평점
1) 양식 구조	25
2) 일본식 구조	20
3) 삼각구조 · 서까래구조	10
ㄴ. 지붕 바탕 재료	평점
1) 판깔기, 지붕속 대나무 바탕재료	25
2) 판나무 바탕	10
3) 대나무, 나무 바탕	0
ㄷ. 지붕 마감 재료	평점
1) 금속판 마감, 나무판 마감	25
2) 노송나무껍질 마감 · 잡나무판 마감 · 물결무늬기와(보토 없음)	20
3) 물결무늬기와(보토 있음) · 초가마감	15
4) 기와 마감	5
ㄹ. 지붕면적/바닥면적	평점
1) 1.2 미만	25
2) 1.2 이상, 1.4 미만	15
3) 1.4 이상	5

(3) 파손 등의 상황(구조적인 건전성)에 관한 사항	
ㄱ. 부동침하	평점
1) 없음	25
2) 있음	15
3) 뚜렷함	5
ㄴ. 주요 구조재의 부패 · 충해	평점
1) 건전	25
2) 일부 피해	15
3) 과반 피해	0
ㄷ. 주요 구조재의 변형	평점
1) 건전	25
2) 변형이 있음	15
3) 변형이 뚜렷함	5
ㄹ. 기둥 밑단 수리이력【 년도】	평점
1) 기둥 밑단 수리 후 100년 미만	25
2) 기둥 밑단 수리 후 100년 이상, 200년 미만	15
3) 기둥 밑단 수리 후 200년 이상	5

표 10.6은 NPO법인 일본 내진방재사업단의 「내진체크 - 이런 집이 지진에 약하다 -」로 총 21항목의 평가항목으로 내진성능을 평가하며, 평가점수에 따라 Yes가 3개 미만이면 문제 없음, Yes가 3~7개면 내진성능에 대하여 조사할 필요가 있음, Yes가 8개 이상이면 정밀조사와 대책에 관하여 생각할 필요가 있음이라고 판정을 내리고 있다.

표 10.6 일본 내진방재사업단의 내진체크

평가 항목	
1) 창문 근처의 외부벽에 균열이나 갈라짐이 있음	11) 증축을 한 적이 있음
2) 기초에 균열과 갈라짐, 탈락현상이 있음	12) 마루바닥 밑 기둥의 부패를 본 적이 있음
3) 실내바닥에서 구슬이 굴러감	13) 계단의 오르내림시 진동을 느낌
4) 흰개미의 피해를 입은 적이 있음	14) 기초 높이가 40cm 이하
5) 집 근처(10m 이내)에 강이 있음	15) 근처에서 대형차가 지나갈 경우, 창과 문에서 소리가 남
6) 문과 창을 열고 닫을 때 어려움	16) 1층과 2층 사이에 뚫린 공간이 있음
7) 건축 후, 앵커볼트의 점검을 한 적이 없음	17) 벽체에 한쪽 방향만 몰려 있거나 벽체가 적음. 벽체길이가 전체 벽길이의 1/5이 안 되는 곳이 있음
8) 붙박이장 안에서 곰팡이를 본 적이 있음	18) 지진 정보보다 진동을 크게 느낌
9) 1층에 점포나 차고가 있음	19) 구청 등의 준공검사를 받지 않음
10) 지붕의 기와가 무거움	20) 1981년 이후에 지어진 건물임
	21) 바람이 크게 불면 진동을 느낌
평가 기준	
Yes 3개 미만 : 문제 없음 Yes 3~7 : 내진성능에 대하여 조사할 필요가 있음 Yes가 8개 이상 : 정밀조사와 대책에 관하여 생각할 필요가 있음	

다음의 표 10.7은 사단법인 동경건설업협회, 「간이 자기진단 - 목조건축물-」로 총 13항목의 평가항목으로 내진성능을 평가하며, 평가점수에 따라 15점 이하면 내진성에 걱정이 없음, 16~24점이면 내진성이 다소 불안함, 25점 이상이면 내진성에 커다란 불안이 있음이라고 진단을 한다.

표 10.7 일본 동경건설업협회의 간이자기진단

평가 항목	
1) 건축지 주소는 ?	
10점	나쁜 지반
1점	좋은 지반
2) 건축년도는 ?	
5점	모름
5점	1950년 이전
2점	1960년 이전
1점	1961년 이후
3) 기초는 ?	
10점	모름
10점	옥석, 절석, 블록
2점	콘크리트 기초
1점	철근콘크리트 기초
4) 지붕은 ?	
2점	모름
2점	일본 기와, 초가지붕 (무거운 지붕)
1점	슬레이트, 철판 등 (가벼운 지붕)
5) 건축물 층수는 ?	
2점	2층 건물
1점	1층 건물
6) 가새는 ?	
5점	모름
5점	들어 있지 않음
1점	들어 있음
7) 외벽은 ?	
2점	모름
2점	흙벽이나 밑판 바름
1점	모르타르나 보드 바름
8) 내벽은 ?	
2점	벽체 중간이나 단부에 기둥이 보임
1점	벽체에 기둥이 보이지 않음
9) 창, 문은 ?	
2점	모름
2점	비교적 많음
1점	비교적 적음
10) 크기는 ?	
2점	12조(다다미) 이상의 방이 있음
1점	모든 방이 12조 이하
11) 실의 경계는 ?	
2점	슬라이드 문과 창
1점	벽체
1점	슬라이드 문과 창과 벽체
12) 주택은 ?	
2점	1층에 점포가 있음
1점	1층도 주택임
13) 우천시 누수는 ?	
2점	누수가 있음
1점	누수가 없음
평가 기준	
16점 이하 : 내진성에 문제 없음	
16 ~ 24 : 내진성에 다소 우려됨	
25점 이상 : 내진성에 커다란 불안이 있음	

다음의 표 10.8은 일본 건축사무소협회 연합회의 「목조주택의 간이내진진단」으로 총 6항목의 평가항목으로 내진성능을 평가하며, 평가점수에 따라 1.5점 이하면 내진성에 걱정이 없음, 1.0~1.5점 미만이면 일단 안전하다고 할 수 있음, 0.7~1.0점 미만이면 약간 위험함, 0.7점 미만이면 붕괴 또는 대파괴의 위험이 있음이라고 진단을 한다.

표 10.8 일본 건축사사무소협회 연합회의 목조주택의 간이내진진단

평가 항목				
1) 지반과 기초	기초의 구조 / 지반의 상황	좋음, 보통	조금 나쁨	상당히 나쁨
	철근콘크리트 기초	1.0	0.8	0.7
	무근콘크리트 기초	1.0	0.7	0.5
	작은 균열이 있는 콘크리트 기초	0.7	0.5	0.3
	그 외의 기초 (옥석, 석축, 블록 등)	0.6	0.3	0.1
2) 건물의 형태	정형	1.0		
	평면적으로 부정형	0.9		
	입체적으로 부정형	0.8		
3) 벽의 배치	균형 잡힌 배치	1.0		
	외벽 한 면의 벽이 1/5 미만	0.9		
	외벽 한 면의 벽이 없음 (전개구)	0.7		
4) 가새	가새가 있음	1.5		
	가새가 없음	1.0		
5) 벽의 양	벽의 양 / 층 수	1층 건물	2층 건물	
	많음	1.5	1.2	
	약간 많음	1.5	1.0	
	보통	1.2	0.7	
	약간 적음	1.0	0.5	
	적음	0.7	0.3	
6) 노후화	건전	1.0		
	노후화하고 있음	0.9		
	썩거나 흰개미의 피해를 입음	0.8		
1)점수 × 2)점수 × 3)점수 × 4)점수 × 5)점수 × 6)점수 = 종합 점수				
평가 기준				
1.5점 이상 : 안전함 1.0~1.5점 : 일단 한전하다고 할 수 있음 0.7~1.0점 : 조금 위험함 0.7점 미만 : 붕괴 또는 대파괴의 위험이 있음				

4. 내진성능 평가항목 분석

4.1 일반적 평가항목

기초진단법의 평가항목은 일반적 평가항목과 구조적 평가항목, 2가지로 분류할 수 있다. 전자는 목조건축물의 문헌조사나 수리공사이력 등으로 파악할 수 있는 건축물 주변의 주변환경이나 현황조사로 현 상태의 건축물을 평가하는 데 있어서 가장 기본적인 항목이다. 후자는 건축물의 내진성능에 관하여 중요한 부분을 차지하지만 구조적으로 정확한 평가보다는 초보자나 일반인의 이해를 돕기 위한 평가항목으로 구성된다. 국내에 적용할 평가항목을 제안하기 위하여 미국과 일본의 내진성능 평가항목과 함께 국내에서 사용하고 있는 건조물 문화재 안전점검 평가항목과 기존 연구로 국립방재연구소의 "목조건축물의 구조적 취약도 평가항목"도 포함하여 분석하였다.

국내 기초진단의 평가항목은 평가결과로 내진성능을 판단하기보다는 목조건축물 구조성능 저하의 원인을 규명하고 여러 가지 시험과 계측을 거쳐 종합적인 분석결과를 결정할 때 이용하고, 미국 목조건축물의 체크리스트는 시스템별 구조재의 이음과 접합, 시공상태 등에 관한 점검항목을 제시하고 있다. 1995년 효고현 남부지진 시 목조건축물의 지진피해가 많았던 일본은 기초진단법에 대한 높은 관심으로 여러 가지 기초진단법이 개발되어 있다. 국내·외 목조건축물 기초진단법에서 일반적 평가항목이 차지하고 있는 내용과 항목수를 비교하면 다음의 표 10.9와 같다. 일반적 평가항목 가운데 가장 중요한 항목은 건축년도와 주변지형이고 그 다음으로 재해경험, 수리이력, 지반상태 등을 들 수 있다.

4.2 구조적 평가항목

구조적 평가항목을 크게 나누어 9개 분류로 나눌 수 있고, 세부항목은 총 30문항으로 나눌 수 있다. 구조적 평가항목 가운데 가장 중요한 항목은 목조건축물의 규모와 형상, 구조적인 건전성 부분을 들 수 있고 그 외 구조형식을 결정하는 지붕, 기초, 기둥, 목구조 부재, 이음과 접합 등을 들 수 있다. 구조적 평가항목은 초보자가 육안으로 판단할 수 있는 항목이어야 하므로 세부항목 중 가장 빈도수가 높은 항목을 평가항목으로 선정하였다.

표 10.9 일반적 평가항목의 분석

평가항목		※1	※2	※3	※4	※5	※6	계	분류
이력	건축년도	○		○		1981년 이전 건축 여부	○	4	13 (50%)
	재해경험	○		○	○			3	
	증축 여부			○		○		2	
	수리이력	○		○	○			3	
	충해피해					○		1	
지반	활성단층 여부				○			1	10 (38%)
	지반상태	○	○		○			3	
	지반조성	○			○			2	
	주변지형	○	○		○	10m 이내 하천 유무		4	
기타	지역구분				○		○	2	3 (12%)
	준공검사					○		1	
일반항목 / 전체항목		(6)	2 / 5	4 / 10	7 / 25	5 / 21	2 / 13	20 / 74	26 (100%)

※1. 한국건설안전기술원, 「문화재 안전점검 및 정밀안전진단」
※2. 일본건축방재협회, 「목조건축물의 응급위험도 판정 매뉴얼」
※3. 일본건축방재협회, 「누구나 할 수 있는 우리집의 내진진단」
※4. 일본문화청, 「중요문화재(건조물) 내진진단지침」
※5. NPO법인 일본내진방재사업단, 「내진체크」
※6. 사단법인 동경건설업협회, 「간이 자기진단 –목조건축물–」

4.3 국내 기초진단법 평가항목 제안과 적용성 평가

국내·외 목조건축물의 내진성능평가 기초진단법의 평가항목을 분석하여 국내에 적용 가능한 목조건축물의 기초진단법으로 표 10.11과 같이 10개 항목의 기초진단법과 20개 항목의 기초진단법을 제안하였고, 표 10.12와 표 10.13은 10문항과 20문항으로 이루어진 평가항목에 대한 부연설명과 이미지를 첨부한 매뉴얼을 개발하였다.

표 10.10 구조적 평가항목의 분석

평가항목		※1	※2	※3	※4	※5	※6	※7	※8	※9	계	분류
지반	주위환경과 부동침하		○			◎		○			4	4 (4%)
기초	연결상태	○	○	○		○			◎		6	10 (10%)
	크기와 종류						○	○	○	○	4	
기둥	배치와 크기							◎			2	6 (7%)
	상하부 연결							◎			2	
	수리이력		○					○			2	
부재	목부재의 성능저하	○	◎		○						4	6 (7%)
	철물로 인한 손상	○			○						2	
개구부, 긴 경간	큰 개구부	○									1	4 (4%)
	긴 경간, 보간의 보강, 가새	○			○					○	3	
이음과 접합	바닥, 부재이음	○	◎	○	○						5	11 (12%)
	벽체접합	○		○	○						3	
	개구부와 벽체접합	○		○	○						3	
지붕	종류		○					○		○	3	12 (13%)
	부재 접합			○	○						2	
	바탕, 마감재료		○					◎	○		4	
	무게, 면적		◎					○			3	
배치, 형상	개구부									○	1	20 (22%)
	면적, 높이							◎		○	3	
	벽체 배치						○	○		○	3	
	층, 평면 형태						○	◎		○	4	
	창고, 열린공간						○		○	○	3	
	벽체재료, 벽량					○	◎		○	◎	6	
구조적 건전성	계단구조				○						1	19 (21%)
	내화관련 시공				○						1	
	1층 경사도					○			○		2	
	부식, 충해, 습기		○			○		◎	◎○		7	
	균열, 갈라짐		○						○		2	
	문과 창의 밀폐성								○		1	
	이용성, 쾌적성								◎◎	○	5	

구조항목 / 전체항목	8 / 8	(13)	(5)	(9)	3 / 5	6 / 10	18 / 25	16 / 21	11 / 13	62 / 88	92 (100%)

※1. 국립방재연구소, 「기존 시설물의 내진성능 평가를 위한 기초연구」, 목조건축물의 구조적 취약도 평가항목
※2. 한국건설안전기술원, 「문화재 안전점검 및 정밀안전진단」
※3. 미국임산물협회, 「Wood Frame Construction Manual」
※4. 미국임산물협회, 「경골 목구조 주택의 검사제도」
※5. 일본건축방재협회, 「목조건축물의 응급위험도 판정 매뉴얼」
※6. 일본건축방재협회, 「누구나 할 수 있는 우리집의 내진진단」
※7. 일본문화청, 「중요문화재(건조물) 내진진단지침」
※8. NPO법인 일본 내진방재사업단, 「내진체크」
※9. 사단법인 동경건설업협회, 「간이 자기진단 -목조건축물-」

표 10.11 국내 기초진단법 평가항목 제안

평가항목	10개 항목을 제안할 경우	20개 항목을 제안할 경우
이력	1) 건축년대 ; 1950년 이전 (0점) 1950년 이후 (1점)	1) 건축년대 : 1950년 이전 (0점), 1950년 이후 (1점)
		2) 수리이력 : 없음 (0점), 있음 (1점)
지반		3) 지반상태 : 나쁨 (0점), 좋음 (1점)
기초	2) 기초 종류 : 초석 (0점), 콘크리트기초 (1점)	4) 기초 종류 : 초석 (0점), 콘크리트기초 (1점)
기둥	3) 기둥 배치 : 불규칙 (0점), 규칙 (1점)	5) 기둥 배치 : 불규칙 (0점), 규칙 (1점)
부재	4) 손상 및 결함 여부 : 있음 (0점), 없음 (1점)	6) 손상 및 결함 여부 : 있음 (0점), 없음 (1점)
개구부		7) 개구부 면적 : 많음 (0점), 적음 (1점)
이음, 접합	5) 구조부재 상태 : 변형 있음 (0점), 변형 없음 (1점)	8) 구조부재 상태 : 변형 있음 (0점), 변형 없음 (1점)
		9) 벽체간 접합 상태 : 변형 있음 (0점), 변형 없음 (1점)
지붕	6) 지붕 마감재료 종류 : 기와 (0점), 기와 이외 (1점)	10) 지붕 마감재료 종류 : 기와 (0점), 기와 이외 (1점)
		11) 지붕부재 접합상태 : 변형 있음 (0점), 변형 없음 (1점)
		12) 지붕 속 구조 창고로 이용(0점), 비어 있음 (1점)
벽체, 형상	7) 벽체 종류 : 나무벽 (0점), 흙벽 (1점) 8) 평면 형태 : 부정방형 (0점), 정방형 (1점)	13) 벽체 종류 : 나무벽 (0점), 흙벽 (1점)
		14) 평면 형태 : 부정방형 (0점), 정방형 (1점)
		15) 벽체 배치 : 전면벽체가 없는 면이 있음 (0점), 4면 모두 전면벽체가 있음 (1점)
		16) 개구부 배치 한 면에 몰려 있음 (0점), 균등 (1점)
건정성	9) 구조부재의 부식, 충해 : 있음 (0점), 없음 (1점) 10) 외부진동에 의한 진동 : 있음 (0점), 없음 (1점)	17) 구조부재의 부식, 충해 : 있음 (0점), 없음 (1점)
		18) 도로차량 진동이 크게 느껴짐 : 있음 (0점), 없음 (1점)
		19) 기둥이나 벽체의 기울어짐 : 있음 (0점), 없음 (1점)
		20) 준공검사 및 구조계산서 : 없음 (0점), 있음 (1점)
평가기준	10점 (19~20점) : 내진성능 있음 8~9점 (16~18점) : 우선 안심할 수 있지만 진단은 필요함 7점 (15점) 이하 : 전문가의 진단이 필요함	

※ 평가항목 평점계산에 있어서 잘 모르겠음에 해당하는 사항은 0점으로 처리

표 10.12 10문항 내진성능 기초진단

평가항목	배점	평가항목에 따른 점수 배점	
1. 대상 건축물의 건축년대는 언제인지?			
1950년 이후	1점		
1950년 이전	0점		
모르겠음	0점		
※ 1962년 건축법이 제정되었지만 건축공사 공백시기인 1950년 6.25전쟁을 기준으로 목조건축물의 연대를 구분한다. 건축물 수명에 대한 법적 기준은 없으나 "법인세법 시행규칙"에서 감가상각을 위한 기준년수를 40년(30~50년)으로 정의하고 있고 부재에 대한 노후화 등을 고려하여 1950년을 기준으로 한다.			
2. 기초의 종류는 ?			
콘크리트 기초	1점		
초석 기초 또는 그 외	0점		
모르겠음	0점	콘크리트 기초	초석 기초
※ 콘크리트 기초는 앵커볼트에 의해 상부 벽체와의 결속력을 높이기 때문에 지진발생시 건축물의 전도나 미끄러짐 등을 방지할 수 있는 등 초석 기초보다 지진에 안전하다.			
3. 기둥 배치 정도는 ?			
규칙적으로 배치	1점		
불규칙적으로 배치	0점		
모르겠음	0점	규칙적	불규칙적
※ 기둥 배치가 불규칙적이면 벽체 설치가 어렵고 지붕하중을 지지하는 부재는 기둥만 남기 때문에 지진발생시 붕괴의 위험이 있다. 규칙적인 기둥은 벽체설치도 용이하고 지붕하중을 균등히 분산시키기도 한다.			
4. 구조부재의 손상 또는 결함 여부는 ?			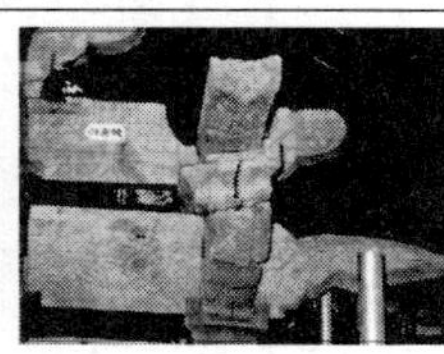
없음	1점		
있음	0점		
모르겠음	0점	없음	있음
※ 부재의 파손과 깨짐, 결함 등이 발생한 경우는 건축물 구조에 있어서 문제점이 있다는 것을 알려주기 때문에 구조부재에서의 손상 또는 결함 여부는 상시 체크한다.			
5. 구조부재의 결합 상태는 ?		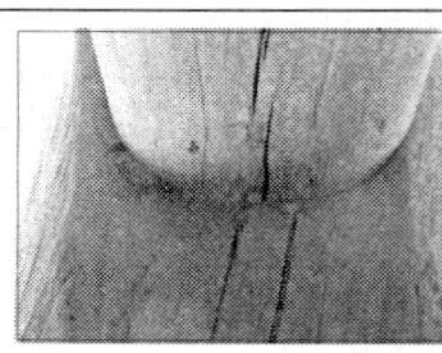	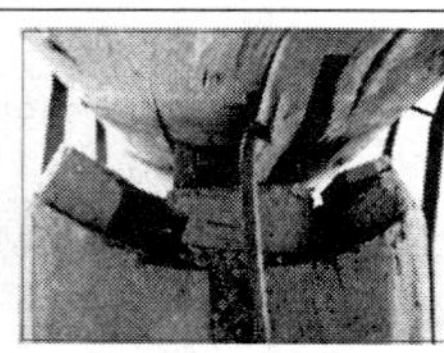
이상 없음	1점		
이상 있음	0점		
모르겠음	0점	이상 없음	이상 있음
※ 구조부재 결합부에서의 부재 빠짐이나 이격, 파손 등은 지진발생시의 위험요인이 될 뿐만 아니라 수직하중에 의한 안정상의 문제점도 야기할 수 있다.			

평가항목	배점	평가항목에 따른 점수 배점
6. 지붕의 마감재료 종류는?		 초가 또는 기와 이외  기와
초가 또는 기와 이외	1점	
기와	0점	
모르겠음	0점	
※ 지붕하중이 무거운 경우, 지진발생에 의한 수평변위가 커지기 때문에 지진하중을 작게 해주는 것이 지진 발생시 유리하다.		
7. 벽체의 종류는 ?		 내력벽 또는 흙벽  나무벽 등 기타
내력벽 또는 흙벽	1점	
나무벽 등 기타	0점	
모르겠음	0점	
※ 내력벽 또는 흙벽이 있는 건축물은 지진에 의한 수평 하중에 대하여 버틸 수 있기 때문에 벽체가 많은 건축물이 지진발생시 안전하다		
8. 대상 건축물 평면 형태는 ?		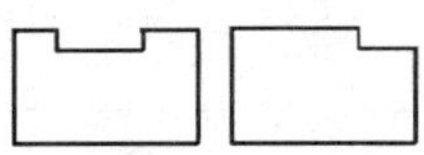 정방형 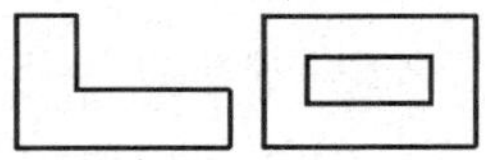 부정방형
정방형	1점	
부정방형	0점	
모르겠음	0점	
※ 정방형에 가까운 건축물 평면 형태는 지진에 강한 것으로 잘 알려져 있고, 반대로 부정방형 평면은 약한것으로 알려져 있다. 평면에서 튀어나오거나 들어간 부분이 91cm 이하인 경우나 창문, 발코니 등이 돌출된 곳은 무시한다.		
9. 부재의 부식 또는 충해 여부는 ?		 없음 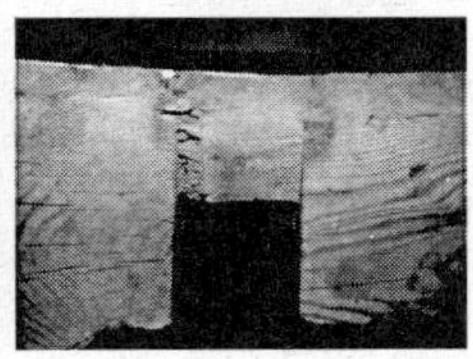 있음
없음	1점	
있음	0점	
모르겠음	0점	
※ 부식 또는 벌레에 의한 부재 결함은 부재강도나 접합부에서 치명적으로 작용할 수 있으므로 상시 체크한다.		
10. 외부 진동에 의한 흔들림 여부는 ?		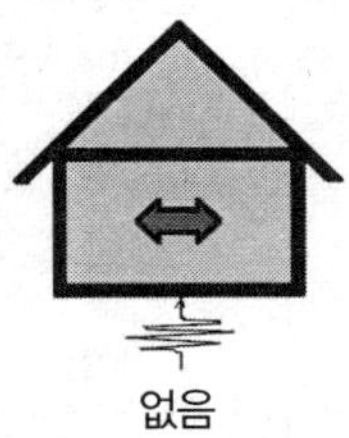 없음 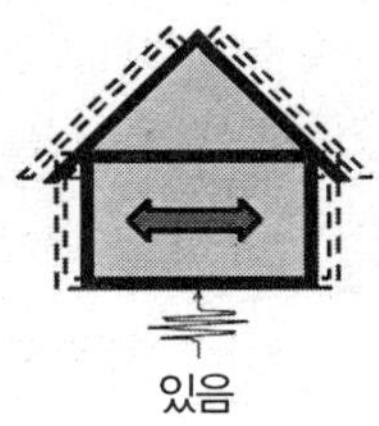 있음
없음	1점	
있음	0점	
모르겠음	0점	
※ 주변 도로에서의 차량소통 또는 주변 지반에서의 충격에 의하여 건축물에 진동이나 흔들림 등이 발생하는지 체크한다. 건축물에 진동이 발생할 경우 창문과 문 등에서 소리가 발생하기도 한다.		

표 10.13 20문항 내진성능 기초진단

평가항목	배점	평가항목에 따른 점수 배점
1. 대상 건축물의 건축년대는 언제인지?		
1950년 이후	1점	
1950년 이전	0점	
모르겠음	0점	
※ 1962년 건축법이 제정되었지만 건축공사 공백시기인 1950년 6.25전쟁을 기준으로 목조건축물의 연대를 구분한다. 건축물 수명에 대한 법적 기준은 없으나 "법인세법 시행규칙"에서 감가상각을 위한 기준년수를 40년(30~50년)으로 정의하고 있고 부재에 대한 노후화 등을 고려하여 1950년을 기준으로 한다.		
2. 대상 건축물이 자연재난을 만났거나 구조적인 수리를 한 적이 있는지 ?		
있음	1점	
없음	0점	
모르겠음	0점	강릉 객사문의 수리공사 전 / 후
※ 자연재난을 만났던 적이 있더라고 피해가 없었다면 건축물은 외견상 정상으로 보여도 내부에는 손상이 쌓여갈 수 있는 가능성이 있으므로 안전적인 조사가 필요하거나 수리를 실시한 건축물이 안전하다.		
3. 지반의 상태는 ?		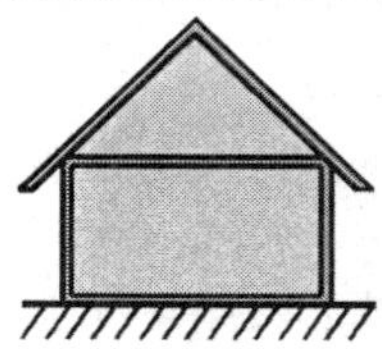 좋음 / 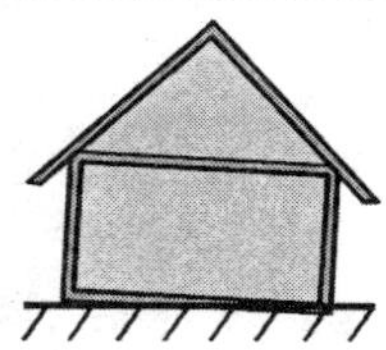 나쁨
좋음 (딱딱한 지반)	1점	
나쁨 (물렁한 지반)	0점	
모르겠음	0점	
※ 물렁한 지반일 경우는 건축물의 한쪽이 기울거나 하여 구조상의 문제점을 야기할 수 있으므로 지반의 상태를 확인할 필요가 있다		
4. 기초의 종류는 ?		 콘크리트 기초 / 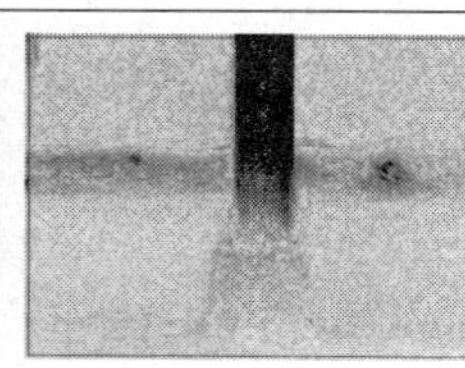 초석 기초
콘크리트 기초	1점	
초석 기초 또는 그 외	0점	
모르겠음	0점	
※ 콘크리트 기초는 앵커볼트에 의해 상부 벽체와의 결속력을 높이기 때문에 지진발생시 건축물의 전도나 미끄러짐 등을 방지할 수 있는 등 초석 기초보다 지진에 안전하다.		
5. 기둥 배치 정도는 ?		 규칙적 /  불규칙적
규칙적으로 배치	1점	
불규칙적으로 배치	0점	
모르겠음	0점	
※ 기둥배치가 불규칙적이면 벽체 설치가 어렵고 지붕하중을 지지하는 부재는 기둥만 남기 때문에 지진발생시 붕괴의 위험이 있다. 규칙적인 기둥은 벽체설치도 용이하고 지붕하중을 균등히 분산시키기도 한다.		

평가항목	배점	평가항목에 따른 점수 배점
6. 손상 또는 결함 여부는 ?		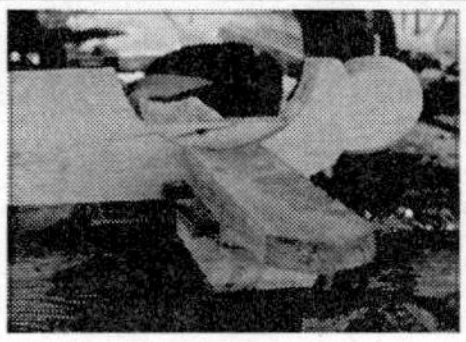 없음  있음
없음	1점	
있음	0점	
모르겠음	0점	
※ 부재의 파손과 깨짐, 결함 등이 발생한 경우는 건축물 구조에 있어서 문제점이 있다는 것을 알려주기 때문에 구조부재에서의 손상 또는 결함 여부는 상시 체크한다.		
7. 벽체와 비교하여 개구부 면적은 ?		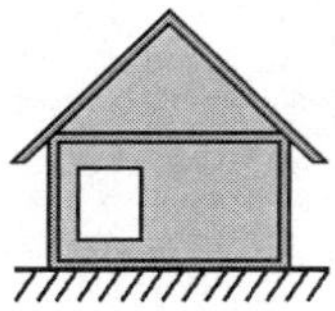 적음 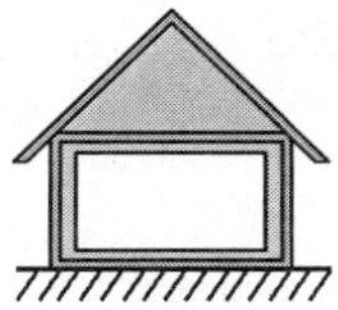 많음
적음	1점	
많음	0점	
모르겠음	0점	
※ 벽체 면적에 비하여 창문이나 문 등의 개구부 면적이 많을수록 내진성능이 떨어지므로 벽체 면적에 대한 파악이 중요하다.		
8. 벽체의 손상 상태는 ?		 없음 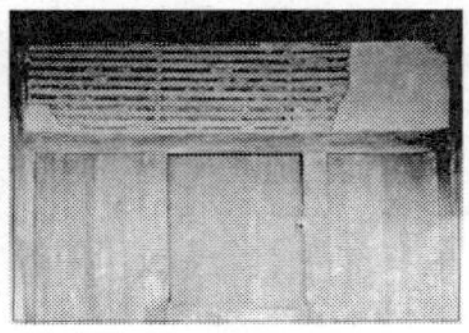 있음
없음	1점	
있음	0점	
모르겠음	0점	
※ 벽체 파손이나 탈락이 있는지 여부를 확인하고 벽체 기능이 많이 손상되었다고 판단되는 곳은 보수, 수리할 필요가 있다.		
9. 구조부재의 변형 상태는 ?		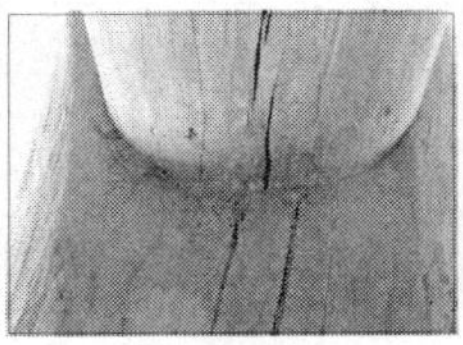 없음 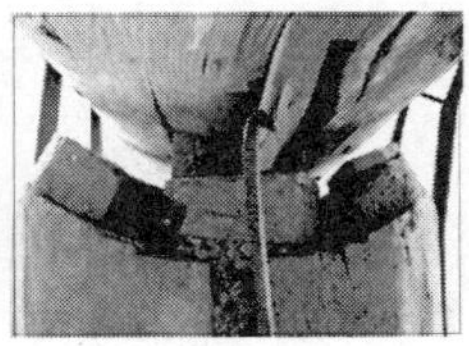 있음
없음	1점	
있음	0점	
모르겠음	0점	
※ 구조부재 결합부에서의 부재 빠짐이나 이격, 파손 등은 지진발생시의 위험요인이 될 뿐만 아니라 수직하중에 의한 안정상의 문제점도 야기할 수 있다.		
10. 지붕의 마감재료 종류는?		 초가 또는 기와 이외  기와
초가 또는 기와 이외	1점	
기와	0점	
모르겠음	0점	
※ 지붕하중이 무거운 경우, 지진발생에 의한 수평변위가 커지기 때문에 지진하중을 작게 해주는 것이 지진 발생시 유리하다.		

평가항목	배점	평가항목에 따른 점수 배점
11. 지붕 부재의 접합 상태는 ?		 이상 없음  이상 있음
이상 없음	1점	
이상 있음	0점	
모르겠음	0점	

※ 지붕재료나 지붕부재 등에서 접합상태가 불량하거나 파손이 있을 경우, 지진발생시 건축물의 강성저하의 원인이 될 수도 있으므로 상시 체크한다.

평가항목	배점	평가항목에 따른 점수 배점
12. 지붕 속 공간의 용도는 ?		 없음  창고 등
없음	1점	
창고 등	0점	
모르겠음	0점	

※ 지붕 무게가 무거울수록 지진 발생시 지진피해가 크기 때문에 지붕 속 공간을 창고 등으로 이용하지 않는 것이 바람직하다.

평가항목	배점	평가항목에 따른 점수 배점
13. 벽체의 종류는 ?		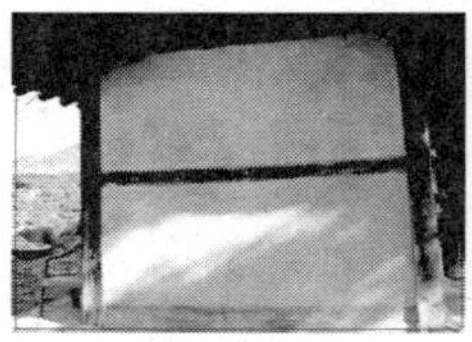 내력벽 또는 흙벽  나무벽 등 기타
내력벽 또는 흙벽	1점	
나무벽 등 기타	0점	
모르겠음	0점	

※ 내력벽 또는 흙벽이 있는 건축물은 지진에 의한 수평 하중에 대하여 버틸 수 있기 때문에 벽체가 많은 건축물이 지진발생시 안전하다.

평가항목	배점	평가항목에 따른 점수 배점
14. 평면 형태는 ?		 정방형 부정방형
정방형	1점	
부정방형	0점	
모르겠음	0점	

※ 정방형에 가까운 건축물 평면 형태는 지진에 강한 것으로 잘 알려져 있고, 반대로 부정방형 평면은 약한 것으로 알려져 있다. 평면에서 튀어나오거나 들어간 부분이 91cm 이하인 경우나 창문, 발코니 등이 돌출된 곳은 무시한다.

평가항목	배점	평가항목에 따른 점수 배점
15. 벽체 배치 상태는 ?		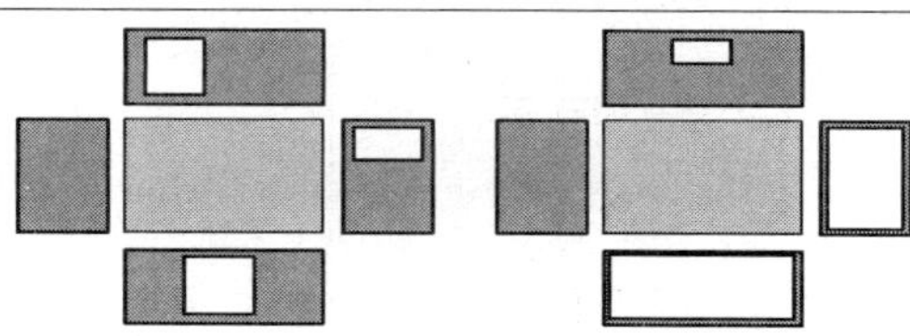 4방향 벽체가 있음 2방향 이상 벽체없음
4방향으로 벽체가 있음	1점	
벽체 없는 방향이 2방향 이상 있음	0점	
모르겠음	0점	

※ 벽체 배치가 4방향으로 균등하지 않거나 2방향 이상 벽체가 없는 평면이면 지진발생시 편심이 발생하여 건축물의 피해가 더 커질 수 있으므로 벽체 배치를 균등하게 하도록 한다.

평가항목	배점	평가항목에 따른 점수 배점
16. 개구부 배치 상태는 ?		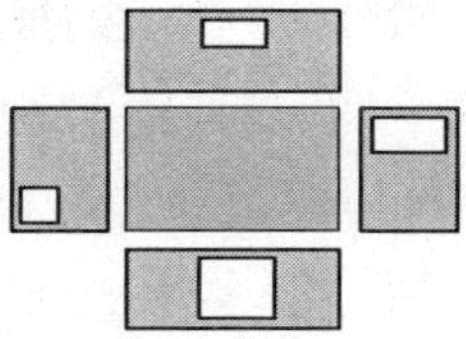 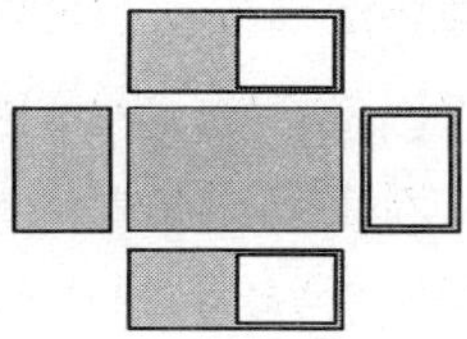
균등하게 배치됨	1점	
한 곳에 몰려 있음	0점	
모르겠음	0점	균등하게 배치 / 한 곳에 몰려 있음
※ 개구부가 몰려 있는 평면은 어느 한쪽면에서의 구조성능이 불균형하기 때문에 지진발생시 한쪽 방향에 영향을 줄 수 있고 그에 따른 건축물의 손상도 발생한다.		
17. 부재의 부식 또는 충해 여부는 ?		 
없음	1점	
있음	0점	
모르겠음	0점	없음 / 있음
※ 부식 또는 벌레에 의한 부재 결함은 부재강도나 접합부에서 치명적으로 작용할 수 있으므로 상시 체크한다.		
18. 외부 진동에 의한 흔들림 여부는 ?		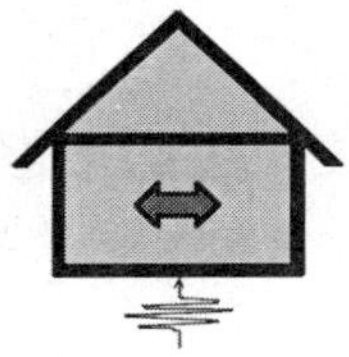 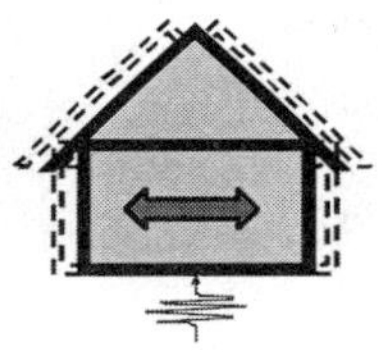
없음	1점	
있음	0점	
모르겠음	0점	없음 / 있음
※ 주변 도로에서의 차량소통 또는 주변 지반에서의 충격에 의하여 건축물에 진동이나 흔들림 등이 발생하는지 체크한다. 건축물에 진동이 발생할 경우 창문과 문 등에서 소리가 발생하기도 한다.		
19. 벽체나 기둥의 기울어짐 여부는 ?		 
없음	1점	
있음	0점	
모르겠음	0점	없음 / 있음
※ 벽체의 배부름이나 기둥의 기울어짐 등은 건축물의 상태가 안정적이지 않다는 것을 나타내기 때문에 지진발생에 대비하여 전문가의 진단을 받는다.		
20. 안전진단 또는 건축도면은 ?		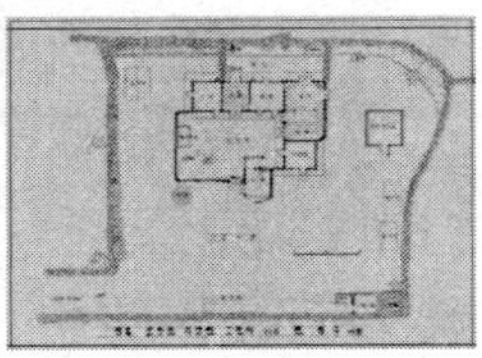 —
있음	1점	
없음	0점	
모르겠음	0점	있음 / 없음
※ 건축물에 대한 기본사항, 평면 등을 파악하고 있으면 안전진단 또는 구조진단을 받을 수 있는 자료가 될 수 있으므로 유리하다.		

특히 기초진단법의 목적이 적용대상에 대한 정확한 진단보다는 소유자나 일반인이 건축물에 대하여 인지하고 파악하는 데 중점을 두기 때문에 10개, 20개 문항에 대한 성능평가는 점수에 크게 의미를 두지 않도록 하였다.

제안한 내진성능 평가항목에 따른 그림과 이미지, 평가항목 및 용어 설명을 첨가하여 목조건축물의 내진성능평가 기초진단법으로 10문항과 20문항으로 구성한 매뉴얼을 제시하였다. 실제 현장에서의 적용성을 판단하기 위하여 일반인과 비전문가로 이루어진 목조건축물 관리 담당자와 지자체에 소속된 관리인 등을 대상으로 2가지 기초진단법에 대한 설문조사를 실시하였고, 그 내용은 다음의 그림 10.2와 같다.

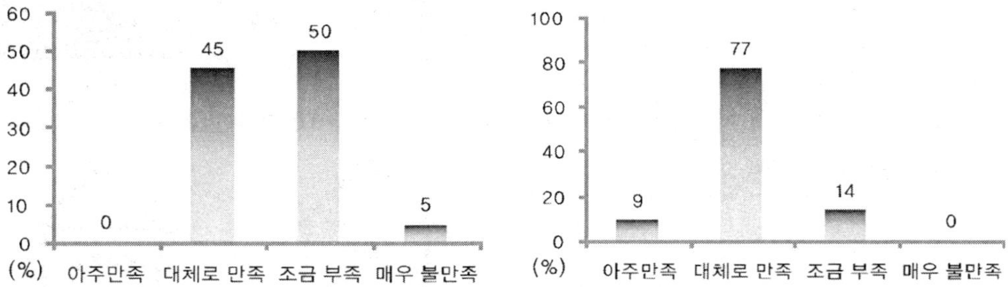

(10문항) (20문항)

■ 평가항목에 대한 만족도 결과

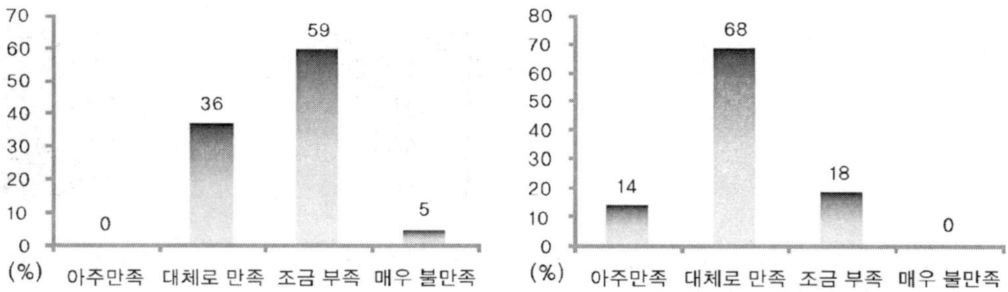

(10문항) (20문항)

■ 평가항목 설명에 대한 만족도 결과

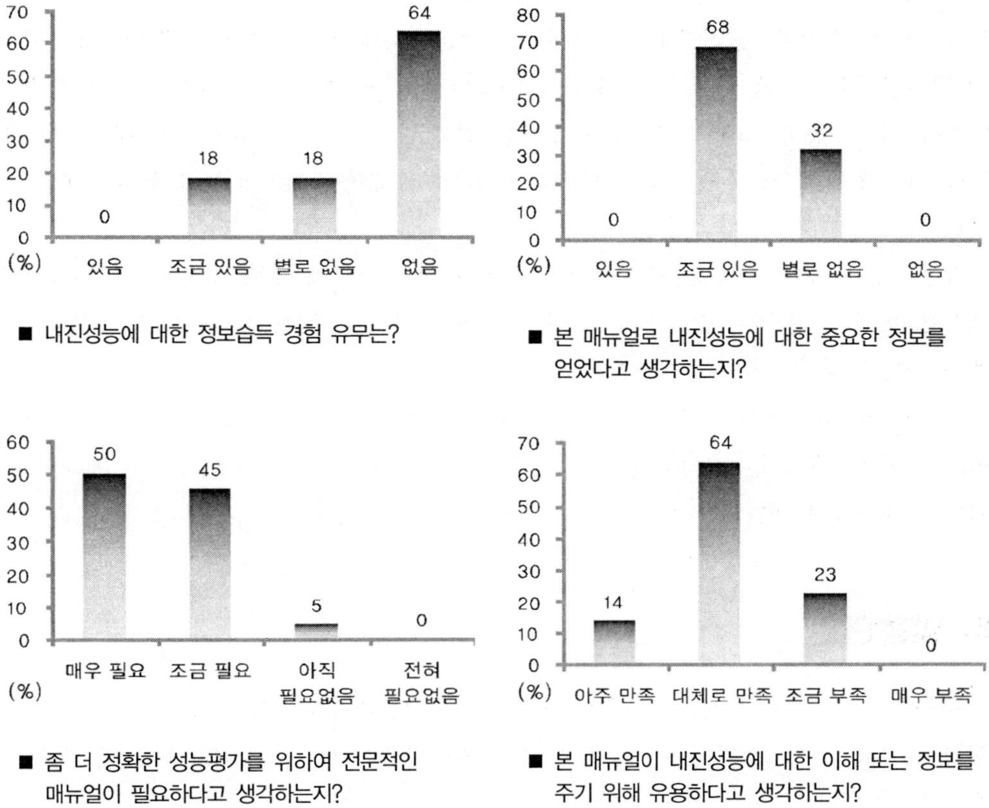

그림 10.2 기초진단법의 적용성 평가 결과

기초진단법의 평가항목 만족도에 대한 조사결과에서 10문항 기초진단법에 대해서는 "조금 부족"하다는 의견이 50%, 20문항 기초진단법에서는 "대체로 만족"한다는 의견이 77%를 차지하였고, 평가항목 설명에 대한 만족도에서 10문항에 대해서는 59%가 "조금 부족", 20문항에서는 68%가 "대체로 만족"한다는 결과를 얻었다. 전반적으로 20문항 기초진단법에 대해서는 평가항목이나 설명에 대하여 만족한다는 의견이 70% 가까이 되지만, 10문항 기초진단법에 대해서는 부족하다는 의견이 60%에 가까운 결과를 보임에 따라 지자체 담당자와 관리인들은 20문항 기초진단법을 더 선호하는 것으로 나타났다.

전체 응답자의 64%가 내진성능에 대한 정보 습득 경험이 "별로 없음"과 "없음"을 합쳐 82%로 나타났고, 본 연구에서 개발한 기초진단법 매뉴얼로 내진성능에 대한 중요한 정보를 얻었다고 생각는지에 대한 응답은 68%가 "조금 있음"이라는 결과를 얻었다.

조사결과 지자체 담당자와 관리자 모두 내진성능에 대한 정보 습득 기회가 전무하며,

본 내진성능 평가 매뉴얼이 내진성능 정보 습득에 유용하게 사용되었음을 알 수 있다. 또한, 좀 더 정확한 성능평가를 위하여 전문적인 매뉴얼이 필요한지에 대한 응답 여부는 "매우 필요"와 "조금 필요"를 포함하여 95%가 필요하다는 쪽으로 의견을 모았고, 본 매뉴얼이 내진성능에 대한 이해 또는 정보를 주기 위하여 유용하다고 생각하는지에 대한 응답 여부에서는 "아주 만족"과 "대체로 만족"을 포함하여 78%가 만족한다는 의견을 얻었다.

또한, 지자체에서는 목조건축물의 내진성능 평가 매뉴얼에 대해 절대적으로 필요하다는 의견을 보이며, 본 매뉴얼도 실제 지자체의 담당자와 관리자들에게 유용하게 사용될 것으로 보인다는 의견이 다수를 차지하였다.

본 연구의 설문조사 결과를 토대로 지자체 담당자와 관리인들에게 기초진단법 평가항목과 내진성능에 대한 이해를 높이기 위하여 문항수와 설명을 좀 더 추가한 매뉴얼에 대해서도 지속적인 개발의 필요가 있다는 점을 보여주고 있다.

5. 맺음말

국내에 적용 가능한 목조건축물의 내진성능 기초진단법을 개발하기 위하여 기존 연구현황으로부터 미국, 일본에서 사용하고 있는 진단법을 조사·분석하고 그 결과 국내에 적용 가능한 수정 기초진단법을 제안하고 적용결과에 대하여 분석하였다.

국내·외 현황조사에서 국내의 기초진단법은 한국건설안전기술원의 건조물 문화재 안전점검과 정밀안전진단에서 사용되고 있는 예비조사와 진단항목 등이 있지만 실제 적용할 수 있는 기초진단법과 평가기준은 아직 마련되지 않고 있다. 미국은 임산물협회에서 제시하고 있는 경골 목구조주택의 검사제도와 시공 매뉴얼 등에 구조성능 확인을 위한 체크 리스트를 제공하고 있지만 기존 목조건축물의 노후도와 이력조사, 육안조사 등에 관한 기초 평가항목은 제시하고 있지 않다. 일본은 1995년 고베지진 이후, 일반인들이 사용할 수 있는 기초진단법 개발을 활발히 하여 전통 목조건축물, 일반 목조주택 등으로 나누어 평가항목과 평가기준이 나누어지고 일본 문화청, 건축방재협회 등 여러 기관에서 제시하는 기초진단법을 사용하고 있다.

여러 가지 기초진단법의 내진성능 평가항목을 일반적인 평가항목과 구조적인 평가항목 2가지로 나누어 분류하였고, 일반적 평가항목으로는 대상 건축물의 이력, 지반, 기타 사항을 들 수 있고, 구조적 평가항목으로는 지반, 기초, 기둥, 부재, 개구부 및 긴 경간, 이음과 접합, 지붕, 배치 및 형상, 구조적 건전성 등 10가지 항목을 들 수 있다. 2가지 분류의 평가항목 분석결과, 중요도 순서에 따라 평가항목 비중을 두어 10개 평가항목과 20개 평가항목으로 나누어 수정 기초진단법을 제안하였다.

일반인과 비전문가를 대상으로 내진성능 기초진단 매뉴얼에 대한 적용성 평가를 위하여 실제 국내 소재 목조건축물의 적용 결과 10개 평가항목의 경우 7점, 20개 평가항목일 경우 12~13점의 평가점수를 얻어 모두 내진성능이 부족하다는 결과를 얻었지만 정확한 진단보다는 소유자나 일반인에게 건축물의 내진성능에 대한 이해를 높이고 안전과 재산보호를 위한 내진성능 향상을 위해 전문가의 의견이나 조사를 거쳐 내진성능을 판단하는 것이 적절하다고 본다. 또한, 기초진단법에 대한 적용성 평가결과, 기초진단법 평가항목과 설명에 대한 만족도와 유용성이 높은 것으로 나타났고, 실제 지자체 및 관리자 입장에서는 구조성능을 정확히 알 수 있는 평가 매뉴얼과 내진성능에 대한 지식획득을 필요로 하는 것을 알 수 있었다.

| 참고문헌 |

1. 국립방재연구소, “기존 시설물의 내진성능 평가를 위한 기초연구”, 연구보고서 NIDP-1999-01, 1999.
2. 국립문화재연구소, “문화재 안전점검 및 진단의 현황과 과제”, 건조물 문화재의 과학적 안전관리 방안 Workshop, 2006.
3. 대한건축학회, “건축설계기준 (Korean Building Code)”, 2005.
4. 대한건축학회, “목조건축구조설계매뉴얼”, 2008.
5. 일본건축방재협회, “피해건축물 응급위험도 판정매뉴얼”, 1998.
6. 일본건축방재협회, “목조주택의 내진진단과 보강방법”, 2004.
7. 일본건축학회, “목질 구조 기준 · 동해설”, 2006.
8. 일본건축학회, “건축물의 내진성능 평가수법의 현황과 과제”, 2009.
9. 일본 문화청문화재부, “중요문화재 (건조물) 내진진단지침”, 2001.
10. 일본 문화청문화재부, “중요문화재(건조물) 기초진단실시요령”, 2001
11. 일본 내진방재사업단, http://www.nittaibou.jp/shindan, “내진체크 - 이런 집이 지진에 약하다”
12. 일본 동경건설업협회, http://token.or.jp/taishin/detam3.htm, “간이자기진단”
13. 일본건축사사무소협회연합회, http://www.njr.or.jp/a05/mokuzou.html, “목조주택의 간이내진진단”
14. 일본건축방재협회, “누구나 할 수 있는 우리집의 내진진단”
15. 포항산업과학연구원, “기존 건축물의 구조내진성능 평가에 관한 기술지침(안),” 2002.
16. 한국건설안전기술원, “문화재 안전점검 및 정밀안전진단”
17. American Forest & Paper Association, “Wood Frame Construction Manual”, 2005.
18. Abi Aghayere, Jason Vigil, “ Structural Wood Design: A Practice- Oriented Approach”, 2007.
19. Donald E. Breyer, “Design of Wood Structures – ASD”, 2003.
20. NIST (National Institute of Standard and Technology), “A Summary of the Structural

Performance of Single-Family, Wood-Frame Housing", NISTIR 6224, 1998.
21. 이원호 (2001), "한국 철근콘크리트 건물의 내진진단법 개발에 관한 연구", 한양대학교 초대형 구조시스템 연구센터, Report No. STRESS-2000 -24, p.241
22. 기상청 홈페이지 ; http://www.kma.go.kr
23. 김상대 (2000), "내진구조설계를 위한 스펙트럼의 이해", 샤론출판사.

Postearthquake Building Damage Evaluation System

11장 건축물 지진피해 긴급위험도 평가시스템

1. 긴급위험도 평가시스템 개발 배경

우리나라의 경우 규모 6.0 이상의 지진은 계기관측 이후 발생되지 않았지만, 인접국가인 일본, 중국, 대만 등에서 대규모의 지진이 지속적으로 발생되고 있는 상황으로 지진발생의 위험성이 잠재되어 있는 상황이다. 지진재해에 따른 인명피해 중 일부는 본진 이후 발생되는 추가 여진에 따른 피해이며, 일부 저개발국가의 경우 지진재해에 대한 사전 대비 및 대응 대책의 부재로 인해 피해가 가중된 것으로 나타나고 있다.

미국, 뉴질랜드, 일본 등 지진발생이 빈번한 선진국에서는 지진피해 긴급위험도 평가기준 및 평가단 매뉴얼을 개발·활용하여 지진발생 직후 추가 여진 등 2차재해 및 사회혼란을 저감하고 있다.

국내에서도 1978년 홍성의 규모 5.0 정도의 지진이 언제든 발생할 가능성이 있기 때문에 제도적인 규정은 마련되어 있는 반면 그에 따른 평가기준과 운영기준이 없는 상황이기 때문에 국내 지진발생시 피해 건축물 현장에서의 붕괴 및 낙하물에 대한 위험도 평가를 지원하기 위한 판정기준 및 매뉴얼 등의 사전대책 마련 등 지진피해 건축물에 대한 2차 피해 위험도에 대한 신속한 평가기술 마련이 필요하다.

지진발생시 신속한 긴급대응을 수행하여 여진에 의한 2차 피해를 막기 위한 긴급위험도 평가시스템 개발을 위하여 국외 지진피해 사례와 피해 건축물 피해양상에서 구조시스템별 손상 평가항목과 그에 따른 손상기준을 제시하고, 국외 지진피해 현장조사 사례 분석을 비롯하여 미국, 뉴질랜드, 일본 등 지진다발국가들의 긴급위험도 평가기술 및 평가단에 대한 현황조사를 통해 국내 상황에 적합한 평가단 운영 조례 등을 마련한다.

2. 국외 지진피해 현황 및 긴급위험도 평가 사례

2.1 지진피해 건축물의 피해 현황

국외 지진피해에 따른 구조형식별 피해 양상은 다음 표 11.1과 같다.

표 11.1 지진피해 건축물의 피해 현황

철근콘크리트조 건축물	철골구조 건축물	목조 건축물	조적조 건축물
• 최하층 필로티(점포, 주차장, 주륜장, 기타)의 붕괴 • 정형건물의 1층부 붕괴 • 정형건물의 중간층 붕괴 • 편심에 의한 비틀림 붕괴 • 익스팬션 및 건물간 복도의 빈약한 설계 • 울타리벽에 붙은 기둥, 단주의 전단 파괴 • 보-기둥 접합부의 파괴	• 최하층부 필로티(점포, 주차장, 주륜장, 기타)의 붕괴 • 가새의 좌굴과 파단 (용접부, 볼트, 모재) • 일층의 층붕괴 (상층하중) • 주각부 앵커파괴(RC조와 철골조의 이음매 포함) • 용접접합부의 파단 • 현저한 내력 및 강성 부족	• 상층이 무거운 일본기와 지붕 건물의 피해가 현저 • 일층부분 붕괴 현저 • 노후화한 2층 재래식 주택 • 기초부와의 결합 불충분 • 라스 모르타르 또는 판벽의 박리와 붕괴에 의한 수평저항력 상실	• 면외방향 및 접합부 파괴 • 조적벽체 미끄러짐 파괴 • 건축물 전층 붕괴 • 벽 전단 균열과 탈락 • 줄눈의 심각한 파괴 • 슬래브와 조적벽체 이음부 손상 • 개구부 손상
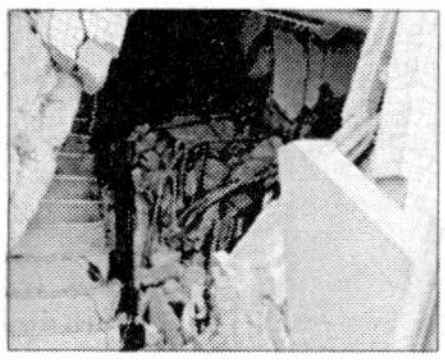			

2.2 일본 니가타 지진

2007년 7월 16일 발생한 규모 6.8 일본 니가타 지진의 건축물 지진피해 양상을 분석하면, 목조 건축물은 비교적 큰 하중이 걸리는 기와 주택이 많이 붕괴되었고 건물의 무게에 비해 벽이 적거나 내력이 적은 주택과 평면적으로 밸런스가 나쁘며 마루 및 천장의 수평 강성이 부족한 주택에서 피해가 많이 발생하였다. 그에 반해 철근콘크리트조 건축물 피해는 연약지반의 지반 변형으로 인한 상부구조물의 변위 발생, 신축 이음부에서 손상 등으로 목조건축물에 비해 경미하였다.

재해관리에 민간 전문가의 적극적인 참여 및 협력을 유도할 수 있는 기반이 조성되어 있는 상황으로 니가타 지진시 대부분을 현 및 인근 현의 공무원들이 담당하여 다음 그림 11.1 및 그림 11.2와 같이 긴급위험도 판정을 실시하였다.

- 건물 : 472(민간인)/2,758(전체), 28(국토교통성), 107(현), 2,151(인근 현)
- 택지 : 26(민간인)/248(전체), 222(현)

그림 11.1 응급위험도 판정사

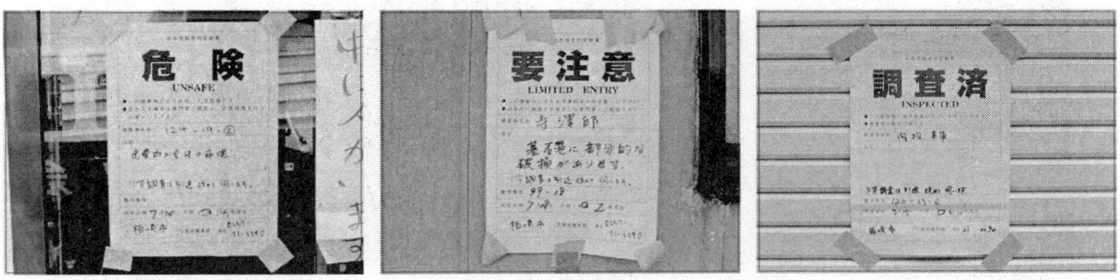

(a) 위험등급 표시 (b) 요주의등급 표시 (c) 조사완료등급 표시

그림 11.2 위험등급 표시

2.3 중국 쓰촨성 지진

2008년 5월 12일 발생한 규모 8.0 쓰촨성 지진의 건축물 지진피해 양상을 분석하면, 3층 미만의 단독 및 연립주택, 학교 건물의 경우 대부분 비보강 조적조 형식으로 조적채움벽에서 대각인장파괴가 발생하거나 개구부 상하 및 날개벽에서 대부분 전단파괴가 발생하여 거의 붕괴되었다. 그외 공공기관, 상업건물, 공장건물 등에서 철근콘크리트 형식은 부분적인 피해 발생, 규모가 작은 비보강 조적조 형식은 피해가 크게 발생하였다.

중국 쓰촨성 지진의 경우 그림 11.3과 같이 주요 공공건축물에 「위험」과 「사용가」 등 2단계로 구분하여 위험도 판정을 수행하였다.

그림 11.3 건축물 손상상태별 긴급위험도 판정표

2.4 이탈리아 라퀼라 지진

이탈리아 라퀼라 지진 발생 직후 주민 안정과 치안을 위해 라퀼라시 성곽을 중심으로 출입을 차단하는 한편 그림 11.4와 같이 전문기술자를 투입하여 위험도평가단을 구성·운영하고 있는 것으로 조사되었다.

그림 11.4 긴급위험도 판정단 활동

2.5 뉴질랜드 크라이스트처치 지진

지진 발생 이후 2011년 3월 3일 정오까지 시 중심가 3,000동의 건축물에 긴급위험도 판정을 수행하였으며, 45% 가량의 건축물이 빨강, 노랑 플래카드 판정을 받은 바 있다. 총 3차례에 걸쳐 건축물 위험도 및 중요도에 따라 추가 판정을 실시하였다.

그림 11.5 긴급위험도 판정단 활동

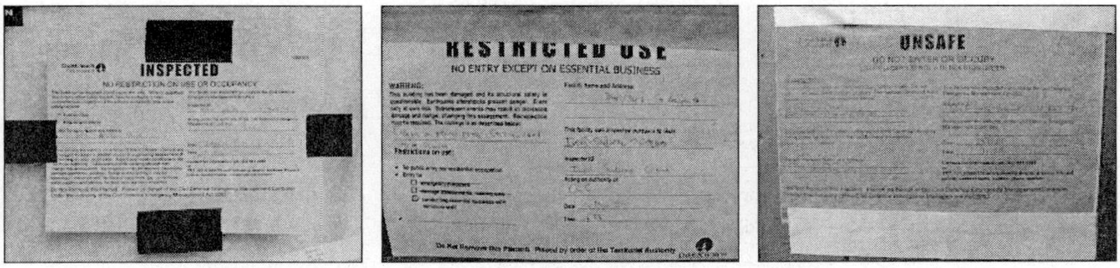

그림 11.6 건축물 손상상태별 긴급위험도 판정표

3. 국외 긴급위험도 평가기술

3.1 미국

미국의 경우 1971년 캘리포니아에서 지진피해평가의 자원 엔지니어에 처음 적용하였으며, 1978년 자원 엔지니어를 위한 평가방법 계획 초판이 완성되었다. 1987년 미국 응용기술협회(ATC ; Applied Technology Council)에서 미국 연방재난관리청(FEMA ; Federal Emergency Management Agency) 및 캘리포니아 주정부(State of California, Office of Emergency Services, Office of Statewide Health Planning and Development)의 지원을 통해 건축물의 지진 후 안전도 평가 개발에 착수하였으며, 1989년 초판을 완성하였으며 Loma Prieta 지진시 활용한 바 있다. 이후 1991년, 1992년, 그리고 2003년 캘리포니아주 긴급 서비스(OES)와 ATC-20에서 추가 프로그램을 개발하였다.

미국의 긴급위험도 평가의 경우 그림 11.7에서 보는 바와 같이 지진발생 직후 긴급위험도 평가 및 상세 위험도 평가 등 2단계로 구분되며, 이후 안정화가 된 이후 건축물 소유자의 요청에 따라 정밀평가를 수행한다. 평가결과는 조사완료(Inspected), 출입제한(Limited Entry), 위험(Unsafe) 등 3단계로 구분하여 그림 11.8과 같이 지진피해 건축물에 평가결과 플래카드를 부착한다. 5년 이상 일반적인 건물 설계, 조사 분야의 경험자가 1단계 긴급평가를 수행할 수 있으며, 2단계 상세평가의 경우 전문 엔지니어들이 평가를 수행하도록 제시하였다.

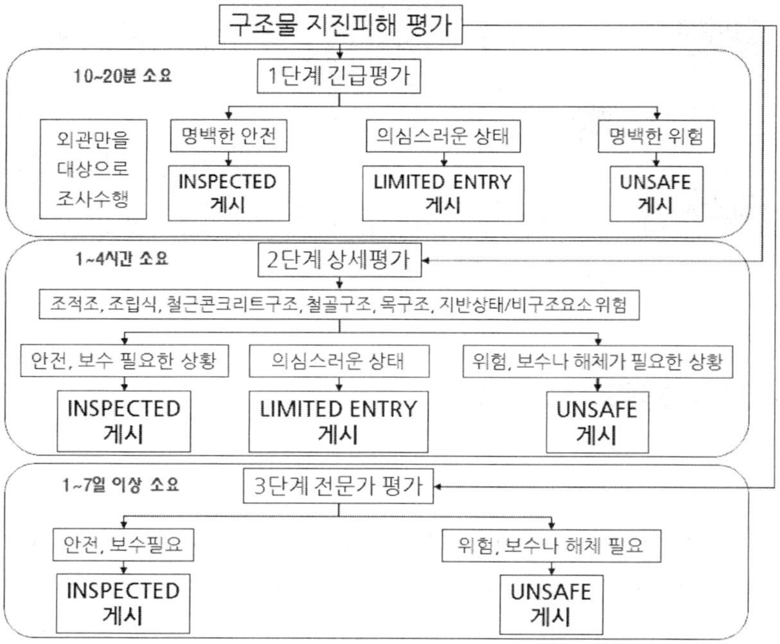

그림 11.7 미국의 지진피해 건축물 평가 흐름

그림 11.8 평가결과에 따른 판정표 사용 (노랑, 빨강)

3.2 일본

일본의 응급위험도 판정사의 활동은 1986년 당시의 건설성이 제정한 제도로 고베지진 발생 후 일본에서 최초로 대규모 응급위험도 판정 작업이 실시되었다. 총 약 6만 명 정도의 판정사가 약 5만 동의 건축물 판정을 수행하였으며, 그 결과 약 6천 동 정도의 건축물이 위험하다고 판정된 바 있다. 그후 지진 발생 후 건축물의 응급위험도 판정이 지속적으로 이루어지고 있다.

일본의 경우 지진 발생 후 건축물에 대한 응급위험도 판정을 통해 피해가 발생한 건축물의 여진 등에 의한 붕괴, 부재 낙하 등으로 발생하는 2차 재해를 방지하고, 주민안전을 확보하고 있는 것으로 나타났다. 일본에서 운영하고 있는 건축물의 응급위험도 판정은 인정된 건축기술자가 판정하는 제도이며, 소정의 유자격자(건축사 자격 소유자 등)가 시·정·촌에서 개최하는 학습에 참여하고 인정을 받아 응급위험도 판정사로 활동하게 되었다. 당시 일본의 등록된 응급위험도 판정사는 약 10만 명 가량이며, 대규모 지진 발생 시에는 도·도·부·현·지사와 시·정·촌장의 요구에 의해 응급위험도 판정을 수행하였다. 지진재해 후에는 붕괴되거나 피해를 입은 건축물에 대한 조사 및 판단작업이 다음과 같은 3가지 중요사항을 기준으로 수행된다.

① 피해건축물의 응급위험도 판정
② 피해건축물의 피해도 구분 판정
③ 이재(罹災)증명을 위한 피해조사

4. 국외 긴급위험도 평가항목 분석

4.1 구조 시스템별, 단계별 긴급위험도 평가항목

미국과 일본의 긴급위험도 평가는 1, 2단계로 나누어져 있고, 그에 따른 단계별 평가항목과 구조 시스템 분류를 나타내면 표 11.2 및 표 11.3과 같다.

표 11.2 1단계 긴급위험도 평가 항목

<table>
<tr><th rowspan="2">건축물</th><th rowspan="2">미국</th><th colspan="2">일본</th></tr>
<tr><th>구조별 평가 항목</th><th>공통 평가 항목</th></tr>
<tr><td>목조</td><td rowspan="3">• 건물의 붕괴, 부분붕괴, 기초 변형
• 건물 또는 일부 층의 어긋남
• 구조부재의 손상상태
• 난간, 굴뚝, 낙석위험
• 지반의 큰 균열, 지반운동, 경사변형
• 기타 위험</td><td>• 건축물 1층 경사</td><td rowspan="3">• 건물의 붕괴, 부분붕괴, 기초 변형, 상부구조의 비틀림, 경사
• 인접 건축물, 주변 지반 등 구조구체에 관한 위험도
• 낙하 위험물, 붕괴 위험물에 관한 위험도</td></tr>
<tr><td>콘크리트</td><td>• 건축물 전체 경사
• 벽 또는 기둥의 손상도</td></tr>
<tr><td>철골조</td><td>• 건축물 전체 또는 일부 경사
• 부재 좌굴
• 가새, 기둥보 접합부, 이음부
• 주각</td></tr>
</table>

표 11.3 2단계 긴급위험도 평가 항목

<table>
<tr><th rowspan="2">건축물</th><th colspan="3">미국</th><th rowspan="2">일본</th></tr>
<tr><th>구조 분류</th><th>구조별 평가 항목</th><th>공통 평가 항목</th></tr>
<tr><td rowspan="2">목조</td><td>주택,
소규모</td><td>• 캐노피와 썬스크린
• 경사지
• 기초 앵커리지
• 굴뚝</td><td rowspan="2">• 손상상태
• 지붕과 층 프레임
• 벽체
• 기초</td><td rowspan="2">• 층간 변형각
• 각 부위 손상상태
• 기초
• 바닥
• 축조
• 내력벽
• 마감재
• 지붕의 손상률</td></tr>
<tr><td>대규모,
상가</td><td>• 지붕트러스, 프레임
• 지붕, 층, 벽의 연결재
• 기둥
• 개방된 입구
• 수평 바닥요소와 수평가새</td></tr>
<tr><td rowspan="2">조적조</td><td>비보강
조적조</td><td>• 비보강 조적벽
• 어도비 벽돌시공</td><td rowspan="2">• 손상상태
• 지붕과 바닥
• 기둥
• 수평격막
• 기초</td><td rowspan="2">–</td></tr>
<tr><td>보강
조적조</td><td>• 보강된 조적벽</td></tr>
<tr><td>조립식</td><td>조립식</td><td colspan="2">• 손상상태, • 지붕과 바닥, • 기둥, • 수평격막
• 벽 패널, • 기초</td><td>–</td></tr>
<tr><td rowspan="3">콘크
리트조</td><td>현장 콘크리트</td><td>• 모멘트 골조
• 꽉찬 전단벽
• 개구부를 갖는 전단벽
• 조적 채움벽</td><td rowspan="3">• 손상상태
• 슬래브와 보
• 무량판 시공
• 기둥
• 수평격막
• 기초</td><td rowspan="3">• 말뚝, 직접기초
• 상부구조의 내진성능 존재율 R</td></tr>
<tr><td>프리캐스트</td><td>• 보–기둥과 다른 주요 연결부 부재</td></tr>
<tr><td>리프트 슬래브</td><td>• 슬래브–기둥 접합부
• 슬래브–전단벽 연결부</td></tr>
<tr><td rowspan="4">철골조</td><td>모멘트저항</td><td>• 모멘트골조</td><td rowspan="4">• 손상상태
• 지붕과 바닥
• 기둥
• 수직, 수평가새
• 수평격막
• 기초</td><td rowspan="4">• 기초
• 라멘
• 가새
• 트러스 손상상태
• 비구조재
• 마감(내외벽, 천장, 개구부)</td></tr>
<tr><td>조립식</td><td>• 벽, 지붕가새
• 강재 벤트</td></tr>
<tr><td>비강화
조적 채움벽</td><td>• 모멘트골조
• 채움벽 유닛</td></tr>
<tr><td>현장콘크리트,
보강 조적벽</td><td>• 모멘트골조
• 현장타설 콘크리트, 보강 조적벽</td></tr>
</table>

4.2 국가별 긴급위험도 평가기술

미국과 일본의 지진피해 긴급위험도 평가기술과 관련하여 평가진행 및 방법을 조사하였으며 각 평가기술에 대한 비교분석 결과는 다음 표 11.4와 같다.

표 11.4 국가별 지진피해 건축물의 긴급위험도 평가기술 비교

평가 비교		미국	일본
공통점		• 2단계로 구분하여 지진피해 건축물 평가 • 안전성 평가를 위한 지원자 또는 교육 프로그램 • 건축물 붕괴 또는 낙하위험에 대한 평가가 목적 • 여진 및 추가적인 손상에 대한 안전성 평가도 포함 • 피해 건축물의 층간변위는 중요한 평가항목 • 지반 및 비구조적 위험요소에 대한 평가	
차이점		• 1단계 안전성 평가는 건축물 구분 없음 • 평가 대상 건축물을 5개로 분류하여 2단계 안전성 평가 실시 • 지질공학적 위험에 대한 전문가 평가 • 지진발생 이후 주요시설에 관한 안전성 평가를 우선적으로 실시 • 평가결과는 모든 출입구에 부착	• 평가대상 건축물을 3개로 분류하여 1, 2단계 안전성 평가 실시 • 2단계 평가는 복구 여부를 판정하기 위한 평가 • 평가결과는 건축물 정면 또는 눈에 잘 보이는 위치에 부착
1단계	평가법	신속 평가	응급위험도 판정
1단계	수행	5년 이상 건물설계, 조사 분야의 경험자	건축 종사자 및 응급위험도 판정사 교육 수료자
1단계	대상	건축물 종류 관계없이 6개 기본적 조건 평가	목조, 철골조, 철근 및 철골철근콘크리트조
1단계	평가	조사완료, 입장제한, 불안전	조사완료, 요주의, 위험
1단계	목적	피해 건축물의 조사	여진 등에 대한 안전성의 조사
2단계	평가법	상세 평가	피해도 구분 판정
2단계	수행	전문적인 구조 엔지니어	피해도 구분 판정교육 수료자 및 복구기술자
2단계	대상	목조, 조적조, 조립식, 콘크리트, 철골조	목조, 철골조, 철근 및 철골철근콘크리트
2단계	평가	조사완료, 입장제한, 불안전	경미, 소파, 중파, 대파, 붕괴
2단계	목적	구조물 붕괴 / 낙하 위험 여부에 대한 평가	피해도 조사 및 복구 여부 판정
장점		• 2단계 안전성 평가에서 지진 피해 건축물 구분이 다양 (5개)	• 평가항목이 많고 자세히 세분됨 • 지진 크기에 따른 피해 평가 포함
단점		• 지진피해 건축물의 복구 여부는 모름	• 조적조, 조립식 건축물에 대한 평가 방법이 없음

5. 국내 긴급위험도 평가항목과 손상기준

5.1 국내 적용대상 건축물 분류

긴급위험도 적용대상 건축물을 나열하면 철근콘크리트, 철골조, 조적조, 목구조, 4가지 종류의 구조형식으로 나뉠 수 있고, 그림 11.9에서 보는 바와 같이 건축물 분포현황으로는 조적조가 가장 분포를 많이 차지하고 그 다음으로 철근콘크리트, 목구조, 철골조로 나타난다.

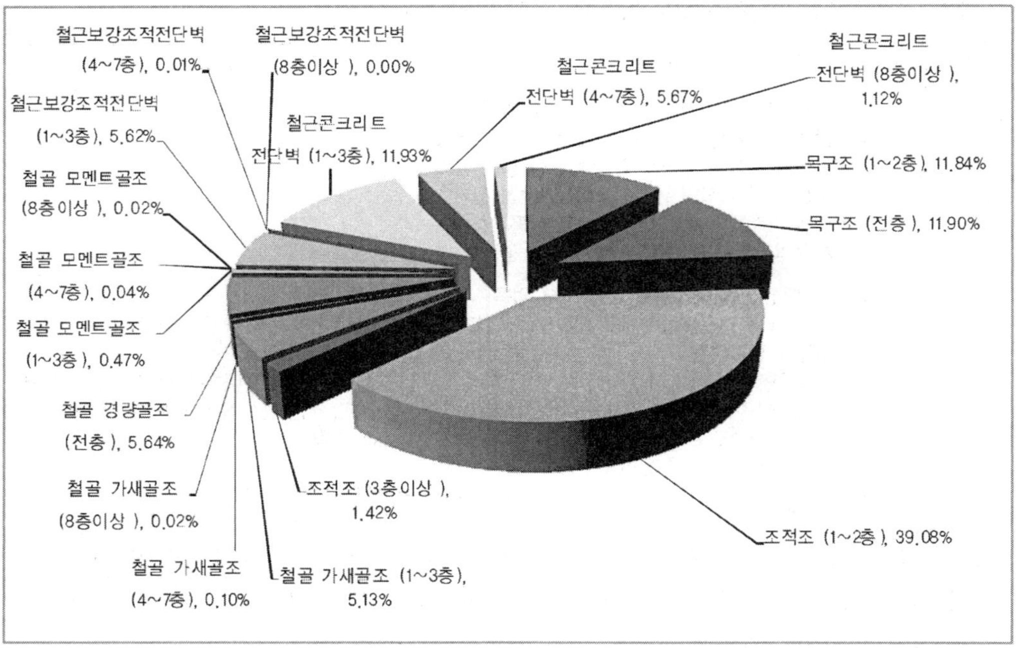

그림 11.9 국내 건축물 구조 시스템 분류

4가지 건축물 종류는 구조형식이나 구조재료에 확실한 차이가 있고 지진발생에 따른 피해경향도 다른 양상을 보이고 있으나, 비전문가가 건축물을 구분하기에는 외장이나 마감, 복합구조형식에 따라 어려울 수도 있다. 따라서 다음 표 11.5에서 보는 바와 같이 1단계 긴급위험도 평가에서는 구조형식 및 구조재료를 구분하지 않는 것으로 하며, 2단계 긴급위험도 평가에서는 구조형식 및 구조재료에 따라 평가기준을 선정하고자 한다.

표 11.5 국내 적용대상 건축물 분류

<table>
<tr><td>1단계</td><td colspan="11">구조시스템 구분 없음</td></tr>
<tr><td rowspan="2">2단계</td><td colspan="2">목조</td><td colspan="2">조적조</td><td colspan="4">철근콘크리트조</td><td colspan="3">철골조</td></tr>
<tr><td>전통 목조</td><td>현대 목조</td><td>비보강 조적조</td><td>보강 조적조</td><td>라멘조</td><td>조적 채움벽 라멘조</td><td>벽식 구조</td><td>철골철근 콘크리트조</td><td>라멘조</td><td>대각 가새 구조</td><td>조적 채움벽 라멘조</td></tr>
</table>

5.2 국내 긴급위험도 1단계

국내 긴급위험도 1단계 평가항목으로 제시하는 내용은 표 11.6과 같고 평가항목에 대한 평가기준은 다음의 설명과 같다.

표 11.6 국내 긴급위험도 1단계

국내 모든 건축물		사용가능	사용제한	위험
1. 한눈에 위험이라고 판단되는 경우	• 건물 전체 또는 일부의 붕괴 및 탈락 • 건물 전체 또는 일부의 심한 경사	이상 없음	경미한 손상	심각한 붕괴 및 경사
2. 인접건축물과 지반에 관한 위험도	• 인접건축물, 주변 지반파괴에 의한 위험 • 부동침하에 의한 건축물 전체 또는 일부의 침하 또는 경사	이상 없음	경미한 손상	심각한 파괴 및 경사
3. 건축물 구조구체에 관한 위험도	• 기초의 심한 파괴, 상부구조와의 심한 엇맞춤 • 주요 구조물의 부재의 심각한 손상 • 벽체의 심각한 손상 • 심각한 변형의 다른 징후	이상 없음	경미한 손상	심각한 파괴 및 손상
4. 낙하위험물, 붕괴위험물에 관한 위험도	• 난간, 굴뚝, 낙석위험	이상 없음	경미한 손상	심각한 파괴 및 손상
5. 기타 위험도	• 다른 위험 (독성이 엎어짐, 석면 오염, 가스라인의 손상, 전원라인의 손상)	이상 없음	경미한 손상	위험 발생

① 한눈에 위험이라고 판단되는 경우 : 육안으로 위험이라고 판단되는 경우에는 건축물 사용이 거의 불가능하다고 알 수 있을 정도로 손상이 심한 경우

② 인접건축물과 지반에 관한 위험도 : 조사대상 건축물이 있는 대지의 위험성에 대하여 판단. 인접한 건축물이 경사졌거나 대지에 붕괴되어 넘어질 위험이 있는 경우, 근처의 경사면, 절벽 등이 붕괴하여 대지에 영향을 끼칠 위험이 있는 경우

③ 건축물 구조구체에 관한 위험도 : 건축물의 중요 구조구체에 관한 손상과 피해가 있는 경우 구조구체의 손상도와 손상개수가 건축물 전체에 영향을 끼칠 경우

④ 낙하위험물, 붕괴위험물에 관한 위험도 : 지붕, 굴뚝, 담 등의 붕괴나 낙하 위험물이 있는 경우

⑤ 기타 위험도 : 석면에 의한 석면오염, 파괴된 연료 라인, 화학물질의 엎질러짐과 같은 불안전 조건이 발생한 경우

5.3 국내 긴급위험도 2단계

국내 긴급위험도 2단계 평가항목으로 제시하는 내용은 표 11.7과 같고 평가항목에 대한 평가기준은 다음의 설명과 같다.

표 11.7 국내 긴급위험도 2단계

<table>
<tr><th>목조</th><th>조적조</th><th>철근 및 철골철근콘크리트</th><th>철골조</th></tr>
<tr><td colspan="4">• 건물 전체 또는 일부의 붕괴 및 탈락
• 기초의 심한 파괴, 상부구조와의 심한 엇맞춤
• 건물 전체 또는 일부의 심한 경사</td></tr>
<tr><td colspan="4">• 인접건축물, 주변지반 파괴에 의한 위험
• 부동침하에 의한 건축물 전체 또는 일부의 침하 또는 경사</td></tr>
<tr><td>• 기초의 피해
• 1층 경사
• 벽 피해
• 부식 및 충해 유무</td><td>• 벽체 전단 균열 및 탈락
• 줄눈의 심각한 파괴
• 슬래브-조적벽체 이음부 손상
• 개구부 손상</td><td>• 구조부재의 심각한 손상 유무
• 기둥의 피해</td><td>• 부재 좌굴 유무
• 가새의 파단율
• 기둥-보 접합부 및 이음부 파괴
• 주각의 파손
• 부식 유무</td></tr>
<tr><td>• 기와</td><td>• 난간, 굴뚝 또는 다른 낙석 위험</td><td>• 난간, 굴뚝 또는 다른 낙석 위험</td><td>▸ 지붕부재</td></tr>
<tr><td colspan="4">• 창유리, 창문틀, • 외장재(습식, 건식), • 간판, 기기류, • 옥외 계단, • 기타</td></tr>
<tr><td colspan="4">• 각 구조 시스템별 잔류 층간 변위비</td></tr>
<tr><td colspan="4">• 다른 위험 요인
(독성 있는 물질이 엎어짐, 석면 오염, 가스라인의 손상, 전원 라인의 손상 등)</td></tr>
</table>

① 전체적인 외관 손상 : 경사, 붕괴, 침하 등

② 수직하중 시스템의 손상 : 기둥 등의 파괴

③ 수평하중 시스템의 손상 : 전단벽, 가새, 슬래브 등의 파괴

④ P-δ 관계 : 잔여 층간 변위로 건축물의 손상 및 피해도 판정

=〉 최대 층간 변위각, 구조내진지수, 내진성능 잔존율 등

예) 최대 층간 변위각이 1/120일 경우, 지진피해 건축물의 경사각을 1/60로 추정

예) 반복된 지진하중 중첩 및 손상된 상태를 고려하여 피해도 추정 및 보수, 보강 범위 제시

⑤ 구조시스템의 손상 : 건축물의 강도 및 강성 저하

⑥ 낙하위험물 유무

⑦ 주변 지형의 경사 또는 변형, 침하 등

5.4 긴급위험도 평가 매뉴얼

지진피해 건축물에 대한 긴급위험도 평가를 실시하기 위하여 지진발생 전과 후, 발생시, 각 매뉴얼에 포함되어야 할 항목들을 비롯한 매뉴얼 구성(안)은 그림 11.10과 같다.

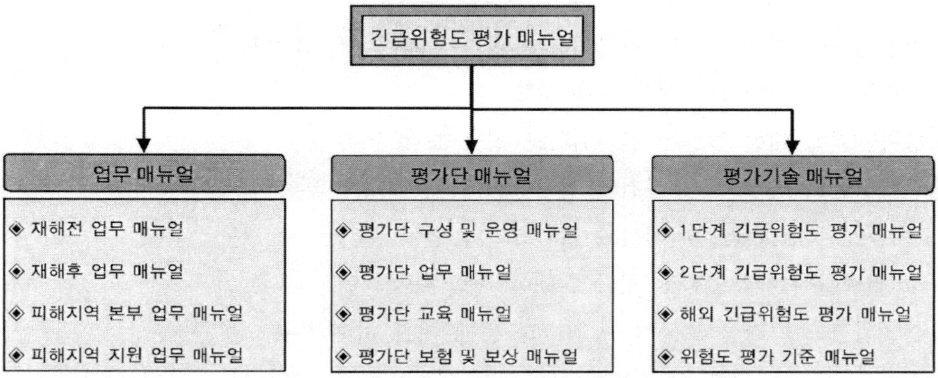

그림 11.10 국내 긴급위험도 평가업무 매뉴얼 구성(안)

또한 긴급위험도 평가결과에 따라 중앙재해대책본부 또는 실시본부는 그에 따른 대응과 대책을 마련하여야 한다. 즉 긴급위험도 평가결과는 일반인들에게 자세한 설명 없이는 불필요한 불안감을 줄 수도 있기 때문에 평가결과에 따른 위험지역 및 위험요소에 대한 주의사항과 관련된 정보를 주민들에게 제공하여야 한다.

6. 모바일 기반 현장 긴급위험도 평가시스템

6.1 시스템 개발 배경

지진재난은 다른 재난과 달리 본진 이후 다수의 여진이 연속적으로 발생하며, 여진으로 건축물이 추가로 붕괴되기도 한다. 여진에 의한 건축물의 추가 붕괴에 따른 2차적인 인명피해를 방지하기 위하여 「지진재해대책법」 제21조에 피해시설물 위험도 평가를 명시하고 있다. 이에 근거하여 지방자치단체(이하 지자체)에서는 「지진피해 시설물 위험도 평가단 구성 및 운영에 관한 조례」를 작성함으로써 지진발생시 신속한 대응을 위한 제도적 장치를 마련하고 있으며, 지진 발생시 건축물에 대한 신속한 초동조치로 피해를 최소화하고, 건축물의 피해 집계 및 보고를 위한 정보수집이 필요하다.

기존 국외의 지진피해 긴급위험도 평가 수행 사례에 따르면, 건축물의 긴급위험도 평가에 필요한 체제를 구축하고 수차례 건축물의 긴급위험도 평가를 실시한 일본, 뉴질랜드, 미국 등지에서도 다음과 같은 이유로 긴급위험도 평가 실시에 어려움이 따르는 것으로 나타났다.

건축물의 긴급위험도 평가 실시 및 관리 인력 부족

- 평가 실시를 위한 전문가 및 관리 공무원 부족
- 중앙정부의 지원 없이는 긴급위험도 평가가 불가능한 지자체도 존재

건축물의 긴급위험도 평가 교육 부족

- 평가단원에 대한 평상시 긴급위험도 평가 교육 부족
- 긴급위험도 평가 실시 직전의 평가단원에 대한 교육 부족

→ 동일한 건축물에 대해서도 평가결과가 상이

건축물의 긴급위험도 평가에 대한 지역주민의 인식 부족

- 긴급위험도 평가실시 목적, 평가결과 등에 대한 이해 부족

→ 긴급위험도 평가 시 지역주민에 대한 대응으로 긴급위험도 평가에 상당한 시간 소모

이와 같은 문제점은 특히 지진재난관리 인원 및 전문가 확보에 어려움을 겪고 있는 국내에서도 건축물의 긴급위험도 평가를 실시할 경우 상기의 문제점 발생할 것으로 예상된다. 이에 따라 한정된 자원으로 신속하고 적절하게 긴급위험도 평가를 실시할 수 있도록 지원할 수 있는 모바일 기기를 이용한 현장 긴급위험도 평가시스템 개발이 필요하다.

6.2 시스템 구성

국립재난안전연구원에서 개발한 모바일 기반의 지진피해 건축물 긴급위험도 평가시스템은 그림 11.11 및 그림 11.12와 같이 현장에서 모바일 기기를 이용한 건축물의 긴급위험도 평가용 앱과 긴급위험도 평가결과 자료를 관리하는 프로그램으로 구성되어 있다.

그림 11.11 긴급위험도 평가 앱

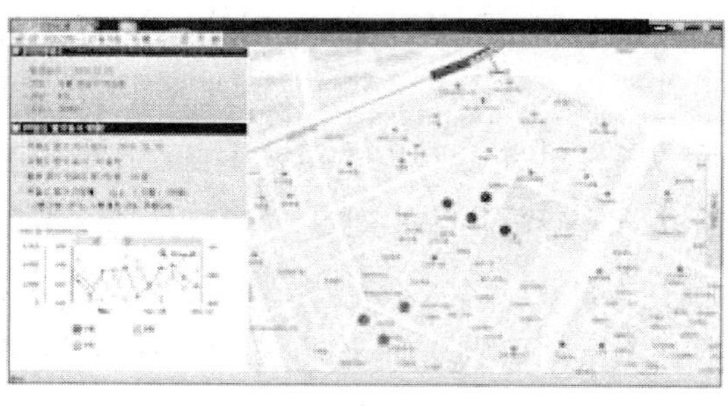

그림 11.12 긴급위험도 평가 결과 관리 프로그램

모바일 기기를 활용한 긴급위험도 평가시스템을 활용하게 되면 현장에서의 입력시간 단축과 이에 따른 결과 집계 및 보고서 작성이 자동으로 이루어짐으로써 지진발생시 예상되는 평가방법에 따른 혼란 및 인력 부족 등의 문제점을 해결하는 데 효과적이다.

개발한 건축물의 긴급위험도 평가용 앱을 이용하여 지진발생시 그림 11.13과 같이 현장 긴급위험도 평가를 실시한다.

7. 긴급위험도 평가업무 지원을 위한 활용성

7.1 건축물의 긴급위험도 평가 실시 및 관리 인력 부족

지자체의 부족한 긴급위험도 평가 실시 및 관리 인력으로도 지진발생시 효과적으로 지진피해 건축물의 긴급위험도 평가를 실시할 수 있도록 지진피해 건축물의 긴급위험도 평가용 앱 및 평가결과 관리 프로그램은 표 11.8과 같은 특징을 갖도록 설계하였다. 지진발생 상황을 가정하고 모바일 기기를 이용하여 현장 긴급위험도 평가를 실시한 결과 처음 긴급위험도 평가 시에는 긴급위험도 평가방법, 모바일 앱의 조작 등에 익숙하지 않아 하나의 건축물을 평가하는 데 약 3분 정도 소요되었으나, 이후 건축물의 긴급위험도 평가에 익숙해지면서 하나의 건축물을 평가하는 데 소요되는 시간은 약 1분 30초 정도로 단축되었다.

이에 따라 모바일 기기를 이용하는 지진피해 건축물의 현장 긴급위험도 평가시스템을 활용하면 편리한 사용성, 반복 사용을 통한 획기적인 시간단축 등으로 지진발생시 지진피해 건축물의 긴급위험도 평가시 인력 부족에 따라 예상되는 문제점을 해결하는 데 효과적일 것으로 판단된다.

표 11.8 모바일 기반 긴급위험도 평가시스템 특징 1

긴급위험도 평가 업무의 자동화	긴급위험도 평가 업무의 효율화
반복 정보의 자동입력 사진 촬영 및 저장 자동 자료 집계 및 지도 표출 자동 보고서 생성	GPS를 이용한 위치 파악 평가단원의 편리한 사용성 입력항목의 최소화 단순한 화면구성 및 간편한 조작

(a) 평가단원 및 평가대상 건축물 주소 입력

(b) 평가대상 건축물 정보 입력

(c) 긴급위험도 평가 실시

그림 11.13 모바일 기기를 이용한 현장 긴급위험도 평가 실시 개요

7.2 건축물의 긴급위험도 평가 교육 부족

지진발생시 위험도 평가단원이 동일한 기준을 바탕으로 지진피해 건축물의 긴급위험도 평가를 실시하기 위해서는 평상시 및 긴급위험도 평가 실시 직전의 위험도 평가단원을 대상으로 한 긴급위험도 평가방법에 대한 교육이 무엇보다도 중요하다. 이에 「지진피해 시설물 위험도 평가단 구성 및 운영에 관한 표준 조례」에서는 위험도 평가단원을 대상으로 지자체에서는 연 1회 이상의 긴급위험도 평가 관련 교육을 실시하도록 되어 있다. 하지만 긴급위험도 평가교육에 필요한 교재, 프로그램 등이 마련되지 않아 교육이 제대로 이루어지기 어려운 실정이다. 또한, 지진발생시 지진피해 건축물의 긴급위험도 평가를 시작하기 전에도 모든 위험도 평가단원을 대상으로 긴급위험도 평가에 대한 교육을 실시할 시간을 확보하기는 어려울 것으로 예상된다.

이에 따라 지진피해 건축물의 긴급위험도 평가용 앱은 긴급위험도 평가에 대한 교육을 받지 않아도 지진피해 건축물의 긴급위험도 평가를 실시할 수 있도록 표 11.9와 같은 기능을 갖도록 설계하였다.

지진발생 상황을 가정하고 모바일 기기를 이용하여 현장 긴급위험도 평가를 실시한 결과, 지진피해 건축물의 긴급위험도 평가에 대한 전문적인 지식이 없는 사람도 도움말 기능을 이용하여 지진피해 건축물의 긴급위험도 평가를 실시할 수 있는 것으로 나타났다.

표 11.9 모바일 기반 긴급위험도 평가시스템 특징 2

긴급위험도 평가 교육 및 홍보 자료 접근 용이
평가 예시를 보면서 긴급위험도 평가 가능 긴급위험도 평가 매뉴얼 등 긴급위험도 평가 관련 설명자료 제공

7.3 건축물의 긴급위험도 평가에 대한 지역주민의 이해 부족

지역주민이 지진피해 건축물의 긴급위험도 평가제도에 대해 인지하지 못하고 있는 경우 위험도 평가단원의 지역주민에 대한 대응으로 지진피해 건축물의 긴급위험도 평가에 상당한 시간이 소요되는 것을 국외 사례를 통해서도 확인할 수 있었다.

이에 따라 지진피해 건축물의 긴급위험도 평가시, 지역주민 대응에 소요되는 시간을 줄일 수 있도록 지진피해 건축물의 긴급위험도 평가용 앱에는 “대응” 요령을 탑재하여 위험도 평가단원이 보다 원활하게 지역주민에 대응할 수 있도록 하였다.

7.4 기타 활용성

모바일 기기를 이용하여 당일 수집된 지진피해 건축물의 긴급위험도 평가결과는 평가결과 관리 프로그램에 집계되어 지도상에 그 결과가 표출되게 된다. 이를 통하여 지진피해 건축물의 긴급위험도 평가 실시 현황 및 건축물의 피해현황을 즉각적으로 확인할 수 있으며, 다음 날의 지진피해 건축물의 긴급위험도 평가 실시 계획을 수립하는 데 활용할 수 있을 것이다.

한편, 지진재난에 대한 대응단계의 주요업무 중 하나는 시설물의 피해현황을 신속하게 파악하고 보고하는 것이다. 이에 따라 지자체에서는 건축물의 피해현황을 집계하여 지진재해대응시스템에 입력하도록 되어 있다. 현재는 지진피해 건축물의 긴급위험도 평가실시와 건축물의 피해현황 파악이 별도의 업무로 되어 있지만, 지진피해 건축물의 긴급위험도 평가결과 관리 프로그램을 활용하거나 지진재해대응시스템과의 연계 등을 통하여 지진피해 건축물의 긴급위험도 평가 결과를 활용한다면 건축물의 피해현황을 실시간으로 파악하고 보고할 수 있을 것이다. 또한 이를 중앙정부에서는 지진재난 대응 및 복구를 위한 대책회의 등에 활용할 수 있을 것이다.

8. 긴급위험도 평가 결과의 책임

8.1 긴급위험도 평가의 성격 및 역할

지진에 대한 건축물의 안전성 확보 책임은 기본적으로 건축물의 소유자 및 관리자에게 있다. 하지만 지진발생시 건축물에 큰 피해가 발생한 경우 소유자나 관리자가 직접 건축물의 안전성을 평가하는 것은 어려우며, 또한 이로 인하여 보행자 등 제3자에게 피해가 발생할 우려가 있기 때문에 지진발생 직후 국민의 안전을 확보하기 위하여 지자체가 지진피해 건축물의 긴급위험도 평가를 실시할 필요가 있다. 긴급위험도 평가는 지진발생 직후 단기간 내에 한정된 조사항목으로 피해 건축물의 위험도를 평가하는 것으로 추후에 충분한 시간을 가지고 건축물의 안전성을 평가하는 경우 그 결과가 다를 수 있으며, 여진에 의하여 건축물에 피해가 발생하거나 커짐에 따라 당초 실시한 긴급위험도 평가 결과도 바뀔 수 있다. 따라서 건축물의 소유자 및 관리자는 건축물을 사용하기 전에 전문가에 의한 건축물 안전성 평가를 실시할 필요가 있다.

8.2 국내 · 외 현황

8.2.1 국내현황

[국민의 재난에 대한 건물 · 시설 등의 안전성 확보의 책무]

- 재난 및 안전관리기본법 제5조(국민의 책무) : 국민은 국가 및 지방자치단체의 재난 및 안전관리업무 수행에 최대한 협조하여야 하고, 자기가 소유하거나 사용하는 건물 · 시설 등에서 재난이 발생하지 않도록 노력하여야 한다.
- 자연재해대책법 제3조(책무) ⑥ : 국민은 국가, 지방자치단체 및 재난관리책임기관이 수행하는 자연재난의 예방 · 복구 및 대책에 관한 업무수행에 최대한 협조하여야 하고, 자기가 소유하거나 사용하는 건물 · 시설 등에서 재난이 발생하지 않도록 노력하여야 한다.(전문개정 : 2011.3.7., 시행일 : 2013.4.23.)

8.2.2 국외현황

○ 일본

[긴급위험도 평가의 필요성 및 평가결과에 대한 책임]

- 건축물 안전성의 1차적 책임은 소유자 또는 관리자에게 있으나 지진발생시 큰 피해가 발생하여 스스로 안전성을 확인할 수 없는 경우나 붕괴 등으로 인하여 제3자에게 피해가 발생한 경우에 모든 책임이 소유자 등에 있으므로 행정 대응을 취하지 않는 것은 시민의 안전확보 관점에서 바람직하지 않다. 따라서 지자체가 지진발생 직후, 응급 대응의 일환으로 피해 건축물의 안전성 평가를 응급적으로 실시할 필요가 있다.
- 긴급위험도평가는 건축기술의 전문적 견해에 근거한 건축물에 대한 응급적인 조사이며 정보제공이며 피해보상액 추정이나 건축물의 영구적인 사용 여부를 판단하기 위하여 실시하는 것은 아니다.
- 긴급위험도 평가결과에 대한 책임은 위험도 평가단원이 아닌 실시본부에 있다.

○ 뉴질랜드

[긴급위험도 평가 매뉴얼 “Building Safety Evaluation During a State of Emergency”]

- 긴급위험도 평가는 즉각적인 국민 안전 확보를 위한 것으로 건축물 소유자에게 공학적인 평가 서비스를 제공하는 것은 아니다.
- 지진피해 건축물의 보수 및 보강을 위한 손상의 정량적인 평가 등 보다 자세한 평가는 대상으로 하고 있지 않다.

○ 미국

[ATC-20 Post-Earthquake Building Safety Evaluations Performned after the October 15, 2006 Hawaii Earthquakes(SEAOH)]

- 민방위(civiil defence functions)에 참여한 사람은 임무 수행 중의 행동이나 잘못된 판단으로 발생한 사상자 혹은 재산 피해에 대하여 법적인 책임을 가질 수 없다. 단, 고의적인 불법행위 제외(하와이 주법)
- 긴급위험도 평가(inspection)는 단지 본진이나 여진에 의하여 발생한 손상을 근거로 건축물의 안전성을 평가하기 위해 제공되는 것이다.

[ATC-20-2]

- 건축물 소유주 및 거주자는 지진시 피해를 입은 건축물에 대하여 보수 및 보강을 실시할 경우 (주)정부의 허가를 받아야 한다.

9. 맺음말

국내 지진재난 관리체계에서의 지진재난 대응을 위한 주요업무 중 하나인 지진피해 건축물의 원활한 긴급위험도 평가를 위한 지원기술 개발 및 활용방안을 기술하였다.

국외 지진피해 건축물의 긴급위험도 평가 실시 사례 분석 결과, 평가 실시 및 관리 인원 부족, 평가 교육 부족, 지역주민의 인식 부족 등으로 긴급위험도 평가가 제대로 이루어지지 않고 있으며, 지진피해 건축물의 긴급위험도 평가 실시의 효율화를 위한 방안 중의 하나로 모바일을 이용한 현장조사 기술을 개발하고 있는 것으로 나타났다.

모바일 기반의 현장조사 기술 및 피해상황 파악 시스템은 인력 부족 등에 따라 어려움이 예상되는 국내 지진피해 건축물의 긴급위험도 평가실시에도 도움이 될 것으로 판단된다. 이에 따라 지진피해 건축물의 긴급위험도 평가용 앱 및 평가결과 자료관리 프로그램으로 구성되는 모바일 기반의 지진피해 건축물의 현장 긴급위험도 평가시스템을 개발하였으며, 실제 지진피해 상황을 염두에 둔 현장 적용성 테스트를 통하여 국외 지진피해 건축물의 긴급위험도 평가 실시에 따른 문제점들을 해결하는 데 개발 시스템이 많은 도움이 되는 것을 확인할 수 있었다.

또한, 모바일 기반의 지진피해 건축물의 현장 긴급위험도 평가시스템을 피해현황 파악 및 보고 등에 활용하면 적절한 지진재난 대응 및 복구작업을 수행할 수 있을 것으로 판단된다.

| 참고문헌 |

1. 국립방재연구소(2007), 2007.7.16 일본 니가타현 주에스 지진
2. 국립방재연구소(2008), 2008.5.12 중국 쓰촨성 원촨 대지진
3. 국립방재연구소(2011), 뉴질랜드 크라이스트처치 지진 피해 조사, p.32, 2011
4. 국립방재연구원(2011), 지진피해 긴급위험도 손상평가 기준 개발
5. 소방방재청(2009), 2009.4.6 이탈리아 라퀼라 지진, p.166
6. 국립재난안전연구원(2013), "비선형 지진응답해석에 의한 지진피해 건축물의 여진 위험도 평가기술 개발"
7. ATC 20(1989), Procedures for Postearthquake Safety Evaluation of Buildings, Applied Technology Council
8. NZSEE(2009), Guidelines for Building Safety Evaluation During a State of Emergency, New Zealand Society for Earthquake Engineering
9. 日本建築防災協会(1998), 被災建築物 応急危険度判定マニュアル
10. 日本建築防災協会(2005), 被災建築物の被災度区分判定基準および復旧 技術指針

12장 지진가속도계측기 활용 건축물 재난안전관리시스템

1. 지진가속도계측기 활용 건축물 재난안전관리시스템 개발 배경

2014년 4월 1일 우리나라 기상청 지진관측 이래 역대 3번째 큰 규모(5.1)의 지진이 서해안에서 발생한 이후, 경기도 광주(2014.8.2)에서 규모 2.2의 지진이 도심지 인근에서 발생한 바 있다. 한반도 주변국가에서 발생한 동일본 대지진(2011.3.11, 규모 9.0) 및 중국 윈난성 지진(2014.8.3, 규모 6.5)을 통해 지진으로 인한 엄청난 피해를 간접적으로 경험함으로써 국내에서도 지진재난 발생에 대한 두려움과 시설물 안전성에 대한 우려가 높아지고 있다.

비교적 지진발생 빈도와 규모가 큰 미국, 일본 등의 국가에서는 지진 발생으로 인한 건축물의 손상원인 동특성 및 건축물에 적용된 내진기술 성능을 규명하기 위해 모니터링을 실시하고 있다. 미국 지질조사국(USGS, U.S. Geological Survey)과 일본의 방재과학기술연구소(NIED, National research Institute for Earth science and Disaster prevention) 및 건축연구소(BRI, Building Research Institute) 등 전문기관에서는 자유장(free field)뿐만 아니라 건축물의 진동을 계측하고 있다. 또한 홈페이지 등을 통해 계측자료, 응답스펙트럼, 계측기 설치 위치 및 건축물 개요 등의 정보를 외부에 제공하고 있다. 나아가 건축물의 상시 안전성 파악을 위한 모니터링시스템을 구축하여 운영하고 있다.

우리나라는 성수대교(1994.10.21)와 삼풍백화점(1995.6.29) 붕괴사고 등의 대형 재난을

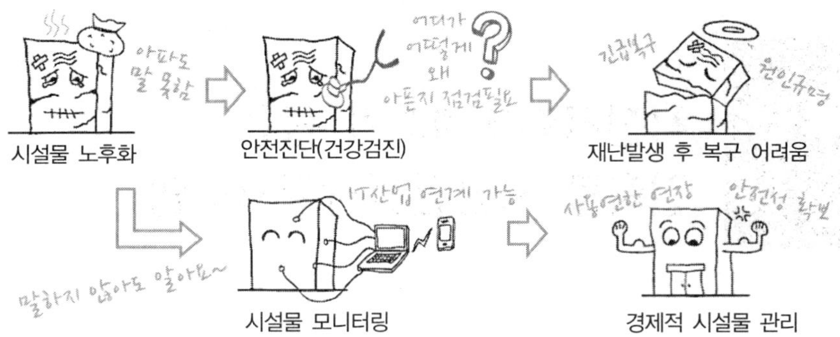

그림 12.1 시설물 상시모니터링 개념도

겪고, 대형 시설물의 증가에 따라 상시모니터링시스템을 이용한 안전관리의 자동화 필요성이 제기되었다. 이에 따라 일부 시설물에 상시모니터링시스템을 설치하여 운영하고 있지만 높은 초기설치 비용과 실효성 등의 문제로 인해 일반적으로 사용되지 못하고 있는 실정이다.

최근 광주 아파트 지하기둥 균열사고(2014.7.24) 및 테크노마트 진동사고(2011.7.5) 등과 같이 사고원인이 불분명하거나 노후화된 건축물의 진동사고 발생시, 신속한 원인규명과 정확한 보수·보강 대책마련을 위해 건축물 거동에 대한 이력관리의 필요성이 대두되고 있다.

지진재해대책법에 따라 주요 공공시설물에 설치·운영되고 있는 지진가속도계측기를 활용하면 그림 12.1과 같이 지진재해뿐만 아니라 진동으로 야기되는 건축물의 붕괴를 사전에 감시·예방할 수 있다. 또한, 건축물을 안전하게 관리하고 사용년한을 증대시키는데 도움이 될 수 있을 것으로 생각된다.

2. 지진가속도계측기 설치 의무화

2.1 지진가속도계측기 설치대상

우리나라는 지진재해대책법에 의거 「지진가속도계측기 설치 및 운영기준」 고시를 제정(2010.9.7)하고, 330개소의 건축물을 포함하여 총 711개소의 주요 공공시설물에 지진가속도계측기 설치를 의무화하였다(표 12.1 참조).

이러한 지진가속도계측기를 통해 지진 발생시 건축물의 피해를 신속하게 파악할 수 있으며 향후 국내 실정에 맞는 내진설계기준의 제·개정자료로 활용될 것으로 기대된다.

표 12.1 설치대상 공공시설물 현황

시설물 유형	설치대상 개소수	시설물 유형	설치대상 개소수
건축물	330	공항시설	12
댐 및 저수지	111	현수교 및 사장교	33
가스시설	137	고속철도	24
원자력 이용시설	7	변전소	15
발전용 수력설비 및 화력설비	42	합 계	711

2.2 지진가속도계측기의 구성

지진가속도계측기는 그림 12.2와 같이 지진가속도계측센서, 지진가속도기록계, 계측데이터 처리시스템, 통신기기 및 부대설비로 구성된다.

지진가속도계측센서 지진가속도기록계 계측데이터 처리시스템

그림 12.2 지진가속도계측기 구성(예)

계측자료는 1) 실시간으로 전송하는 매초 단위의 최대, 최소, 평균 가속도와 2) 100샘플링 및 20샘플링의 이벤트자료가 있다. 이벤트자료는 지진(기상청 지진통보문 수신에 의한 지진) 및 임계값 이상의 진동이 발생한 경우에 진동 발생 전 30초와 진동지속시간 180초를 포함하여 총 210초 동안의 계측자료를 보관하고, 국민안전처의 시스템으로 전송하도록 규정하고 있다.

2.3 건축물 지진가속도계측기 설치위치

일반적으로 비정형성이 적은 직사각형 건축물의 경우 그림 12.3과 같이 최하층에 3축

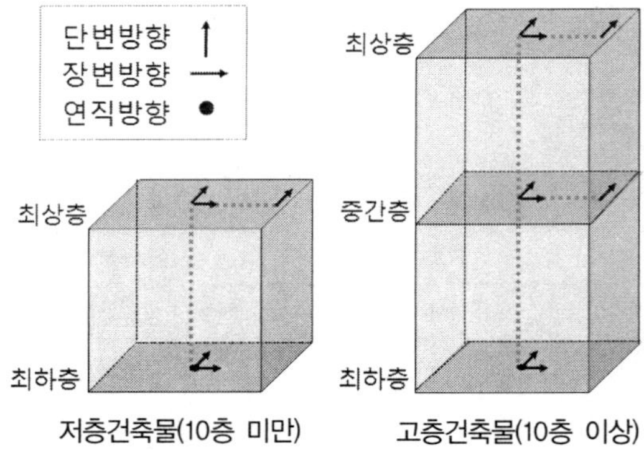

그림 12.3 정형 건축물의 지진가속도계측기 설치 위치

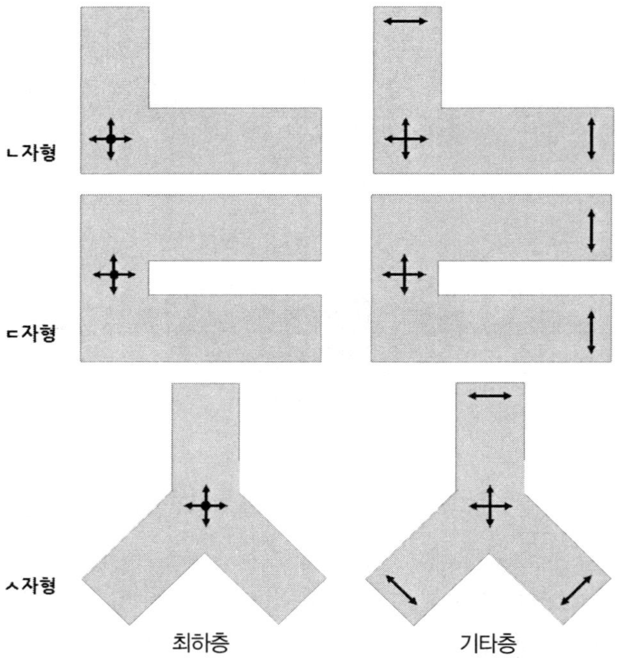

그림 12.4 비정형 건축물의 지진가속도계측기 설치 위치

센서(장축, 단축, 연직방향 계측) 1개, 최상층에 2축센서(장축, 단축방향 계측) 1개와 1축 센서(단축방향 계측) 1개를 각각 설치하게 된다.

최하층 3축센서와 최상층 2축센서는 건축물 장변 및 단변방향의 고유주기 분석시 오차를 최소화하기 위하여 최대한 도심(일반적인 경우 평면상의 중심)에 가깝게 설치하며, 수

직축이 최대한 일치하도록 설치한다. 최상층 1축센서는 최상층 2축센서와 수평축이 일치하는 위치에 설치하여 건축물의 비틀림 거동을 분석할 수 있도록 한다. 다만, 건축물의 정확한 거동 파악을 위해 모드분석이 필요한 경우(10층 이상이거나 1차 진동모드의 주기가 1.0초 이상인 경우 또는 강성 및 중량이 급격하게 변하는 건축물), 중간층에도 최상층과 마찬가지 방법으로 지진가속도계측센서를 추가로 설치할 것을 권고하고 있다.

최근 건축물의 획일화 탈피 및 다양성 보장 등의 이유로 건축물이 복잡·다양해지고 있다. 이에 따라 비정형 건축물이 많아지고 있으며, 기존과 같이 3개의 센서만으로 건축물의 동특성을 파악하기 어려운 경우가 발생한다. 이 경우 최하층은 가능하면 건축물의 도심에 가까운 곳에 3축센서를 설치하고 다른 센서들은 그림 12.4와 같은 형태로 설치하도록 명시되어 있다. 하지만 다양한 건축물의 모든 평면에 대해서 규정을 제시하는 것에는 한계가 발생한다. 최하층과 최상층의 평면모양이 변화하는 경우 증축이 된 경우 등 다양한 비정형 건축물 사례가 존재하기 때문에 일부 특수한 경우를 만족하는 규정을 제시하는 데 어려움이 발생한다. 이를 보완하기 위해 전문가의 자문이나 동적응답 계측·분석 등을 통해 최적의 설치 위치를 선정하여 설치하도록 고시에서 권고하고 있다.

3. 가속도응답을 활용한 건축물 재난안전관리시스템

지진가속도계측기를 활용하면 건축물의 긴급 안전성 평가와 재난전조 모니터링 등 다양한 재난안전관리가 가능하다. 건축물에 가속도센서를 설치하여 상시모니터링 시스템을 운영하고 있는 미국, 일본 등에서는 지진 발생 전·후 고유진동수의 변화를 이용한 긴급 안전성 평가 및 계측자료를 이용한 내진설계 연구가 활발히 진행되고 있다.

「지진가속도계측기 설치 및 운영기준」이 2013년 5월 3일자로 개정되면서 '계측데이터 처리시스템'의 설치가 의무화됨에 따라 지진가속도계측기를 활용한 긴급 안전성 평가 및 재난상황시 의사결정 지원기능이 강화되었다.

3.1 건축물 긴급 안전성평가 프로그램

국립재난안전연구원에서는 지진 및 이상 진동 발생시 계측된 지진가속도 응답신호를 이용하여 건축물의 안전성을 신속하게 평가하고, 계측자료를 상세분석할 수 있는 관리자 및 전문분석용 프로그램을 각각 개발하여 배포한 바 있다.

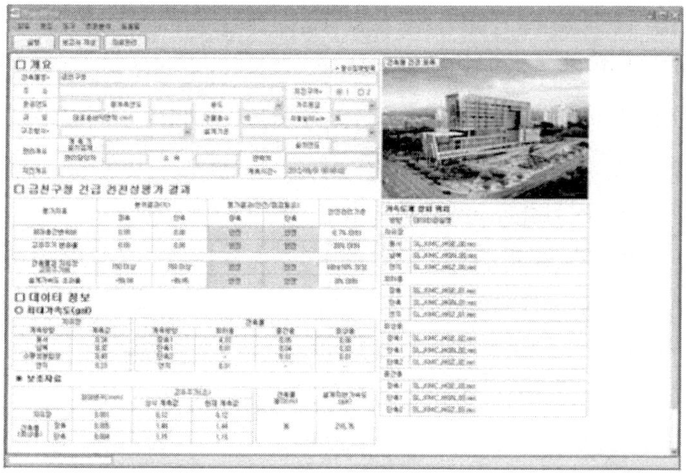

그림 12.5 건축물 긴급 안전성 평가 프로그램(일반관리자용)

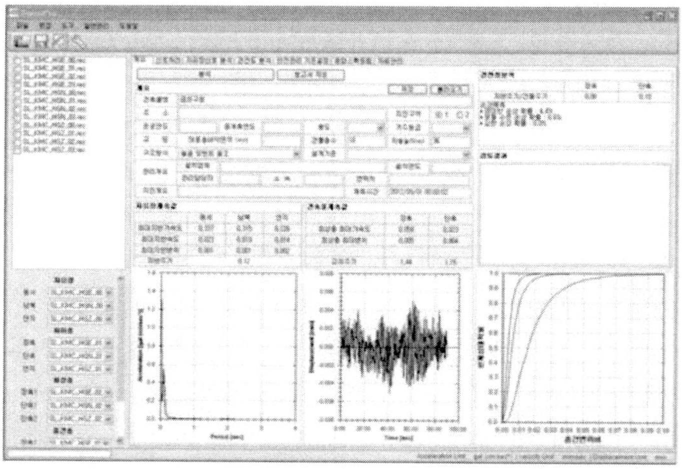

그림 12.6 건축물 긴급 안전성 평가 프로그램(전문분석용)

건축물 관리자용 프로그램은 그림 12.5와 같은 형태로써 프로그램 실행 초기에 건축물의 구조형식, 높이 등의 기본정보를 설정해 놓으면 이후 분석 시에는 자동분석되도록 개발하였다.

프로그램을 통해 지진가속도 계측자료를 분석하면 '안전' 또는 '점검필요'로 결과가 도출된다. 개별 건축물의 안전관리기준은 누적된 계측자료 분석 및 통계를 통하여 관리자가 적합하게 조정하여 사용할 필요가 있다. 현재 프로그램의 기본설정에서는 관련 기준 및 분석결과 등의 자료가 미비한 실정을 고려하여 보수적인 방향으로 신속한 분석 및 평가

YY.MM.DD.(월)	00000팀 홍길동

○○○○ 긴급 안전성평가 결과 보고

□ ○○○○ 긴급 안전성평가 결과

평가지표	분석결과※(%)		평가결과(안전/점검필요)		안전 관리기준
	장축	단축	장축	단축	
최대층간변위비[1]	00.00	00.00			0.5% 이하
고유진동수 변화율[2]	00.00	00.00			20% 이하

※ 보조자료

건축물과 자유장 고유진동수비[3]	00.00	00.00			100%±10 이외
설계지반가속도 초과율[4]	00.00	00.00			0% 이하

∴평가결과는 【안전】 또는 【점검필요】 로 표현되며 '건축물과 자유장 고유주기비'와 '설계가속도 초과율'은 참고자료로써 활용

※건물마다 다른 변동수준을 관리하기 위해서 분석결과는 무차원화하여 비율로 나타냄(단위 없음)

주[1] 최대층간변위비 = α*(최상층-최하층 최대상대변위/건물높이)*100 ※α:모드보정계수
[2] 고유진동수 변화율 = [(지진발생후 고유진동수-상시고유진동수)/상시고유진동수]*100
[3] 건축물/자유장 고유진동수비 = (건축물 고유진동수/자유장 고유진동수)*100
[4] 설계지반가속도 초과율 = [(자유장 최대가속도-설계지반가속도)/설계지반가속도]*100

□ 데이터 정보

○ 최대가속도(gal)

자유장	
계측방향	계측값
동서	00.00
남북	00.00
수평성분합성	00.00
연직	00.00

건축물			
계측방향	최하층	중간층	최상층
장축1	00.00	00.00	00.00
단축1	00.00	00.00	00.00
단축2	-	00.00	00.00
연직	00.00	-	-

※ 보조자료

		최대변위(mm)	고유진동수(Hz)	
			상시	지진 후
자유장				
건축물(최상층)	장축			
	단축			

건축물 높이(m)	설계지반가속도 (gal)

□ 검토결과

그림 12.7 건축물 긴급 안전성 평가 결과보고 양식

가 수행되도록 구성하였다. 또한, 건축물 관리자의 신속한 의사결정을 지원할 수 있도록 하였다.

전문분석용 프로그램은 그림 12.6과 같이 구성되며, 노이즈 제거를 위한 필터 적용 진동수 범위 및 지진 취약도함수 등을 변경하여 설정할 수 있도록 하였다. 또한 계측자료별 변위, 속도, 가속도 등의 응답스펙트럼을 도출하는 기능을 갖고 있어 전문적인 분석이 가능하다.

해당 건축물의 안전성 평가 결과는 그림 12.7과 같은 형태의 간단한 보고서로 산출되

며, 파일로 저장 및 출력할 수 있다. 또한 건축물의 분석결과를 지속적으로 누적 관리하는 기능을 부여하여 고유진동수의 변화를 검토할 수 있도록 하였다. 이러한 기능을 통해 개별 건축물에서 축적한 고유진동수의 변화양상을 분석할 수 있다.

3.2 지진가속도 응답신호 종합분석시스템

공공시설물에 설치되는 지진가속도계측기로부터 계측된 자료를 종합적으로 분석정리하기 위하여 국립재난안전연구원에서는 그림 12.8과 같은 '지진가속도 응답신호 종합분석시스템'을 구축하여 시범운영 중에 있다. 본 시스템은 1) 종합적인 시설물 긴급안전성 평가, 2) 계측자료 상세분석(고유진동수, 최대변위 등), 3) 계측자료 유효성 검증, 4) 계측상태(오류 또는 자료 미송신 등) 점검 기능을 갖고 있다. 이러한 종합적인 모니터링과 계측자료 전문분석을 통해 중앙단위의 신속한 안전성 평가 및 내진설계 제·개정을 위한 기초자료를 제공할 것으로 기대한다. 또한 이러한 시도와 노력을 통해 이상 진동 사고의 원인규명 및 국내 시설물 재난안전 모니터링 산업의 육성과 활성화에 기여할 것으로 판단된다.

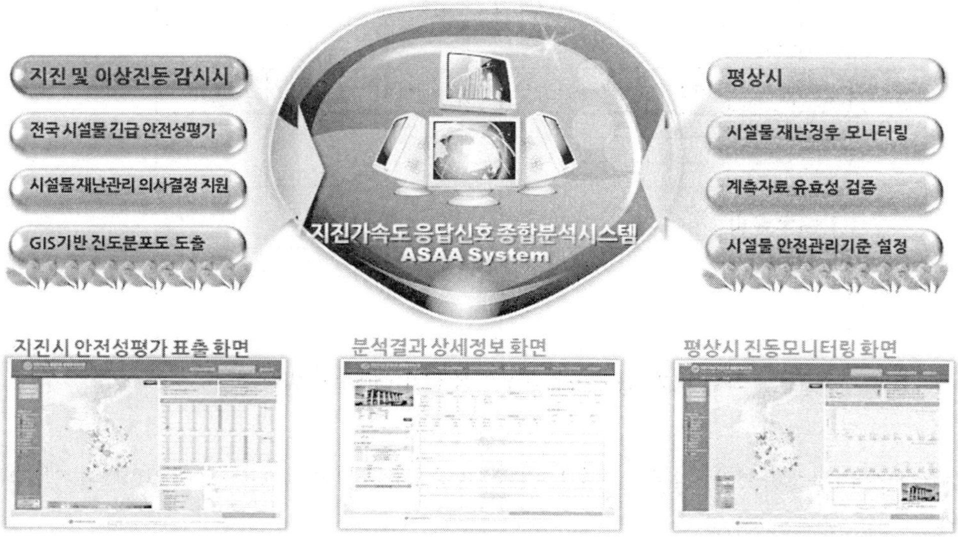

그림 12.8 지진가속도 응답신호 종합분석시스템 특징

'14.00.00(요일) | 국립재난안전연구원

'14. 4. 1. 규모 5.1 지진 계측자료 분석결과 보고

◇ '14.00.00. 북한 황해남도 옹연군 장산곶 북북서쪽 27km 해역에서 발생한 규모 5.1 지진에 대한 지진가속도 응답신호 종합분석시스템 활용 계측자료 분석결과 보고임

□ 지진개요

- ❍ 규　모 : 0.0 (M_L)
- ❍ 진원시 : 2014년 00월 00일 07시 02분 24초
- ❍ 진　앙 : 북한 황해남도 옹연군 장산곶 북북서쪽 27km 해역 (북위 37.68°, 동경 124.61°)

□ 긴급 안전성평가 결과

- ❍ 설치현황 : 000개소 ('14.00.00. 00:00 현재)
- ❍ 수　신 : 000건(00.0%)
- ❍ 긴급 안전성평가 결과 (※상세내용 붙임1,2 참조)
  - 안　전 : 00건 (0.00%)
  - 점검필요* : 000건 (00.00%)
  - 평가불가 : 00건 (00.00%)

* 심한 피해가 없더라도 관리자의 점검이 요구되는 상황 포함

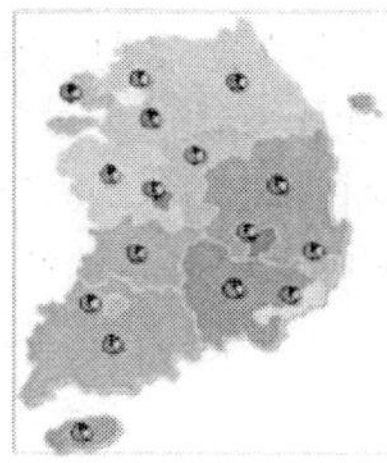

<시·도 안전성평가 결과>

□ 검토 의견

- ❍ 최대 계측진도가 III*으로 경미하므로 피해예상 안됨(상세분석 후 변경 가능)

* 진도 III : 예민한 사람이 진동을 느낄 수 있는 정도의 지진

- ❍ 점검필요 비율 최대는 서울지역(00.00%)이고 최소는 울산지역(00.00%)임
- ❍ 계측자료 미수신 및 평가불가 시설물 목록 소방방재청에 통보 예정

※ 상세분석 후 별도의 착안사항 발생 시 후속보고 하겠음

그림 12.9　지진가속도 계측자료 분석결과 긴급보고 양식(안)

4. 맺음말

우리나라에서 공공건축물의 지진가속도응답을 체계적으로 계측하고 관리하기 위한 사업이 시작된 후 2014년 1월 현재 설치대상의 약 32%인 106개소가 설치 · 완료되었다. 전국적으로 공공건축물에 설치되는 지진가속도계측기는 건축물 안전 모니터링 관련 연구, 내진설계 기준 제 · 개정, 새로운 내진공법의 적용 및 검증 등 다방면의 연구와 산업발전에 도움을 줄 수 있을 것으로 사료된다. 향후 누적된 계측자료를 통해 개별 시설물별 진동자료

임계값 설정 기준 제시 및 긴급 안전성 평가지표와 실제 피해결과를 대조한 정밀한 관리 기준 값 설정 등 다양한 안전관리지표 설정에 활용될 것으로 기대된다. 지진에 대비하여 체계적으로 설치·운영하는 지진가속도계측기를 상시 모니터링 시스템으로 활용함으로써 건축물의 평소 안전관리에 활용하기 위한 노력과 연구가 더욱 활성화되어야 한다.

| 참고문헌 |

1. 국립방재연구원, "지진가속도 응답신호 특성 및 활용방안", 2011.12.
2. 국립방재연구원, "지진가속도계측기를 활용한 공공건축물 긴급 건전성평가 기술 개발", 2012.12.
3. 국립재난안전연구원, "공공시설 지진가속도 응답신호 통합관리 및 정보제공 체계 개발", 2013.12.
4. 윤성원, 박용, "실측을 통한 건축물의 손상 전·후 진동특성 평가", 한국강구조학회, 제22권 제5호, pp.445-453, 2010.
5. 소방방재청 고시 제2013-12호, "지진가속도계측기 설치 및 운영기준", 2013년 5월 3일 일부개정
6. 유은종, "지진피해를 대비한 진동기반 구조건전도 감시시스템", 대한건축학회, 2008.10.

13장 국가 지진해일 대응시스템

1. 국가 지진해일 대응시스템의 개발 배경

2011년 3월 11일 일본 미야기현 센다이시 동쪽 179km 해역에서 규모 9.0의 강력한 지진으로 최대 6~15m의 지진해일이 발생하여 2만 명이 넘는 인명피해가 발생하였고, 이로 인한 원전시설 파괴 및 방사능 유출로 인접국인 우리나라에 현재까지 위협을 주고 있다. 이처럼 지진해일은 발생빈도는 높지 않지만 한 번 발생하면 대규모 피해를 유발시킬 수 있는 대표적인 해안재해로 평상시 이에 대한 예방 · 대비가 필요하다.

현재 일본과 미국을 중심으로 한 선진국들의 지진해일 방재대책 연구는 세계적으로 활발히 진행되고 있으며, 개념 정립 단계를 지나 기술의 안정화 단계에 도달해 있다. 특히 지진해일이 빈번히 발생하는 일본은 각 지방자치단체마다 지진해일 재해지도 작성을 의무화하고 있고, 1993년 북해도 남서 지진해일 발생한 이후 지진해일 경계경보 발생 소요시간을 기존 5분에서 3분 이내로 단축하였으며, 미국도 모든 해안에 지진해일 재해지도를 보급하고 있으며, 특히 하와이와 알래스카에는 지진해일 경보센터를 운영하고 있다.

한편 우리나라의 경우 태평양에서 발생하는 지진해일을 일본이 막아주고 있어 태평양에서 발생하는 지진해일에는 비교적 안전하다고 생각할 수 있다. 그러나 동해 해저에 일본 서안을 따라 남북으로 길게 해저 지진대가 발달되어 있기 때문에 결코 지진해일 안전지역은 아니다. 실제로 우리나라에서도 1741년 Kanpo 지진해일, 1940년의 Shankotan 지진해일, 1964년 Niigata 지진해일, 1983년 동해중부 지진해일, 1993년 북해도 남서외해 지진해일 등 총 5회의 지진해일이 관측되었으며, 특히 1983년과 1993년 동해에서 발생한 지진해일로 인하여 강원도를 비롯한 동해안 지역에서 인명 및 재산 피해가 발생하였다.

현재 기상청의 지진해일 예·경보 시스템이 구축되어 있으나 지진해일 발생시 지진해일 도착시간과 지역별 예상파고만을 제시하고 있기 때문에 이 시스템으로는 지역별로 얼마만큼의 지역이 침수되는지 정확하게 파악하기 어렵다. 따라서 대피소 지정이나 대피계획 등의 지진해일 방재대책을 수립하기 어려울 뿐만 아니라 실제 지진해일 발생시 신속하고 통합적인 대응에 어려움이 있다. 또한 현재 강원도 및 경상도의 일부 지역에서 지자체별로 제작된 지진해일 침수예상도는 과거 이력에 대해서만 분석하는 등의 불합리한 부분이 많고 중앙방재기관에서 일관성 있는 관리 및 자료 활용에 어려운 점이 많다.

국민안전처에서는 자연재해저감기술개발사업의 일환으로 2007년부터 2009년까지 "지진해일 재해저감기술개발사업"을 통하여 동해안의 지진해일 재해지도 제작 및 방재대책 수립을 위한 기술을 확보하였다. 또한 국립방재연구소에서는 지진해일로 인한 범람 및 대피자의 이동을 모의하는 프로그램을 개발하였다(국립방재연구소, 2009). 이를 통하여 2010년부터 2014년까지 강원도 및 경북지역에 위치한 항만 및 해수욕장 등 피해 발생 가능성이 높은 40여개 지역에 대한 지진해일 침수예상도를 작성하여 지진해일 발생시 신속히 대응할 수 있도록 하는 연구사업을 수행하였다. 이 연구사업에서는 사전 가상지진해일시나리오를 이용한 시뮬레이션을 통하여 지진해일 침수취약지역, 대피경로 및 대피소 선정 등이 가능하고 이를 바탕으로 사전교육을 실시할 수 있으며 지진해일 발생시 정부의 일관성 있고 신속한 대응이 가능하여 해당지역의 주민 및 관광객의 신속한 대피가 가능할 것으로 판단된다.

지진해일 전파 및 범람특성을 고려한 침수예상도뿐만 아니라 재난대응을 위한 재해 정보가 함께 제공되는 지진해일대응시스템 구축이 필요하다.

2. 지진해일대응시스템

2.1 현재의 대응 현황

기상청에서는 동해의 지진해일 감시를 위하여 그림 13.1과 같이 울릉도에 해일파고계를 설치·운영하고 있다. 또한 한반도 인근에서 대규모 지진이 발생할 경우 지진해일의 발생 여부 및 우리나라에 언제, 어느 정도 높이의 지진해일이 올지를 미리 계산한 데이터

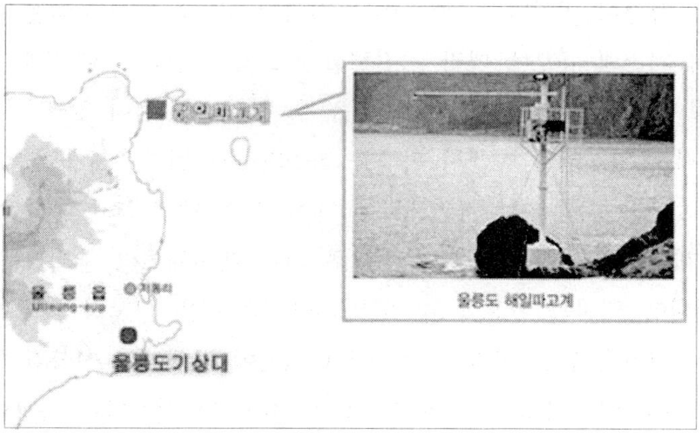

그림 13.1 울릉도에 설치된 해일파고계 (기상청)

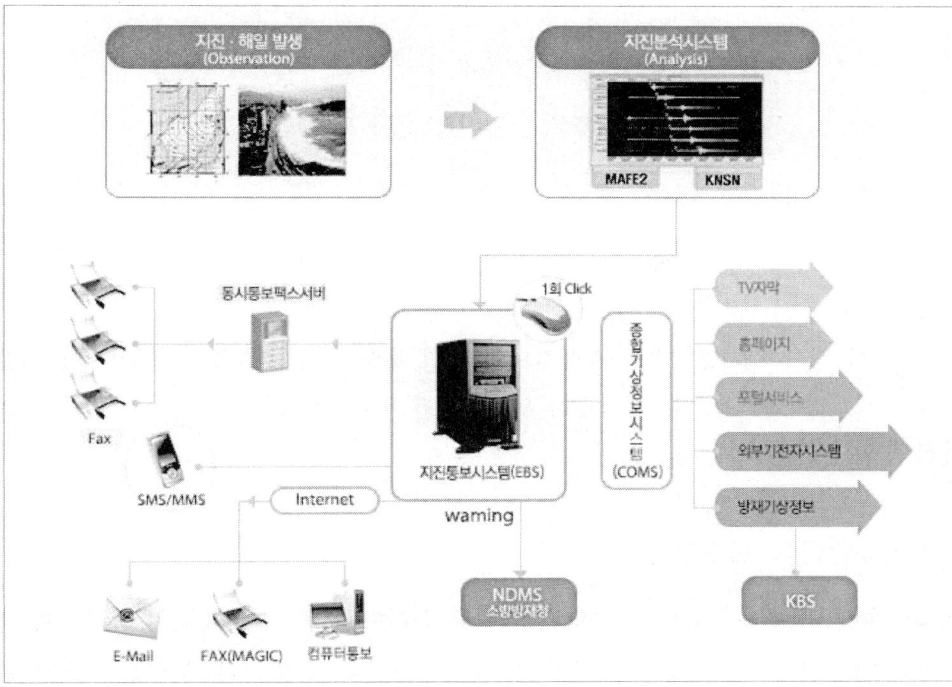

그림 13.2 기상청의 지진 및 지진해일 통보시스템

베이스를 운영하고 있으며, 이 자료를 활용하여 한반도 주변지역 등에서 규모 7.0 이상의 해저지진이 발생하여 해일의 발생이 우려될 때 지진해일 주의보를 발령하고 7.5 이상일 때 경보를 발령한다. 이 시스템은 지진해일 파고를 미리 계산하기 때문에 신속한 정보제공이 가능하다는 장점이 있지만 실제로 어느 지역이 얼마만큼 침수되는지에 대한 정보는 제공되지 않으며 지진의 규모에 따라 지진해일 경보가 발령되기 때문에 지진해일이 발생하여도 지진해일 경보가 발령되는 경우가 있을 수 있다는 단점이 있다.

국민안전처에서는 지진해일 발생시 피해를 최소화하기 위한 "재난 대비 30분 대피계획(E-30)"을 갖고 있다. 이는 대형 자연재난에 대한 사전 대비를 통해 피해를 최소화하고, 국민의 생명과 재산을 보호하기 위한 목적으로 기존 대비체계의 문제점을 점검하여 재해 발생시 30분 이내에 대피를 완료할 수 있는 대피시스템을 구축하기 위한 계획이다. 이 대피계획의 주된 내용은 만일 한반도 주변에서 지진이 발생하고 기상청에서 특보를 발령하면 국민안전처에서 5분 이내에 상황전파 및 주민대피를 시작하며 특보발령 후 30분 이내에 주민대피를 마치도록 하는 것이다.

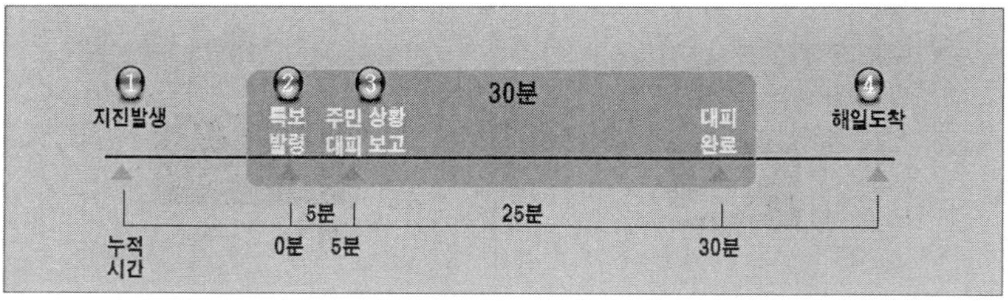

그림 13.3 재난 대비 30분 대피계획(E-30)

이를 위해 평시 자치단체별로 자율적으로 주민 홍보·교육·훈련 등 지속적인 예방활동을 추진토록 하면 실제 재난 상황시 인명피해를 획기적으로 감소시킬 수 있을 것으로 기대하고 있다.

2.2 지진해일범람 프로그램

국립방재연구소에서는 2008년 수행된 연구를 통하여 포텐셜모형을 이용하여 해일범람시 주민들이 대피하는 과정을 모의하였다(국립방재연구소, 2008). 2009년에는 기존의 모델을 개선하여 해일범람과 대피가 동시에 수치모의될 수 있도록 하였으며, 펜스기법을 도입하여 좁은 골목은 통과하지 못하게 함으로써 좀 더 실제에 가까운 대피를 모의하는 등 지진해일의 범람 및 주민의 대피과정에서 발생할 수 있는 피해를 모의하는 연구를 수행하였다(국립방재연구소, 2009). 이 프로그램은 대피자의 도보속도 등 대피자의 특성, 장해물 위치, 지형특성, 그리고 해일규모에 따른 해일범람영역 등의 해일특성을 고려하여 대피자가 지정된 대피소로 이동하는 것을 보여준다. 이 모델에서는 해당지역의 표고자료 및 수심자료 등의 지형자료, 대피자의 대피속도 및 대피시작 시간을 표현하는 대피자 자료, 주변의 위험요소를 나타내는 위험포텐셜 자료, 해일범람모형에서 산정된 해일침수고와 범람영역을 나타내는 해일자료 등으로 구성된다. 위험포텐셜 인자는 총 5가지로서 거리, 지형, 장애물, 인구밀도, 해일범람 포텐셜로 구성된다. 앞선 4종류의 포텐셜은 대피모형 내에서 입력값으로 우선적으로 계산되어 대피자가 이동경로 선택시 적용되지만 해일범람 포텐셜은 각각의 시간마다 새로이 계산되는 범람영역과 침수고가 반영되기 때문에 상황에 따라 유동적으로 변화하는 인자이다. 대피자가 침수로 인한 피해를 입지 않기 위해 대피소까지 경로 선택시 가장 중요시 하는 인자는 해일범람 포텐셜이며, 이 인자는 기존 모형(국립방재연구소, 2008)에 고려되어 있지 않았다.

그림 13.4는 임원항에 지진해일이 발생하는 경우를 모의하여 일반인들이 대피명령을 듣고 어떻게 장애물을 피해 이동하는지 모델링한 결과이다. 표고가 5m 이상인 지역을 임시대피소로 지정하였으며, 대피자들은 주민들과 여행객 600명으로 가정하였다. 해일경보

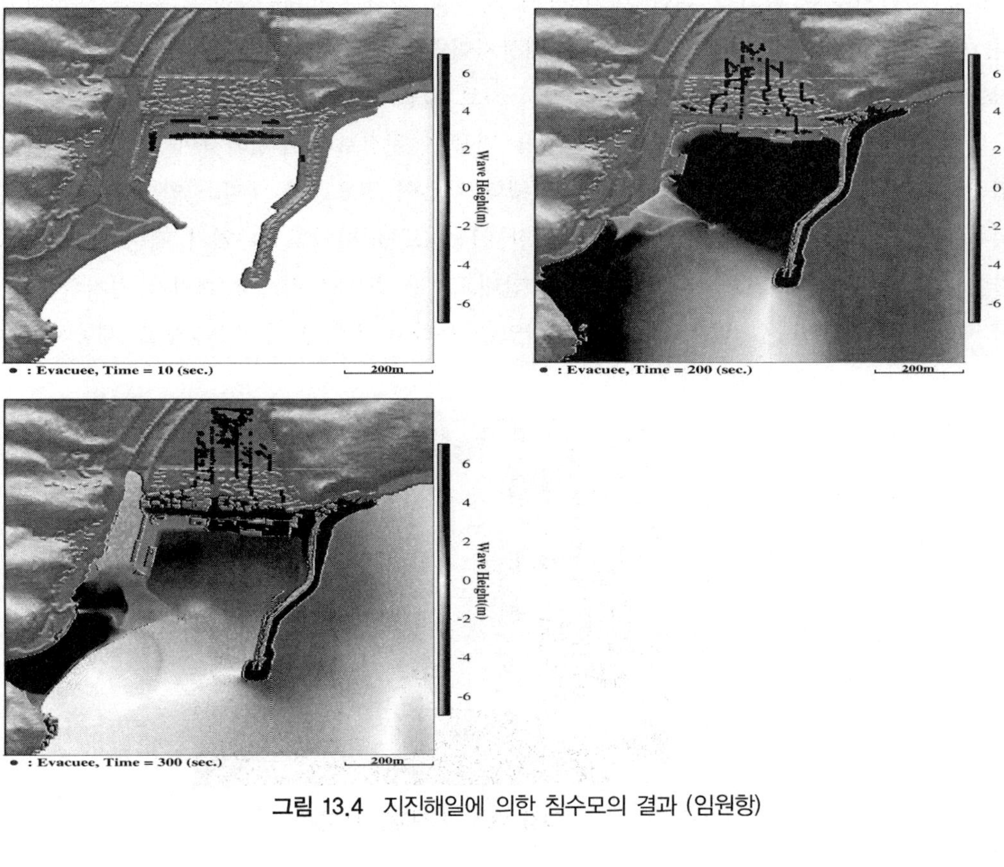

그림 13.4 지진해일에 의한 침수모의 결과 (임원항)

는 0초에 발령된 것으로 가정하며 대피자는 해일경보를 듣는 즉시 대피를 시작하는 것으로 가정하였다. 회색의 음영으로 표시된 지형 사이를 갈색점으로 표현된 사람이 시간에 따라 저지대에서 임의로 지정된 대피소로 이동하는 모습을 볼 수 있다. 이 실험에서는 지진경보 발령 후 약 120초 후에 임원항에 지진해일이 도달하는 상황을 가정하였으며, 300초에는 미처 대피하지 못한 사람이 침수되는 상황도 볼 수 있다.

이 모델을 이용하여 지진해일 피해를 모의함으로써 재난업무 담당자는 적절한 대피소 위치와 최적의 대피경로를 설정할 수 있다. 이밖에도 재난 발생시 지원 등을 위한 사전 대응방안 마련 및 각종 교육·훈련을 통해 방재정책수립을 지원하는 기능을 할 수 있다.

2.3 해일위험지구 현장조사

각 해일위험지구 현황을 분석하기 위하여 세 차례에 걸친 현장조사를 실시하였다. 이를 통해 동해안의 지진해일침수예상도 대상지역 선정을 위한 현장점검 및 지자체 담당자 회의를 통한 지진해일대응시스템 구축 사업설명과 시스템 구축에 필요한 협조자료 요청, 프로그램의 사용자 편의를 위한 협의 등의 지자체 의견수렴(요구사항 검토)을 실시하였다. 현장조사를 위해 사전에 침수예상도 대상지역별 현황분석, 기존 해안방재관련 안내시설물 현황 및 분석, 취약지역 파악(인공위성 자료 활용) 등을 실시하였다.

먼저 지역별로 지정된 지정대피소의 수용 가능 인원정보가 부정확하여 정확한 정보를 제공하기 위해서는 정확한 자료조사 및 현행화 작업이 필요하며 대피소 안내표지판에 현 위치 표기가 되지 않아 대피장소로의 정확한 이동경로를 파악할 수 없기 때문에 이를 보완할 수 있는 대책이 필요하다. 또 대피소 안내표지판 범례와 지도상 표기가 일치하지 않아 대피소정보를 알 수 없으므로 표준화작업을 통하여 정확한 대피소정보를 제공하여야

그림 13.5 지진해일 대피로

하고 한 지구의 경우 대피소로 지정되어 있는 대피소의 지반고가 낮은 문제점이 발견되었다. 대피소 안내표지판이 지진해일 위험지역인 해안가에 존재하지 않고 간격이 너무 멀리 설치되어 있어 지진해일이 발생하였을 때 많은 혼란이 예상되므로 안내표지판을 곳곳에 설치해야 하고, 대피소 안내표지판의 정보가 부족하고 일반 관광객들이 찾기 어려운 곳이 많으므로 추가 설치 및 눈에 잘 띄는 장소에 설치하도록 하는 방안이 강구되어야 하며, 성수기에 해수욕장 이용객수가 대피소 수용인원보다 많기 때문에 성수기에 임시대피소를 추가 증설하여 사전에 예방해야 한다. 마지막으로 각 지자체별로 대피소 안내표지판 지도 및 범례가 일치하지 않으므로 지도 및 범례의 표준화가 필요하다.

2.4 침수예상도를 활용한 지진해일 대응계획

현재 각 지자체별로 기 제작된 지진해일 침수예상도(몇 개 지역만 작성됨)는 과거현상에 대해서만 분석하는 등의 불합리한 부분이 많고 중앙방재기관에서 일관성 있는 관리 및 자료 활용에 어려운 점이 많다. 따라서 국립방재연구소에서는 기 개발된 지진해일 범람수치모델 프로그램을 이용하여 2012년까지 동해에서의 가상지진해일 시나리오를 바탕으로 동해안 주요항만 및 해수욕장 등 43곳의 지역에 침수예상도를 활용한 "지진해일대응시스템"을 구축하였다.

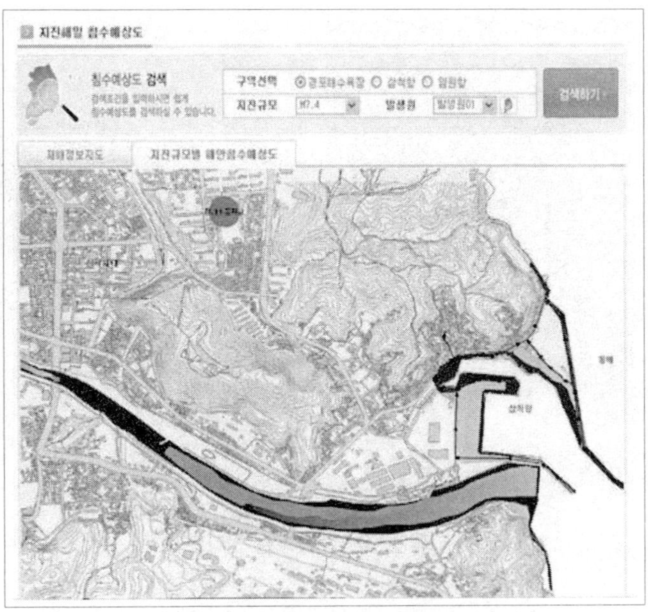

그림 13.6 지진해일 침수예상도

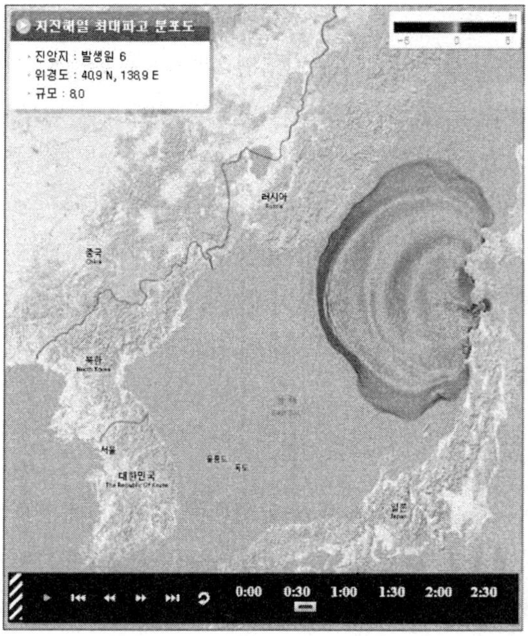

그림 13.7 지진해일 최대파고 분포도

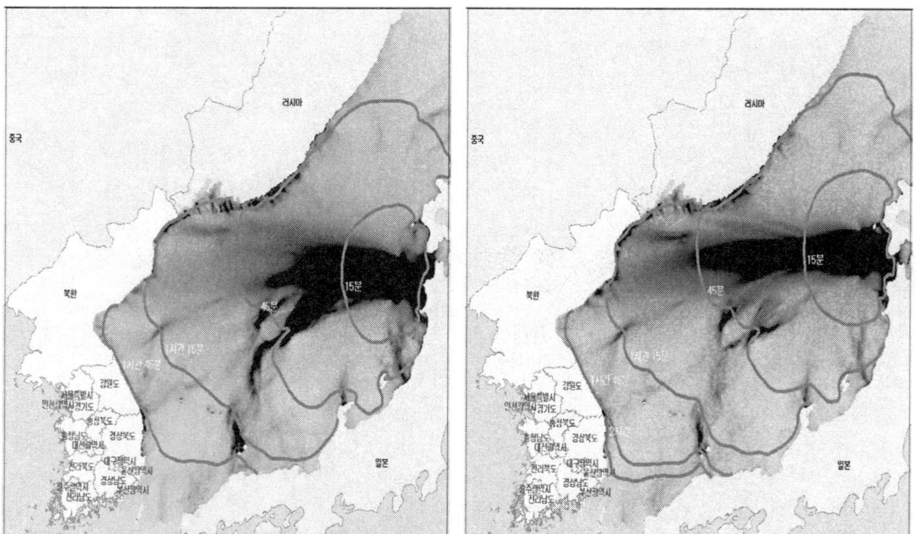

그림 13.8 지진해일 전파도

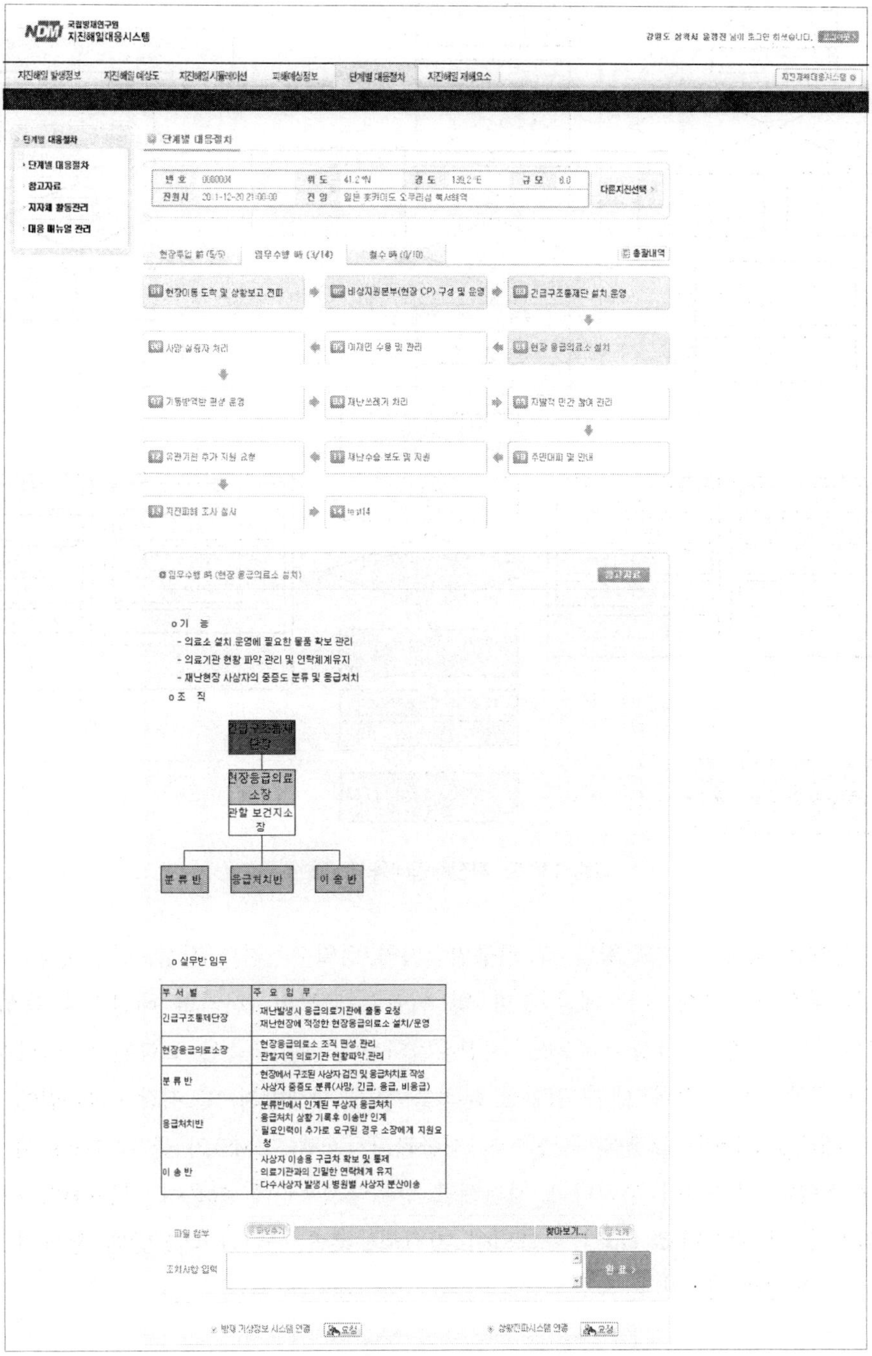

그림 13.9 지진해일대응시스템의 단계별 대응절차

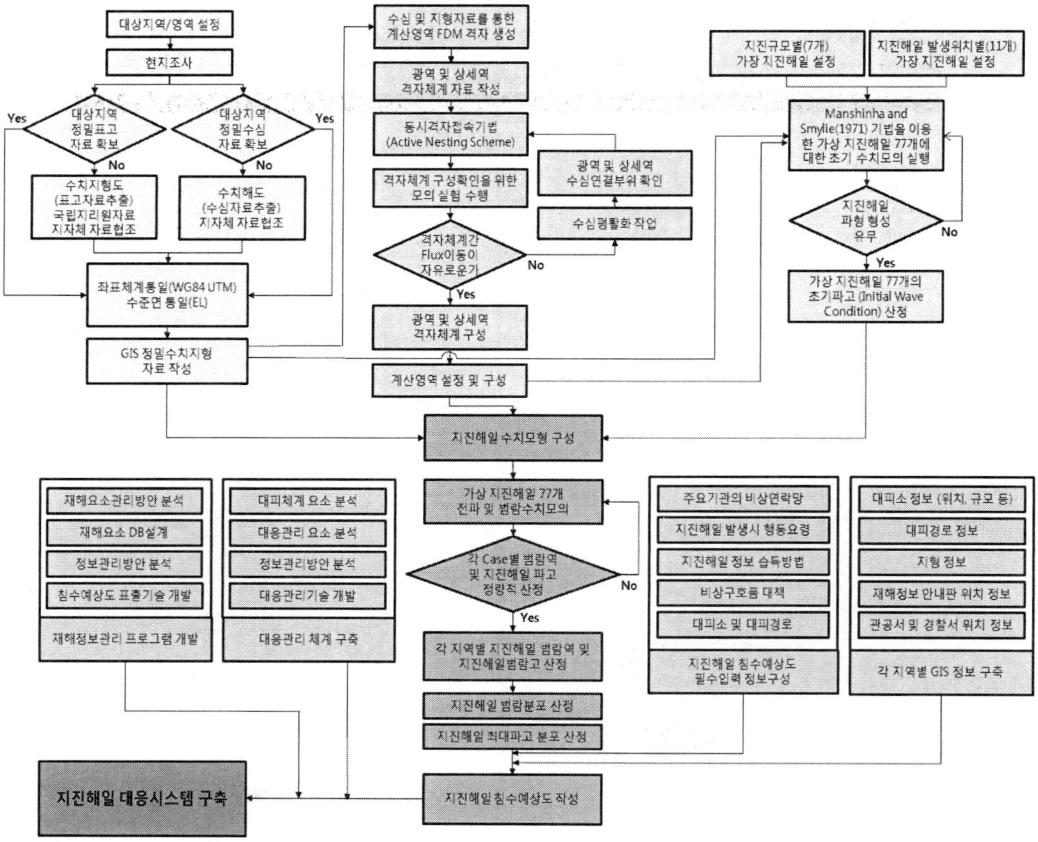

그림 13.10 지진해일대응시스템 흐름도

이 사업에는 동해안 주요 항만 및 인구밀집지역 정밀수치지도 작성, 침수예상도 작성을 위한 영역설정 및 구성, 지진해일 전파 및 범람수치 모의, 지역별 해일범람 특성 분석, 각 지역별 침수예상도 작성, GIS기반 지진해일대응시스템 구축이 포함된다. 따라서 이를 이용하면 발생가능 재해에 대한 정확한 분석을 통해 재해방지 및 저감대책수립에 활용될 수 있는 재해정보관리시스템을 구축, 국가재난관리시스템(NDMS)의 한 부분으로서 지진해일대응시스템이 구축되어 우리나라 지진해일 방재대책수립에 활용이 가능하며, 해안지역의 정밀지형 및 수심자료 DB가 구축되어 지진해일뿐만 아니라 해안방재 분야의 중요한 기초자료로 활용할 수 있다.

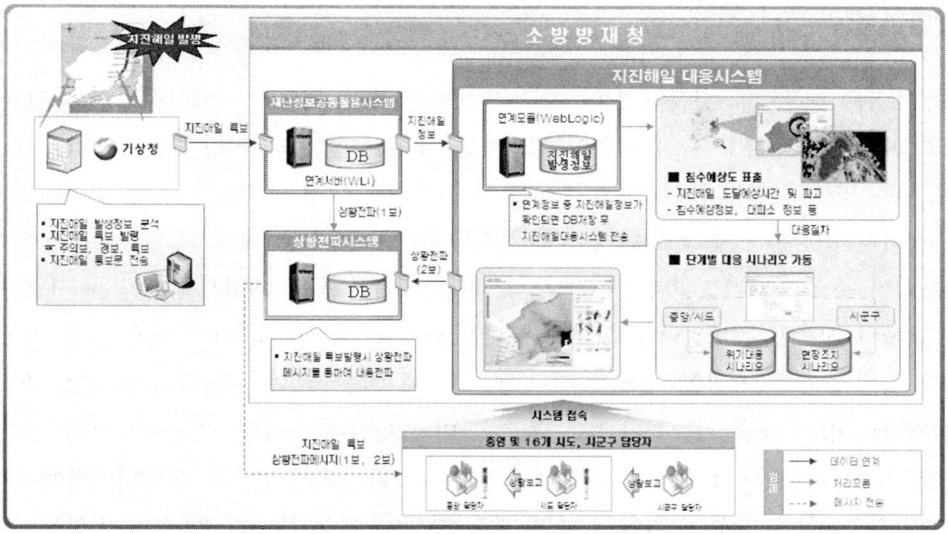

그림 13.11 지진해일대응시스템 구성도

그림 13.12 지진해일대응시스템 메인 메뉴

3. 맺음말

지진해일은 태풍이나 황사와 같이 자주 발생하는 다른 재해에 비해 매우 드문 자연현상으로 재해가 발생하고 나서 시일이 경과하면 그 위험성을 잊고 방재대책을 소홀히 하기 쉬우며, 또한 주민이나 여행객들은 자신이 지진해일 발생 위험도가 높은 지역에 있는지 인식하지 못하는 경우가 일반적이다. 국립방재연구소에서는 대피 모의 프로그램을 활용함으로써 주요 지진해일위험지역 분석 및 피해 예측을 통한 대피계획 수립을 지원하고 재난 발생시 신속한 정보전달을 통해 지진해일 대응역량이 한 층 더 강화될 것을 기대하고 고도화된 모형을 개발할 계획이다. 또한, 과거에 지진해일이 내습하지 않았던 지역이라 할지라도 장래 내습 가능성이 높은 지역을 미리 찾아내어 해당 지역 주민들의 경각심을 일깨워 방재대책의 효율성을 높일 수 있을 것이다. 또한 앞으로 동해안지역에 대한 지진해일침수예상도 작성 사업이 끝나면 향후 발생이 예측되는 지진해일의 정확한 분석을 통해 재해방지 및 저감대책을 제공하는 기반을 마련하게 될 것이다.

| 참고문헌 |

1. 국립방재연구소(2008), “해안범람에 따른 대피모형 적용방안 연구”, 국립방재연구소 연구보고서
2. 국립방재연구소(2009), “해일위험지역에 대한 대피시스템의 정량적 기준방안 연구”, 국립방재연구소 연구보고서
3. 국립방재연구소(2010), “지진해일 범람특성 분석을 통한 침수예상도 작성(I)”, 국립방재연구소 연구보고서
4. 국립방재연구소(2011), “지진해일 범람특성 분석을 통한 침수예상도 작성(Ⅱ)”, 국립방재연구원 연구보고서
5. 기상청. 기상청홈페이지, http://www.kma.go.kr
6. 소방방재청(2009), “지진해일재해저감기술개발”, 자연재해저감기술개발사업 최종보고서

14장 자연재해 저감 지능형 CCTV 기술

1. 자연재해 저감 지능형 CCTV 기술의 개발 배경

최근 100여 년 간 급속히 진행되고 있는 지구온난화를 비롯한 기후변화로 과거와는 다른 양상의 대형폭풍(허리케인), 산불, 가뭄, 지진, 산사태, 지진해일(쓰나미) 등 자연재해 발생과 피해 규모가 증가하고 있다. 실례로 2004년 인도양에서 발생한 지진해일은 인도, 스리랑카, 태국, 싱가포르, 심지어 아프리카 소말리아를 포함한 다수의 국가에서 15만 명의 사상자라는 엄청난 인명피해를 발생시켰다. 또한 2011년 3월, 발생한 일본 동북부 대지진의 지진해일에서도 동일한 형태의 자연재해가 그대로 반복되었고, 지금도 세계 곳곳에서 다양한 종류의 자연재해가 지속적이고 반복적으로 발생하여 수많은 인명과 재산피해를 입히고 있다. 아시아재난센터(ADRC)의 보고에 의하면, 지난 20년 동안 전 세계적으로 매년 2억 명의 사람들이 자연재해로 인해 피해를 보고 있다고 한다.

과학기술이 발전했다고는 하지만 자연재해가 발생할 때마다 현대 문명도 과거 원시문명과 별 차이가 없이 속수무책으로 당할 수밖에 없는 것이 현실이다. 수많은 학자가 자연재해를 사전에 예측하기 위해 꾸준한 연구를 진행해 왔지만 이에 대한 결과는 만족할 만한 수준에 도달하고 있지 못하다. 이렇듯 자연재난을 미리 예측하는 것이 힘들기 때문에 발생한 재난을 최대한 빨리 감지하여 경고를 줄 수 있는 조기 경보시스템 개발이 현재로써 수많은 재산과 인명을 보호할 수 있는 최선의 수단이다.

과거 20여 년 간 IT기술을 활용한 원격탐사(remote sensing)기술과 지리정보시스템 (GIS : Geographic Information system)을 이용한 자연재해 감지기술이 꾸준하게 연구되어 왔다. 원격탐사기술이란, 원거리에서 인공위성이나 항공기 등에 탑재된 센서로부터 지상이나 대기 속의 대상물로부터 반사 또는 복사되는 전자기파 에너지를 감지하고 사람이나 컴퓨터를 통하여 이를 분석하고 필요한 정보를 추출해내는 기법으로, 태풍, 공해물질, 대기오염, 자원탐사, 해류 및 파고 측정 등의 다양한 용도에 사용될 수 있다. 원격탐사기법으로 탐지된 정보들은 GIS 시스템에 적용되어 인간의 의사결정능력 지원에 필요한 지리정보 관측과 수집에서부터 보존과 분석, 출력에 이르기까지 일련의 조작을 담당하게 된다. 하지만 인공위성이나 항공기를 이용한 원격탐사는 실시간으로 변화하는 위치의 상태정보를 얻기 힘들다는 단점이 있다. 이러한 문제점을 해결하기 위해 근거리 센싱을 이용한 실시간 재해를 감지 연구가 활발히 연구되고 있다.

2. 근거리 센싱 기법을 이용한 자연재해 감지

근거리 센싱 기법을 이용한 자연재해 감지 중에서 특히 화재, 홍수, 지진해일, 산사태 등을 감지하기 위한 노력들을 소개하면 다음과 같다.

2.1 화재 감지

대부분의 센서를 이용한 화재감지 방법은 불꽃이나 연기의 특성에 따라 적외선 센서, 광센서 혹은 이온센서 등을 사용한다. 적외선 센서는 불꽃에서 감지되는 열온도를 측정하는 방식이고, 광센서는 광원에서 광센서에 빛을 비추다가 연기가 빛을 차단하면 이에 광센서가 반응하여 연기를 탐지하는 방식이다. 이온센서는 탐지기 속에 연기 입자가 들어오면 이온들을 끌어당기게 되어 흐르는 전류가 약해지는 효과를 통해 연기를 감지한다. 하지만 이러한 센서들은 근거리 연기를 감지하기 위한 센서이므로 원거리에 위치한 산불을 감지하는 데 어려움이 있다.

2.2 홍수 감지

홍수를 감지하는 가장 보편화된 방법은 하천 교량에 수위감지 센서를 설치하는 것이다. 수위감지 센서 중 압력센서는 단위면적당 가해지는 물의 압력을 측정하여 수위를 표시하는 방식이며, 초음파 감지 센서는 초음파를 발사하여 되돌아오는 시간과 속도로 거리를 계산하는 방식이다. 이러한 방식은 단순하면서도 빠르게 수위를 감지할 수 있는 장점이 있지만, 센서의 고장 여부를 쉽게 판단하기 어렵고, 수면의 파고가 심할 경우 올바른 수위 정보를 전달하지 못하는 단점이 있다.

2.3 지진해일 감지

지진해일을 감지하기 위한 방법으로 가장 보편적으로 사용되는 방식은 그림 14.1과 같은 DART(Deep-Ocean Assessment and Reporting of Tsunamis) 시스템이다. DART 시스템은 해저지면의 압력 센서와 수면 위의 부표로 구성된다. 해저지면 센서는 물압력의 변화를 측정하여 물기둥 높이의 변화를 계산하여 부표에 전달하고 부표는 인공위성 등을 이용하여 관제센터에 해일경보를 전송한다. DART 시스템은 심해의 변화상태를 실시간으로 감지할 수 있다는 장점이 있지만 설치비용과 운용비용이 비싸다는 단점이 있다.

그림 14.1 지진해일 감지를 위한 DART 시스템의 부표

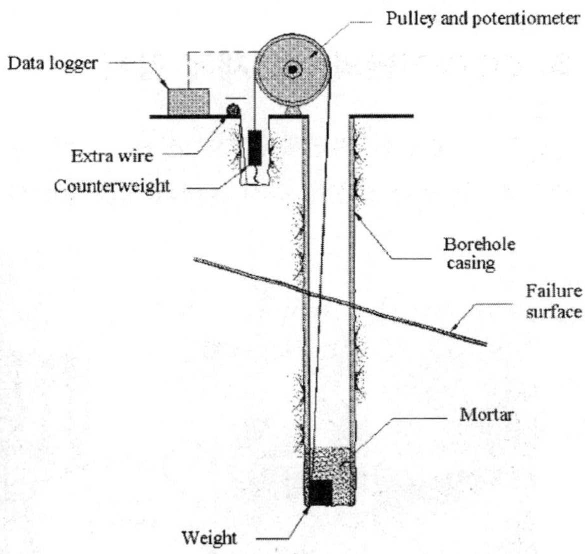

그림 14.2 신장계 센서를 이용한 산사태 감지방법

2.4 산사태 감지

산사태를 감지하기 위해서는 주로 신장계(extensometers) 센서와 광섬유가 사용된다. 전기적 센서인 신장계 센서는 케이블 형태로 그림 14.2와 같이 산사태 예측지역에 매몰되며, 땅이 밀렸을 경우 밀린 정도 등을 수치화하는 데 사용된다. 광섬유는 땅의 움직임에

의해 구부러짐이 발생했을 경우 빛의 전송에 변화가 발생하는 정도를 이용하여 산사태를 예측하는 방법이다. 두 방법의 경우 전자기적 잡음의 영향을 받거나 회선의 절단이 발생할 수 있으며, 설치 범위를 넓힐 경우 비용과 관리비용이 증가하는 단점이 있다.

기존의 센서를 이용하는 방법은 알고리즘이 단순한 장점이 있지만, ① 센서에 입력값이 도달할 때까지 감지가 안 되며 ② 유지비용이 비싸고 ③ 별도로 오작동 체크방법이 필요하며 ④ 재난의 종류에 따른 정확한 위치, 크기, 이동방향 등을 예측하기 어려운 문제점이 있다.

이러한 문제점을 해결하기 위해 최근 다양한 자연재해에 대해 CCTV(Closed-circuit television) 기반의 감지시스템들이 개발되고 있다. CCTV를 활용한 자연재해 감시방법은 기존 센서에 비해 ① 감시범위가 넓고, ② 감지 성능이 뛰어나며, ③ 센서의 오작동 여부를 육안으로 확인할 수 있다. 또한, ④ 현장에 직접 출동하지 않더라도 재해의 종류, 피해 정도, 크기, 이동방향 등을 육안으로 확인할 수 있다는 장점이 있다.

3. CCTV기반의 자연재해 감지

CCTV를 활용한 자연재해감지 연구는 그림 14.3과 같이 원격지에 카메라를 설치하고 네트워크를 통해 영상을 감시 센터의 영상인식 서버에 전송하는 방식을 사용한다.

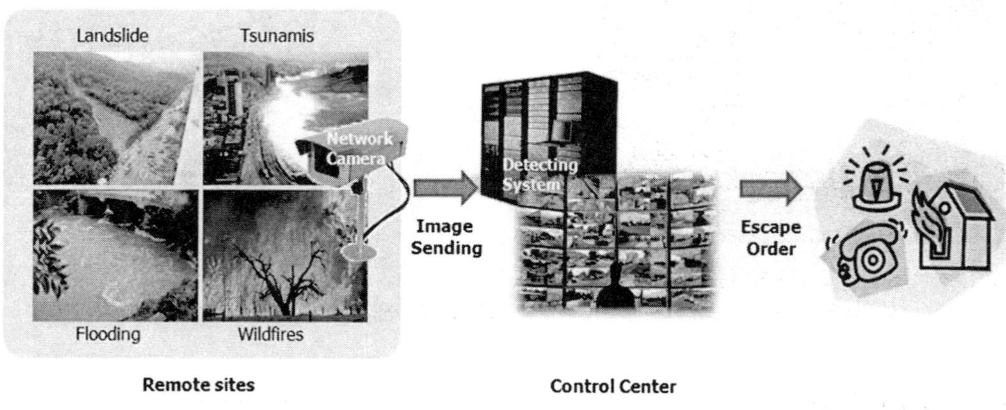

그림 14.3 CCTV기반의 자연재해 감지 시스템의 개요도

인식 서버에서는 전송된 영상을 실시간으로 분석하여 그 결과에 따라 경보신호를 발생시키도록 구성된다.

3.1 산불 감지

산불감지를 위한 CCTV카메라는 그림 14.4와 같이 주로 가장 높은 산봉우리에 설치되어 주변 산을 실시간으로 감지한다.

그림 14.4 CCTV기반 산불감지를 위한 감시탑

산불을 감지하는 알고리즘은 주로 다음과 같은 단계를 거친다. ① 배경 모델링을 이용하여 움직임을 갖는 불꽃이나 연기 후보 영역을 검출한다 ② 색상 모델을 이용하여 불꽃이나 연기 영역만을 남겨둔다 ③ 후보영역에서 색상, 모양, 질감, 모션 정보 등을 검출한다 ④ 패턴 분류기나 인공신경망 등을 이용하여 최종 불꽃 및 연기 영역을 검증한다.

산불은 불꽃보다도 연기가 먼저 발견된다는 사실을 이용하여 주간에는 주로 연기로 산불을 감지하고 야간에는 불꽃으로 산불 여부를 판단한다. 주간의 연기는 안개나 운무, 구름 등과 유사한 특성을 가지므로 연기의 특성인 상승 모션과 질감의 불규칙성 등을 10~100프레임 정도 누적시키고, 시·공간적 특성 분석을 통해 검증과정을 거친다. 야간에는 연기대신 불꽃을 감지한다. 불꽃은 원거리에서 촬영되므로 움직임이 작은 특성을 가지지만, 불꽃 영역은 시간이 지남에 따라 주변으로 확산되는 경향을 가지므로 불꽃 영역에 대한 크기와 모양변화를 시간축상에서 분석하여 가로등, 항공기 유도등과 구분할 수 있다.

3.2 수위 감지

수위감지용 카메라는 주로 하천의 다리기둥을 촬영하거나 강변을 촬영하여 범람을 예측하는 방식으로 나뉜다. 공통적인 방법은 그림 14.5와 같이 영상에 포함되는 비나 눈 등의 잡음을 제거하고, 하천과 다리기둥 또는 강변의 색상 차, 하천 표면과 기둥, 강변의 모션 벡터 차 등을 이용하여 수면의 높낮이 변화를 예측한다. 이외에도 적외선 카메라를 이용하여 수면과 강변의 열온도 차를 이용하여 하천수위를 감지하는 방법도 있다.

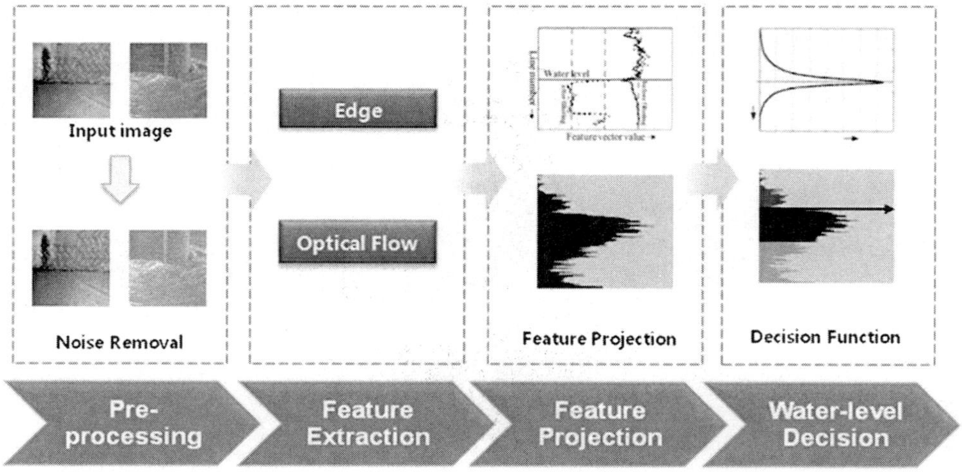

그림 14.5 CCTV 기반의 하천감지를 위한 주요 알고리즘 순서

3.3 해일 감지

원거리에서 발생한 폭풍이나 지진해일 등을 육지의 CCTV 카메라만을 이용하여 감지하는 것은 불가능하므로 해일 감지를 위한 CCTV는 주로 해안가도로에서 도로로 넘치는 너울성 월파(overtopping wave) 구간을 감지하여 해당 도로를 주행하는 자동차를 통제하기 위한 용도로 연구되고 있다. 대표적으로 일본 국토청의 연구에서는 그림 14.6과 같이 해안도로에 설치된 카메라에서 입력된 영상을 컴퓨터비전 기법을 이용하여 분석하고 동시에 파도 측정기에서 입력된 신호를 분석하여 월파에 해당하는지 여부를 판단한다. 너울성 월파로 판단되면 관제센터에서는 즉시 주변 도로의 안내판에 주행자동차 진입을 금지시키는 경고를 안내한다.

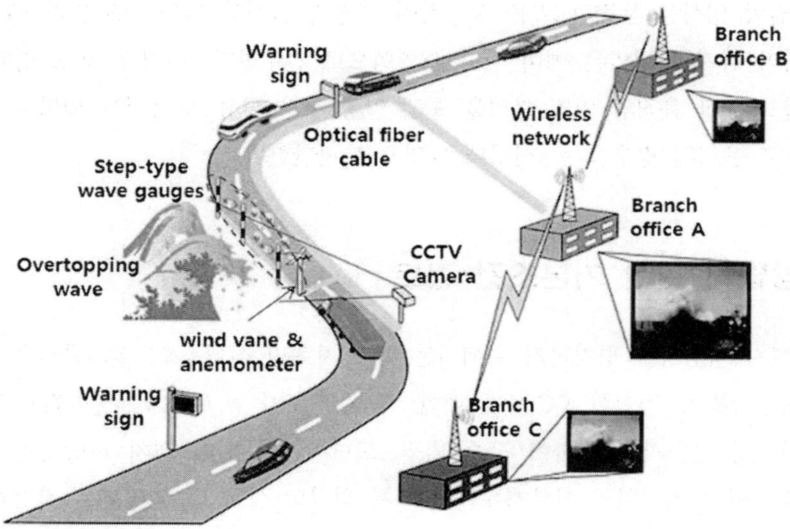

그림 14.6 해안도로에서 너울성 월파 감지를 위한 모니터링 시스템 개념도

3.4 산사태 감지

산사태 감지는 주로 그림 14.7과 같이 항공기 또는 인공위성에서 촬영된 LiDAR(Light Detection and Ranging) 영상이나 SAR(Synthetic Aperture Radar) 영상을 이용한다. 영상 내의 움직임 변화량과 모션 벡터를 계산하면 산사태 여부와 산사태의 움직임 방향을 예측할 수 있다. 최근에는 CCTV를 활용한 근거리 산사태를 감지하는 연구도 수행되고 있는데, 주로 도로 주변이나 아파트 주변 야산에 대한 감시의 목적으로 사용된다. 산사태 감

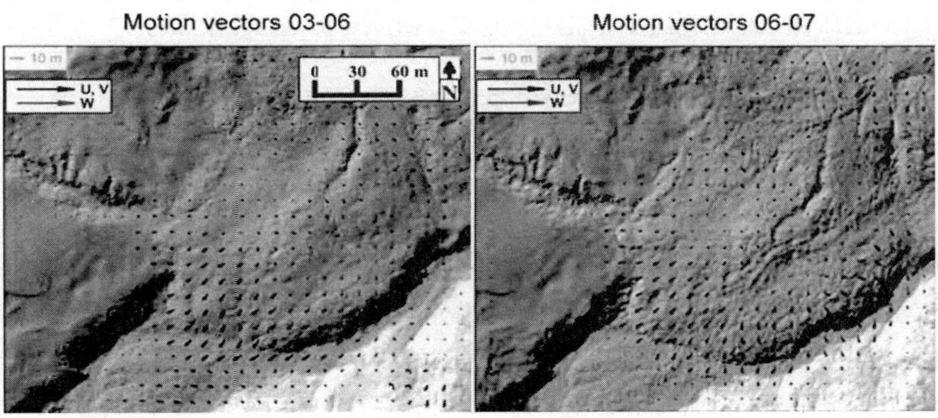

그림 14.7 LiDAR영상과 모션 벡터 측정을 이용한 산사태 여부 및 이동 방향 예측

지 방법은 입력 영상을 누적 배열을 사용하여 배경과 움직임 영역으로 분리하고, 연속적으로 움직임이 감지된 영역은 예비 산사태 영역으로 간주한다. 산사태 후보 영역에 대한 히스토리 맵 분석과 움직임 영역 분석을 통해 일정 시간 이상, 이동하는 영역이 동일하고 아래 방향으로 움직일 경우 최종 산사태 영역으로 판단한다.

4. 분석방법에 관한 기본조건 검토

CCTV의 설치 적정성을 평가하기 위해서는 각 지자체별 설치장소, 설치목적을 명확하게 규정하고 현장상황에 적합한 CCTV에 대한 제원 검토가 필요하다. 일반적으로 방범용 CCTV의 설치 및 운영과 관련하여 각종 범죄, 도난방지를 위해 설치 시방서를 제시하고 있는데, 대부분이 장비설치의 기본매뉴얼에 그쳐 최적의 설치 및 운영에는 직접적인 효과를 보기에는 어렵다. 특히, 재난관리용으로 활용되는 CCTV의 경우는 지금까지 최적설치에 대한 근거나 관련 연구 사례가 없어 현재 재난관리용으로 등록된 장비와 설치 위치에 대한 객관적 근거와 효율성을 고려한 방안검토가 더욱 필요시 되고 있다. 재난관리용 CCTV의 경우 CCD(Charge Coupled Device) 이미지센서 기반의 카메라, 목적물을 원거리에서 모니터링 할 수 있는 Zoom렌즈와 P(Pan)/T(Tilt)/Z(Zoom) 리시버, 원격지에서 모니터링할 수 있는 비디오 서버 등 네트워크 장비가 요구된다. 운영측면에서는 CCTV 설치위치, 지번, 담당자, CCTV의 주 감시방향 등이 평가요소로 활용될 수 있다. 본 적정성의 평가방법은 기존의 설치된 혹은 향후 새롭게 구축할 재난관리용 CCTV에 대해 설치기준, 설치위치, 설치장소 및 운영방안을 최적화하여 도입할 수 있는 방안으로 활용된다.

ㅇ 감시거리 : 자동차 번호판을 인식할 수 있는 최대거리 ※ 렌즈 광학계 구조설계에 따른 제조사별 차이 존재 ㅇ 최대감시거리 : 초점거리×0.8 (m단위로 환산), 256.5×0.8=205(m) ㅇ 화각 : Tele Mode → Zoom(확대) 상태에서의 화각 Wide Mode → Zoom(축소) 상태에서의 화각

재난관리용으로 활용되고 있는 CCTV 카메라는 대부분 Zoom 렌즈를 사용하기 때문에 가변초점 렌즈가 사용된다. 일반적으로 최대감시거리는 렌즈초점 거리에 0.8을 곱한 값을 미터로 환산하여 산출된다. 최대감시거리를 확보하기 위해서는 카메라 이미지 센서의 촬상소자(1/3")보다 Zoom 렌즈의 촬상소자 (1/2")가 더 커야 한다. Zoom 렌즈일 경우 화각은 Tele Mode(Zoom 확대)와 Wide Mode(Zoom 축소)로 구분하여 수평/수직 화각으로 표

시할 수 있다. Wide Mode 상태일 때 최대감시거리를 나타내며 원거리에 있는 목적물을 볼 수 있다. 원거리에 있는 목적을 확대하여 모니터할 필요가 있을 경우 Tele Mode가 사용된다.

대상지역	서울 성동구 금호빗물펌프장
설치목적	수위감시
CCD 카메라	SHC-740(삼성테크윈社) 
Zoom 렌즈	3M-1021A(COYAL社) 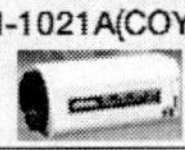
촬상소자(인치)	$\frac{1}{2}$"
화각	Tele : 1° 40'(H) x 0° 80'(V) Wide : 37°(H) x 28°(V)
초점거리(mm)	9.5(W)~256.5(T)
최대감시거리(M)	200

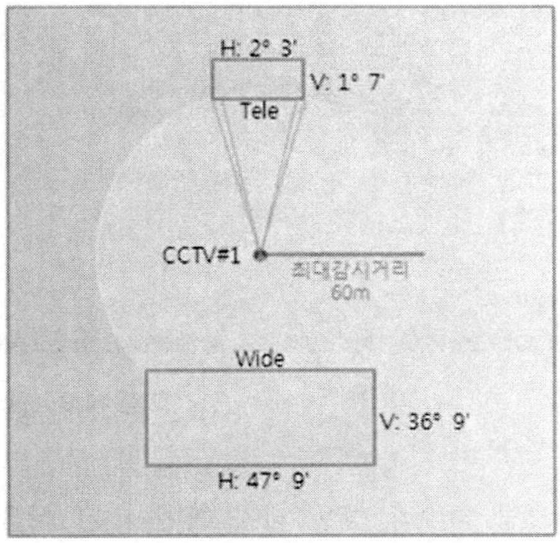

그림 14.8 카메라 설치의 적정성 분석 기준

5. GIS기반 도식화 및 분석

CCTV에 대한 설치 적절성 검토를 위해 지자체에 등록되어 운용되고 있는 CCTV의 설치 위치, 목적, 제원 등의 적절성 검토, 기존 및 신규 설치 예정인 재난관리용 CCTV설치의 적지성 분석 및 용도별 적정성 평가에 대한 결과를 GIS 화면상에 도식화하였으며, 테스트베드에 사용된 제원은 다음과 같다.

□ 작업 대상지 선정

- 작업 대상지는 서울, 강원 2개 지역으로 한다.
- 작업 물량은 서울(30개소), 강원 (164개소) 총 194개소 작업 진행함
- GIS BASE MAP은 시 · 군 · 구경계, 법정경계, 하천, 건물, 도로 등을 사용하였으며 카메라 위치를 기준으로 반경 2Km를 클리핑
- GIS 도식화의 최종 산출물은 Shape File로 변환, 가시거리, 가시방향, 주방향, 촬영높이 등 분석

□ 수집 데이터 현황(단, 제원확인이 가능한 기종에 한함, 2011.1)

- 서울지역의 경우 전체 카메라 개수는 총 515대 중 30개

• 강원지역의 경우 전체 카메라 개수는 총 277대 중 164개

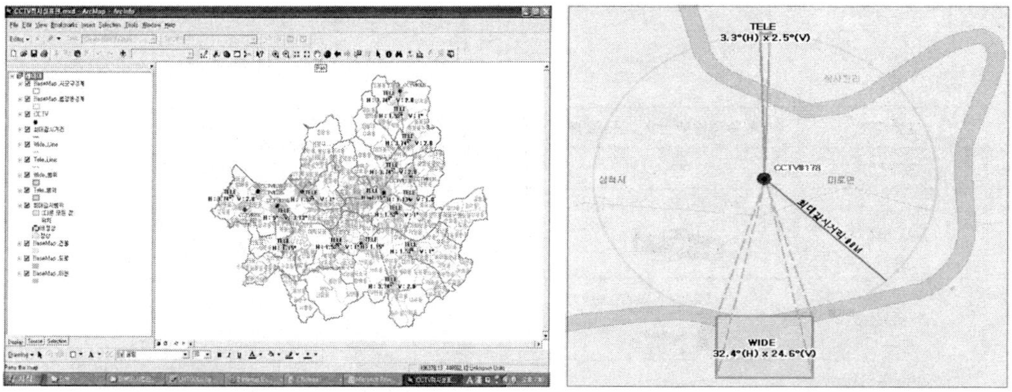

그림 14.9 GIS 도식화 및 분석 예시

그림 14.9의 경우 제원 확인이 된 서울시에 위치한 카메라 번호 #178번의 CCTV를 사례로 분석한 결과이다. 최대 감시거리는 80M이고, 방위가 남동쪽이며, 화각은 Wide가 32.4°(H)×24.6°(V), Tele가 3.3°(H)×2.5°(V)인 카메라를 GIS로 도식화하였다. 즉 본 카메라는 재난관리 감시용으로 주방향이 남동쪽으로 설치되어 있으며, 최대 화각 32.4°까지 운영이 가능한 CCTV로 확인할 수 있다. 이와 같은 분석기준으로 서울시와 강원도 지역에 대해 도식한 결과 그림 14.9와 같이 서울시의 경우는 확인된 제원 CCTV (30개)에 있어서 강남 일대에 고루 분포되고 있으며, 특히 하천감시용이 대부분으로 파악된다. 물론 본 연구에서는 서울시의 경우 30대(515대 중 8.8%), 강원지역의 경우 164대(277대 중 59.2%)에 한정해서 분석하였다. 즉 기존의 재난유형별(배수, 하천, 수위, 해안, 도로, 산불 등 12개 항목)로 등록·운영되고 있는 각 지역의 CCTV에 대해 동일한 방법으로 제원을 파악하고, GIS로 도식화하여 공간기반의 적절성을 분석한다면, 현재의 재난관리용 CCTV의 관리목적, 용도에 따라 제원이 적절한지, 설치위치는 적합한지, 운영의 방법은 효율적인지를 판단 가능하다. 무엇보다 향후 재난관리용으로 설치될 CCTV에 대해서 재난유형별, 운영목적별, 설치우선지역에 대해서도 공간적 분석에 의해 보다 객관적이고, 차등적인 지침 마련이 가능하다.

6. 맺음말

전 세계적으로 증가하는 자연재해 발생의 원인을 지구온난화만으로 치부할 수는 없지만 지금과 같은 온난화가 지속된다면 자연재해의 발생빈도와 피해 강도는 앞으로 더 커질 것이 자명하다. 특정 자연재해에 이상반응을 보이는 동물이나 곤충과 달리 예지능력이 떨어지는 인간으로서는 자연재해를 예방하기 위해 인간의 발명품인 과학기술에 의존할 수밖에 없는 형편이다. 이러한 상황 속에서 센서 기반의 연구들은 많은 한계점을 노출시켰다. 기존 센서의 대안으로써 CCTV기반의 재해감지 기술은 지난 10여 년간 꾸준히 연구되어 왔으며, 산불감지 분야 등에서는 만족할 만한 성과를 내고 있다. CCTV를 이용한 재해감지의 가장 큰 장점은 무엇보다도 재난이 발생하였을 경우 자동감지 시스템이 오 감지를 발생시키더라도 카메라를 통해 현장을 육안으로 직접 확인할 수 있다는 점이다. 부수적으로 카메라의 이상 여부를 모니터의 상태를 통해 점검할 수 있다. 하지만 CCTV를 기반의 재난 감지에 대한 연구는 산불화재를 제외하고는 아직도 초보적인 수준이다. 그 이유는 재난의 징후에는 CCTV의 영상만으로는 확인할 수 없는 다양한 정보들이 존재하기 때문인데, 이러한 징후들을 포함하여 신뢰성 있는 재난 감지 시스템을 개발하기 위해서는 다양한 센서와 CCTV 영상 기반의 비전 기술을 동시에 활용하는 융합 감지 시스템이 개발되어야 할 것이다. CCTV와 함께 다양한 센서가 적용되고 각 센서 정보를 결합하여 분류할 수 있는 인식기술이 개발된다면 자연재해를 실시간으로 조기 감지할 수 있는 스마트 재난안전관리 시스템은 가까운 미래에 완성될 수 있을 것으로 확신한다.

| 참고문헌 |

1. 국립방재연구소(2010), "지능형 영상정보인식기술을 이용한 재난관리 고도화기법 개발"
2. 국립방재연구소(2009), "재난영상정보를 활용한 자동인식 기술에 관한 기초연구"
3. 동국대학교(2004), "범죄예방을 위한 CCTV의 활용방안에 관한 연구"
4. 연세대학교(2006), "방범용 CCTV 활용상 문제점과 개선방안 연구"
5. 중앙대학교(2007), "방범용 CCTV를 활용한 범죄예방 효과연구"
6. 한국통신학회(2009), "동적 베이지안 네트워크를 이용한 동영상 기반의 화재연기감지"
7. 박영진 외(2010), "지능형 영상정보인식기술을 이용한 재난관리고도화 기법개발," 국립방재연구소, 2010.11.
8. 전범종(2012), "국내외 지능형 CCTV 영상감시 산업동향," TTA 저널, Vol. 142
9. 소방방재청(2009), "재난영상정보(CCTV) 통합연계시스템 구축 연구보고서"
10. 원격탐사, http://hidra94.com.ne.kr/urbandata/resens.html, 2014.04.28
11. Asian Disaster Reduction Center(2007), "Good Practices 2007 Supplement"

12. DART, http://nctr.pmel.noaa.gov/Dart/, 2014.04.28
13. J. Corominas, J. Moya, A. Lloret, J. A. Gili, M.G. Angeli, A. Pasuto, S. Silvano, (2000), "Measurement of landslide displacements using a wire extensometer", Engineering Geology, Vol. 55, pp.149-166
14. B. C. Ko, S. Y. Kwak(2012), "A Survey of Computer Vision-based Natural Disaster Warning Systems", Optical Engineering, Vol. 51(7), pp.1-11
15. Ministry of Land, Infrastructure and Transport in Japan(2001), "Overtopping Wave Monitoring system", ITS Handbook 2001-2002.
16. S. Ghuffar, B. Szekely, A. Roncat, N. Pfeifer(2013), "Landslide Displacement Monitoring using 3D Range Flow on Airborne and Terrestrial LiDAR Data", Remote Sensing, Vol. 5, pp.2720-2745

Smart Phone based Natural Disaster Damage Investigation System

15장 스마트폰 기반 자연재난 피해조사 시스템

1. 스마트폰 기반 자연재난 피해조사 시스템의 개발 배경

우리나라는 태풍과 집중호우로 인하여 매년 평균 2조 원에 가까운 많은 피해가 발생하고 있으며, 이로 인하여 피해조사에 많은 시간과 인력이 소요되고 있다. 그러나 현재 피해조사는 현장에서 정보를 취득하고 사무실에서 다시 NDMS(National Disaster Management System)에 입력하는 체계로 현장에서의 업무와 사무실에서의 업무가 중복될 뿐만 아니라 현장자료를 정리하는 데 시간이 소요되고 피해 위치와 자료가 혼동되는 등의 문제점을 지니고 있으며, 명확한 업무 프로세스가 정해져 있지 않기 때문에 지자체별로 각기 다른 방식으로 피해조사를 수행하고 있다.

또한 피해발생 종료 후 7일 이내에 모든 피해 현장조사를 완료하고 NDMS에 입력해야만 한다(국민안전처(구 소방방재청), 자연재난조사 및 복구계획수립 지침, 2012.). 그러나 지자체의 피해조사 인력은 한정되어 있으며 대규모 피해가 발생하였을 경우 시간 부족과 인력 부족으로 인하여 피해조사 자료가 누락되거나 과대 산출되는 등 많은 문제점이 발생하고 있다. 이러한 시간 및 인력 부족의 문제는 피해조사 업무 프로세스 부재와 함께 현장에서의 업무와 사무실에서의 업무 이중화로 인해 발생한다고 볼 수 있으며, 이를 해결하기 위한 표준업무 프로세스 개발과 업무의 이중화를 해결할 수 있는 방법 개발이 시급하다. 업무의 이중화를 해결하기 위해서는 현장에서 모든 피해조사 업무를 종료할 수 있도록 하여야 하며, 이를 위하여 최근 대중화된 스마트폰을 이용하여 해결할 수 있을 것으로 기대된다. 스마트폰에는 카메라, GPS, 통신모듈 등의 하드웨어가 탑재되어 있기 때문에 피해현장의 사진촬영, 주소, 실시간 자료 전송 등이 가능하다.

이러한 스마트폰을 활용하여 피해조사에 활용할 수 있도록 스마트폰 기반의 자연재해 피해조사 시스템을 개발하였다.

2. 현행 피해조사 업무 프로세스 분석

현행 피해조사 업무는 현장에서의 업무와 전자 재해대장을 입력하는 사무실에서의 업무로 나눌 수 있으며, 시·군·구에서 실시하는 피해조사 업무와 중앙합동조사단에서의 업무로 구분할 수 있다. 다음 그림은 자연재난조사 및 복구계획수립지침에 나와 있는 자연재난 피해조사 체계이다.

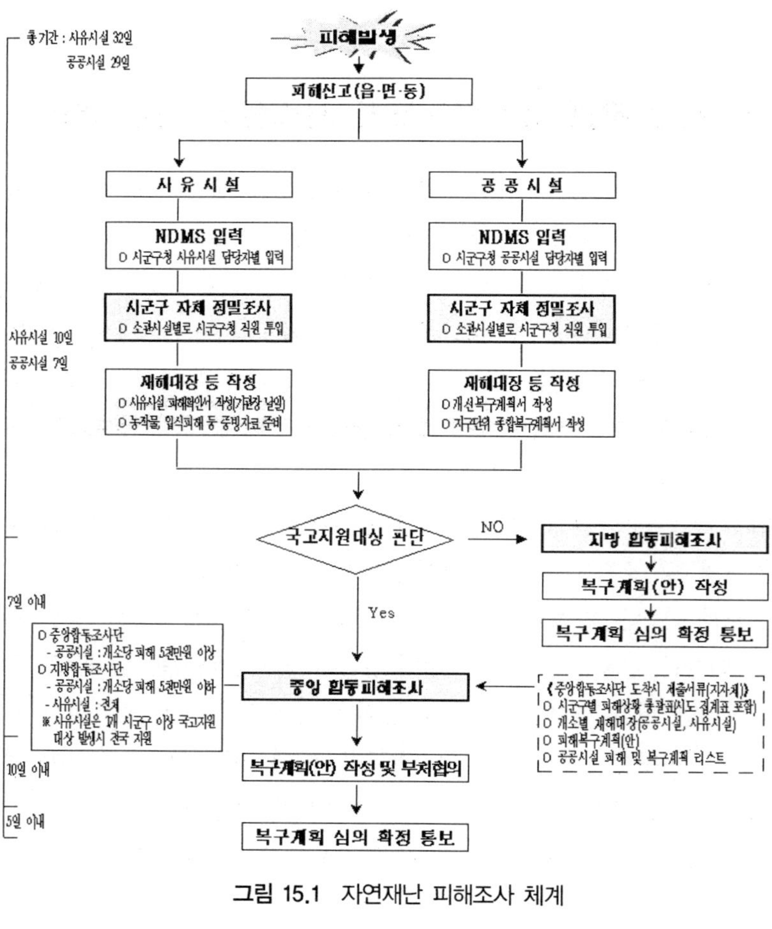

그림 15.1 자연재난 피해조사 체계

2.1 현행 피해조사 체계 분석

현행 피해조사 체계는 자연재난 피해조사 체계에 간략하게 나와 있듯이 재해발생 후 7일 이내에 모든 공공시설물에 대한 조사에서부터 NDMS 입력까지 완료되어야만 한다. 다음 그림 15.2는 지자체에서 수행하는 현행 피해조사 업무체계를 간략하게 도식화한 것이다.

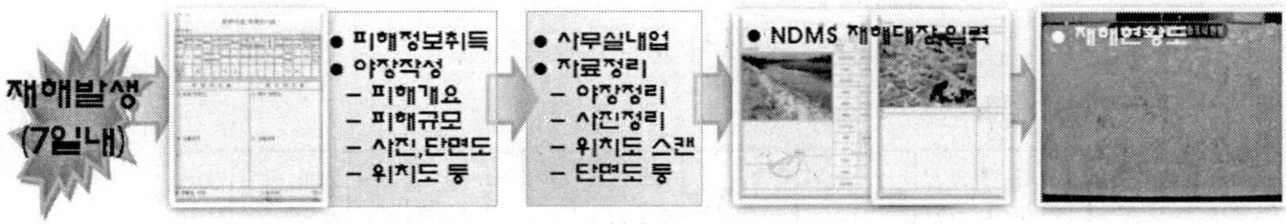

그림 15.2 현행 피해조사 체계

2.1.1 현장 피해조사 체계 분석

현장 피해조사 체계는 각 피해시설별 담당자가 직접 현장을 방문하고 피해시설을 확인한다. 그러나 실제 피해가 발생하면 시설별 담당자가 전부 조사하기에는 무리가 있으므로, 시설별로 조사하는 것이 아니라 읍·면·동별로 피해조사를 실시한다. 현장조사자의 현장조사업무 흐름은 다음과 같다.

① 현장 도착 및 피해시설 확인
② 피해시설 사진촬영(정면, 측면 등 피해 위치를 쉽게 알 수 있도록 주변시설 등과 함께 촬영)
③ 피해규모 측정(길이, 면적, 체적, 개소 수 등) 및 야장기입
④ 피해단면도 작성
⑤ 기타 특이사항 작성
⑥ 피해 위치 확인 및 지도표시

각 시설별로 현장조사 방법에 따라 조사한 내용은 그림 15.3과 같은 공공시설 피해조사표를 현장에서 작성한다.

2.1.2 전자재해대장 입력체계 분석

재난관리시스템은 피해발생시 시·군·구에서 상황관리 및 피해내역을 입력하는 시·군·구 재난관리시스템과 전국의 피해내역을 총괄 관리 및 조회할 수 있는 중앙 재난관

리시스템으로 구분할 수 있다. 피해발생시 피해상황 및 피해접수, 그리고 전자재해대장 작성을 위한 피해내역과 복구내역을 입력하는 것은 시 · 군 · 구 재난관리시스템에서 이루어진다.

다음 그림 15.4는 시 · 군 · 구 재난관리시스템에서 전자재해대장의 기본적인 입력 절차와 전자재해대장을 나타낸 것이다.

〈예 시〉

공공시설 피해조사표

(○○군)

구분	일련번호	시설구분	명칭	소관부처	소유구분	등급	시설종류	위치		수계명	노선 및 하천명	피해요인	피해구분	피해연장(m)	발생일시
								읍면	리동						
명칭	1	하천	낙곡천 신흥제	국토해양부	지자체	지방	제방	향강	신흥	금강	낙곡천	하천 급류	유실	130	'09. 8.30 10시
전산입력 NO		34			2	3						7	61		

피 해 액 산 출	복 구 액 산 출
○ 피해 단면도	○ 복구 단면도
○ 산출내역	○ 산출내역

※ 건별로 작성

• 조사자 : (인)

• 확인자 : (인)

그림 15.3 공공시설 피해조사표

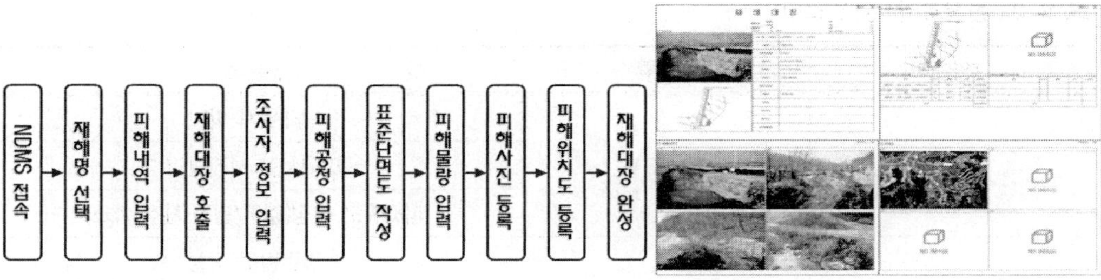

그림 15.4 전자재해대장 입력절차 및 전자재해대장

2.2 현행 피해조사 업무 분석

2.2.1 현장조사 전 주요 업무

피해발생시 현장조사 전 주요 업무는 상황관리로 사유재산과 공공시설에 대한 피해상황 접수와 접수된 사항을 표 15.1에 나타낸 재난관리시스템에 입력하는 업무를 주로 하고 있다.

표 15.1 현장조사 전 주요 업무

대분류	중분류	소분류
상황관리	피해발생 중	기상상황 모니터링
		피해상황 접수
		피해현황 시 · 군 · 구 재난관리시스템 입력
		피해현황 일지 작성
	피해발생 후	피해상황 접수
		피해현황 시 · 군 · 구 재난관리시스템 입력

2.2.2 현장조사 주요 업무

현장조사의 주요 업무는 실제 피해현장을 답사하여 피해 위치 및 피해 규모를 파악하는 것이 주요 업무이며, 피해시설에 대한 사진촬영과 줄자, 스타프 등을 이용하여 피해규모를 측정하여 재난관리시스템의 전자재해대장에 입력하기 위한 모든 사항을 야장에 기입한다.

표 15.2 현장조사 주요 업무

대분류	중분류	소분류
현장조사	피해조사	피해위치 파악
		피해시설 사진촬영
		피해규모 측정(길이/면적/체적/개소)
현장조사	야장작성	일련번호 작성
		시설구분
		시설명칭
		소관부처
		소유구분
		시설등급
		시설종류
		피해위치
		수계명
		노선 및 하천명
		피해요인
		피해구분
		피해규모(길이/면적/체적/개소)
		발생일시
		피해단면도
		산출내역

2.2.3 현장조사 후 주요 업무

현장조사 후 주요 업무는 현장조사 자료를 정리하는 업무와 재해현황도를 작성하는 업무가 있으며, 현장에서 촬영한 사진을 PC에 저장하고, 지도를 스캔하여 현장에서 작성한 야장과 매칭하여 정리한다.

그림 15.5에 나타낸 재해현황도는 현장조사 자료를 바탕으로 현황도에 시설별로 피해위치를 표시하고 피해 집계를 작성/수정한다.

표 15.3 현장조사 후 상황관리 주요 업무

대분류	중분류	소분류
상황관리	현장조사 자료 정리	사진저장
		위치도 스캔
		야장정리
	재해현황도 작성	피해위치 확인
		피해시설 확인
		재해현황도 작성
		유형별 재해 집계

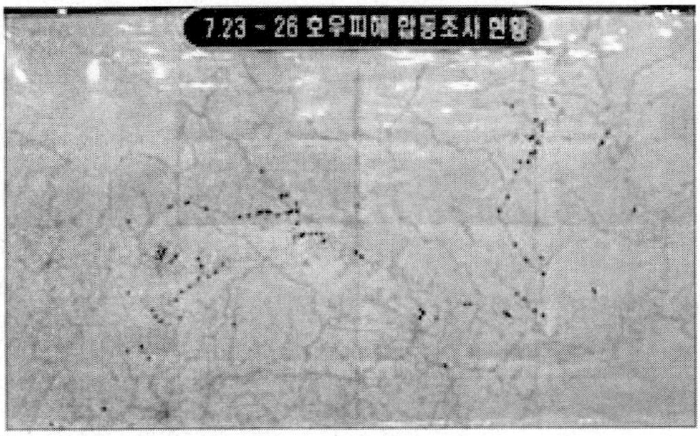

그림 15.5 재해현황도

2.2.4 NDMS 입력 주요 업무

재난관리시스템 입력은 기본사항과 공공시설피해입력, 전자재해대장 입력으로 나누어지며, 공공시설피해입력의 경우 사전 피해 접수시 입력되어 변경사항이 없을 경우 다시 입력하지 않으며, 바로 전자재해대장을 작성하게 된다. 그러나 사전피해접수가 없거나 접수된 내용과 실제 피해조사내용이 상이한 경우 새로 작성하거나 수정작성한 후 전자재해대장을 작성하게 된다.

표 15.4 NDMS 입력 주요 업무

대분류	중분류	소분류
재난관리시스템 입력	기본사항	시 · 군 · 구 재난관리시스템 로그인
		재해선택
	공공시설피해 입력	행정서비스
		피해일시
		피해위치
		소관부처
		시설구분
		시설등급
		피해요인
		피해구분
		시설명
		(교통통제상황)
	전자재해대장	재해대장 호출
		시군구 조사자 정보 입력
		피해공종 선택
		표준단면도 선택
		표준단면도 편집
		산출근거(피해규모) 입력
		추가피해시설 입력(필드추가) (피해공종 선택~산출근거 입력 반복)
		피해사진 등록
		위치도 등록

2.3 현행 피해조사 문제점 분석

피해조사 업무의 가장 큰 문제점은 업무의 중복성에 있다. 재난관리시스템을 이용하기 전 피해조사는 현장에서 조사한 내용을 야장에 기입하고, 사무실에 들어와서 사진을 출력하고 수기식 재해대장을 만들었으며, 수기식 재해대장을 다시 스캔하여 보관 또는 보고용으로 사용하였다. 그러나 현재는 재난관리시스템에 입력함으로써 수기식 재해대장을 사용하지 않음에도 불구하고 여전히 현장에서 수기로 야장을 작성하고 이것을 다시 사무실에서 재난관리시스템에 입력하는 등 업무의 중복성이 존재하고 있다.

현행 피해조사 업무의 문제점을 정리하면 다음과 같다.

1) 비전문 피해조사 인력
   - 표준 업무 프로세스 부재로 비전문 조사자의 피해조사 시간이 많이 소요
   - 상세 시설구분, 소관부처 등 검색에 많은 시간이 소요
2) 업무의 중복
   - 현장에서 정리한 야장을 다시 재난관리시스템에 입력
   - 피해사진, 위치도 등 PC에 저장 후 재난관리시스템에 등록
   - 현장에서 체크한 지도를 스캔 또는 전자지도에 표시 저장 후 등록
3) 자료의 혼동
   - 재해현황도 작성시 위치 및 피해시설 혼동
   - 재난관리시스템에 사진 및 지도, 그리고 야장의 자료 혼동
   - 피해현장 재 방문시 상이한 사진 또는 피해내역

3. 피해조사 업무 프로세스 개선 방안

3.1 피해조사 업무 프로세스 개선 모델

피해 발생 후 사무실 업무는 지역주민 및 읍·면·동 공무원들의 피해신고를 시·군·구 담당자가 재난관리시스템에 입력한다. 피해조사 단계에서는 현장에서 피해시설을 촬영하고 피해규모를 측정하여 피해내역을 입력하고, 표준단면도 및 위치도를 작성하여 재난관리시스템에 입력한다.

기존 피해조사 업무 프로세스에서는 현장에서 피해시설 및 규모, 표준단면도, 위치도를

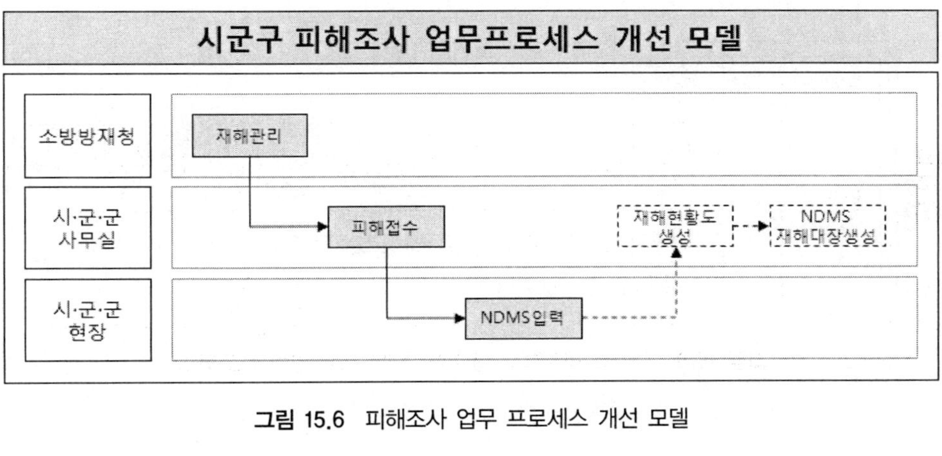

그림 15.6 피해조사 업무 프로세스 개선 모델

수기로 야장에 작성하고 현장조사 후 사무실에서 재난관리시스템에 접속하여 현장에서 촬영한 사진과 작성한 야장을 다시 정리하여 입력하였으나 중복된 업무로 인하여 많은 시간이 소요되고, 사진과 야장의 내용, 그리고 피해위치가 혼동되어 정확하지 않은 정보가 입력됨으로써 현장 재조사시 피해위치와 시설을 찾기가 어려운 경우가 빈번히 발생하였다.

본 개선모델에서는 이를 통합하여 업무 중복으로 인한 시간적 문제를 해결하고 정확한 정보입력을 위하여 현장에서 모든 업무를 종료하게 된다.

3.2 피해조사 업무 프로세스 As-Is/To-Be 모델

3.2.1 현장조사 전 피해접수 As-Is/To-Be

현장조사 전 피해접수 및 재난관리시스템 공공시설피해입력 업무 프로세스는 기존과 동일한 업무 프로세스를 갖는다. 단, 기존과의 차이점은 현재는 사무실에서만 재난관리시스템에 접속하여 입력할 수 있지만, 스마트폰을 이용할 경우 현장에서도 직접 공공시설피해현황을 입력할 수 있다.

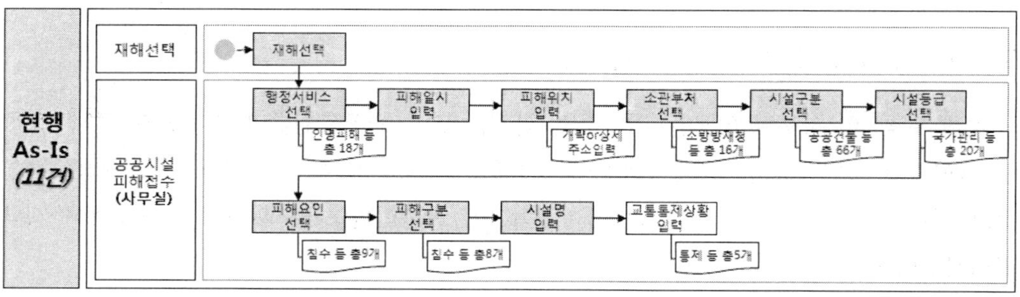

그림 15.7 As-Is 피해접수 및 재난관리시스템 입력 프로세스

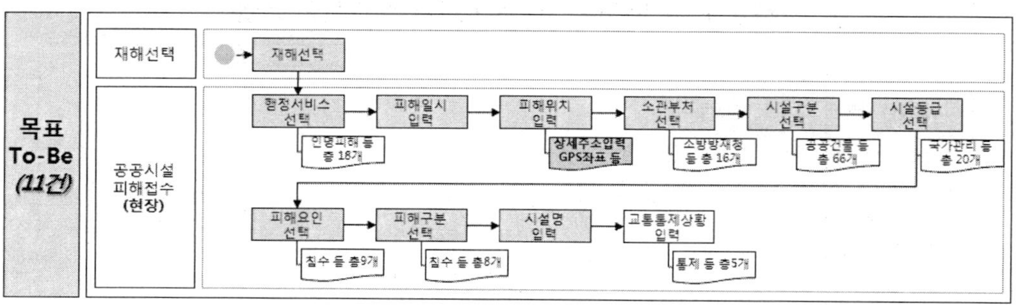

그림 15.8 To-Be 피해접수 및 재난관리시스템 입력 프로세스

3.2.2 현장조사 As-Is/To-Be

현장조사 업무 프로세스의 가장 큰 차이점은 기존의 현장조사업무 프로세스에서는 피해위치 파악, 일시 등 수기로 작성해야 하나 스마트폰을 이용할 경우에는 GPS 및 모바일 수치지도를 활용하여 직접 입력하지 않고 자동으로 입력된다.

기존 업무 프로세스에서는 피해규모 측정을 줄자, 스타프 등을 이용하여 측정하였으나 스마트폰에서는 GPS를 이용하여 사용자가 이동한 거리를 측정하거나 지도에 표시함으로써 피해규모를 측정할 수 있는 Tracking, Mapping을 이용한 피해규모 측정이 가능하며, 기존의 방법과 같이 줄자, 스타프, 거리측정기 등을 이용하여 측정한 후 수기로 입력하는 방식도 가능하다.

현장 적용시 GPS 정확도를 고려하여야 하며, 일반적으로 GPS 정확도는 SA(Selective Availablity) 신호처리에 의해서 10m 수준이며, 보정장치인 DGPS를 사용하는 경우 수m 이내로 정확도를 높일 수 있다(GPS 위치 정확도 향상을 위한 의사거리 오차의 분석에 관한 연구, 김용일 등, 1996).

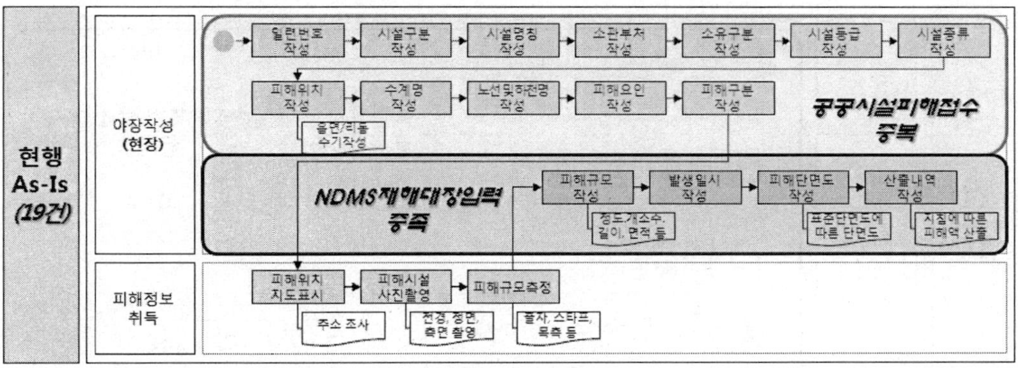

그림 15.9 As-Is 현장조사 프로세스

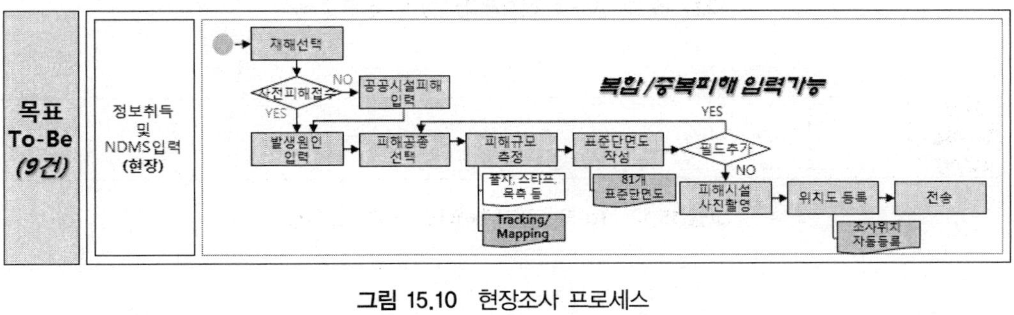

그림 15.10 현장조사 프로세스

또한 기존에는 현장에서 피해규모 측정 이외에 디지털 카메라를 이용한 피해현장의 사진 촬영, 위치도 작성을 위해 종이지도에 위치 표시, 측정한 피해 규모 및 피해 개요 등의 야장작성 등을 하였으나 스마트폰을 이용할 경우 스마트폰에 내장된 카메라를 이용한 사진 촬영, GPS좌표를 기반으로 한 지도표시, 피해내용의 스마트폰 입력 등을 이용하여 현장에서 직접 모든 자료를 재난관리시스템에 전송하게 된다.

3.2.3 NDMS 전자재해대장 입력 As-Is/To-Be

재난관리시스템의 전자재해대장 입력 프로세스는 기존의 업무 프로세스와 스마트폰을 이용한 업무 프로세스가 크게 다르지 않다. 입력 방식의 차이는 웹에서의 입력과 스마트폰 어플리케이션에서의 입력 차이로 발생하게 된다.

그러나 스마트폰의 업무 프로세스에서는 현장조사와 동시에 전자재해대장 입력이 완료되므로 스마트폰 기반 업무 프로세스에서는 현장조사 업무 프로세스만 존재하며, 재난관리시스템의 전자재해대장 입력 업무 프로세스가 따로 존재하지 않는다.

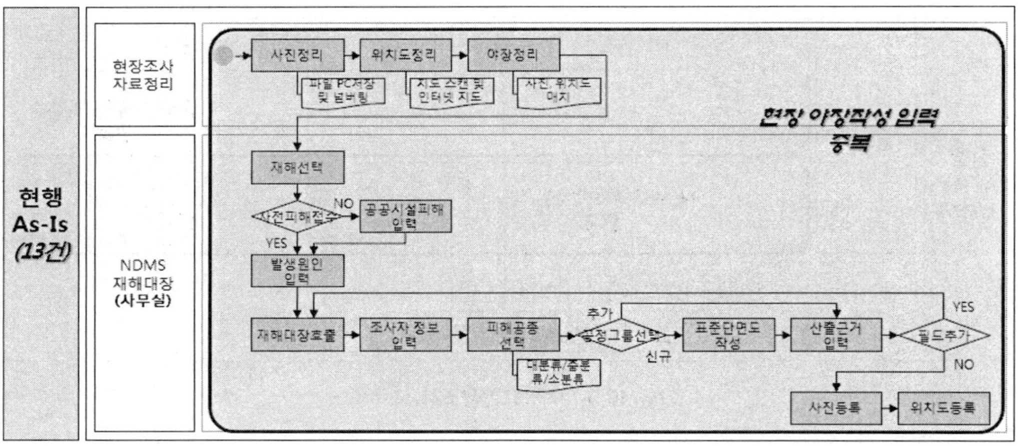

그림 15.11 As-Is 전자재해대장 입력 프로세스

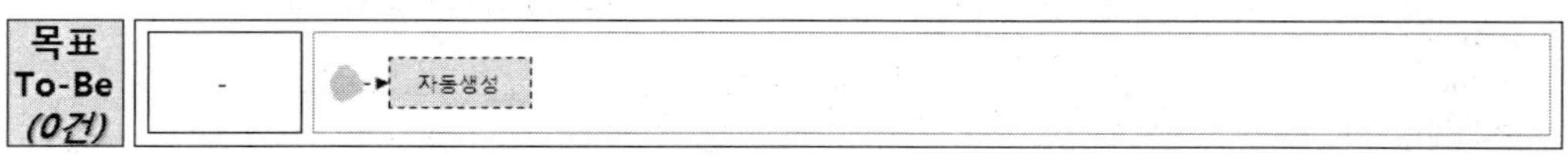

그림 15.12 To-Be 전자재해대장 입력 프로세스

3.2.4 현장조사 후 As-Is/To-Be

기존의 피해조사 업무 중 현장조사 후 사무실에 복귀하게 되면 현장에서 촬영한 사진 저장, 지도 스캔, 야장정리 등 현장조사 자료를 정리하는 업무가 존재하였으나, 스마트폰을 이용할 경우 현장에서 모든 자료를 전송하게 됨으로써 현장조사 후 사무실에서의 업무가 존재하지 않는다.

재해현황도는 각 지자체별로 관내지도에 피해시설별로 각기 다른 색상을 이용하여 스티커를 부착하고 각 시설별 피해조사 현황을 집계한다. 그러나 스마트폰을 이용할 경우 좌표정보를 바탕으로 이러한 전자재해현황도가 실시간으로 생성됨으로써 수작업으로 재해현황도를 작성할 필요가 없어진다.

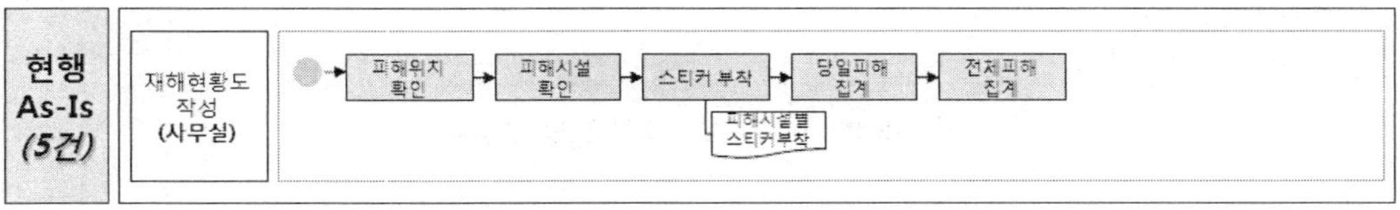

그림 15.13 As-Is 재해현황도 작성 프로세스

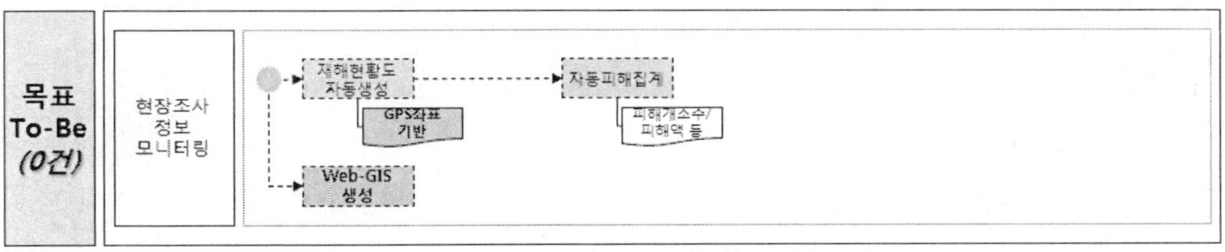

그림 15.14 To-Be 재해현황도 작성 프로세스

4. 스마트폰 기반 피해조사 표준 프로세스 개발

4.1 표준 업무 프로세스 개발

앞서 분석한 업무현황과 이를 통하여 제시한 프로세스안을 바탕으로 스마트폰 기반 피해조사 표준 업무 프로세스를 개발하였다.

기존 피해조사 프로세스는 현장에서의 피해조사와 현장조사 후 사무실에서 재난관리시스템에 입력하는 업무로 분류되어 있었으나 본 연구에서는 현장에서 모든 업무를 종료하는 one-stop 프로세스를 제시하였다.

개선된 프로세스에서는 현장에서 스마트폰 등을 이용하여 공공시설 피해입력에서부터 사진촬영, 위치정보 획득, 표준단면도 작성, 피해내역 입력 등의 피해공정에 대한 상세 정보까지 모두 입력하고 재난관리시스템에 실시간으로 전송함으로써 사무실에 복귀하여 재난관리시스템에 현장조사 내용을 정리하여 입력하는 프로세스가 생략되었다.

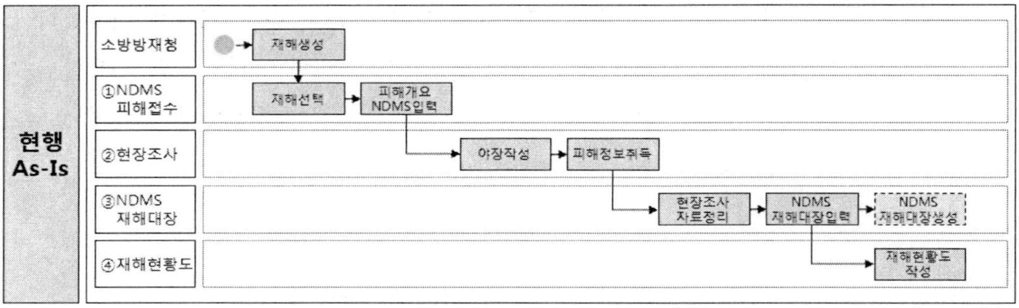

그림 15.15 As–Is 피해조사 업무 프로세스

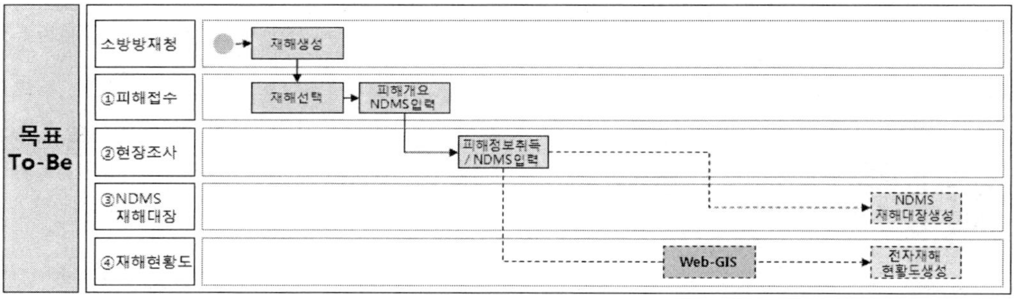

그림 15.16 To–Be 피해조사 업무 프로세스

피해조사 업무 프로세스 As-Is/To-Be 피해조사 업무 프로세스를 바탕으로 한 표준 업무 프로세스는 다음과 같다.

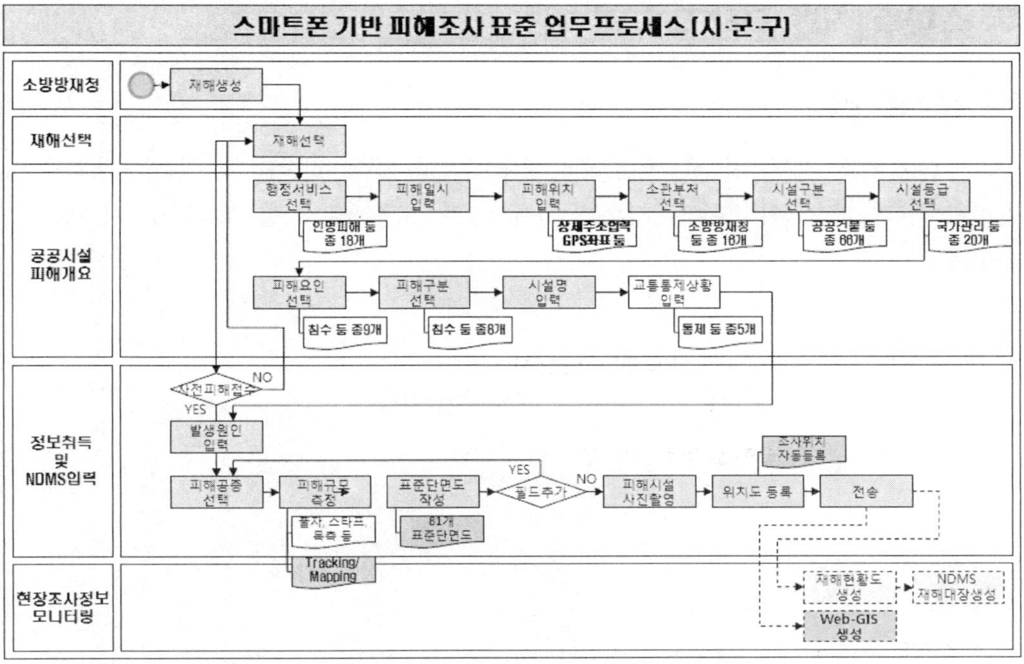

그림 15.17 스마트폰 기반 피해조사 표준 업무 프로세스

4.2 표준 업무 프로세스의 업무 효과 분석

As-Is/To-Be 모델을 바탕으로 업무 효과를 분석한 결과 기존의 피해조사 업무 프로세스는 총 48단계의 업무 프로세스가 존재하였다. 그러나 개선된 업무 프로세스는 기존의 업무 프로세스에서 현장과 현장복귀 후 사진, 위치도, 야장정리 및 재해현황도 작성 등 사무실에서의 중복된 업무를 현장에서 모두 종료하도록 하여 총 20단계의 업무 프로세스로 구성되어 업무 프로세스가 약 58% 줄어들었다.

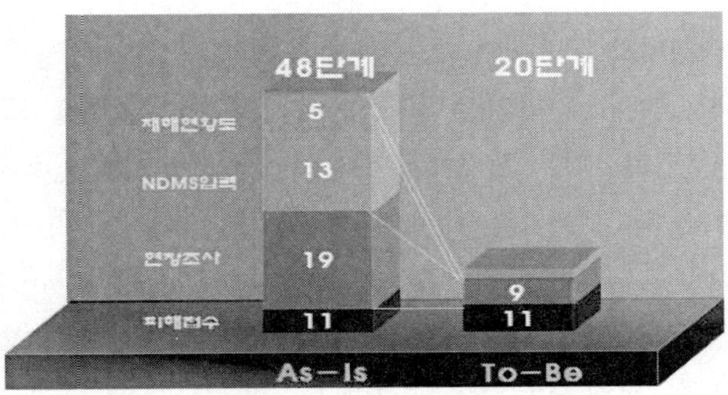

그림 15.18 업무 프로세스 비교

5. 스마트 기반 피해조사 시스템

5.1 시스템 구성

스마트폰 기반 피해조사 시스템은 현장에서 정보를 입력·전송할 수 있는 피해조사 어플리케이션과 현장에서 전송된 정보를 실시간으로 표출해주는 웹 모니터링 시스템으로 구성되어 있다.

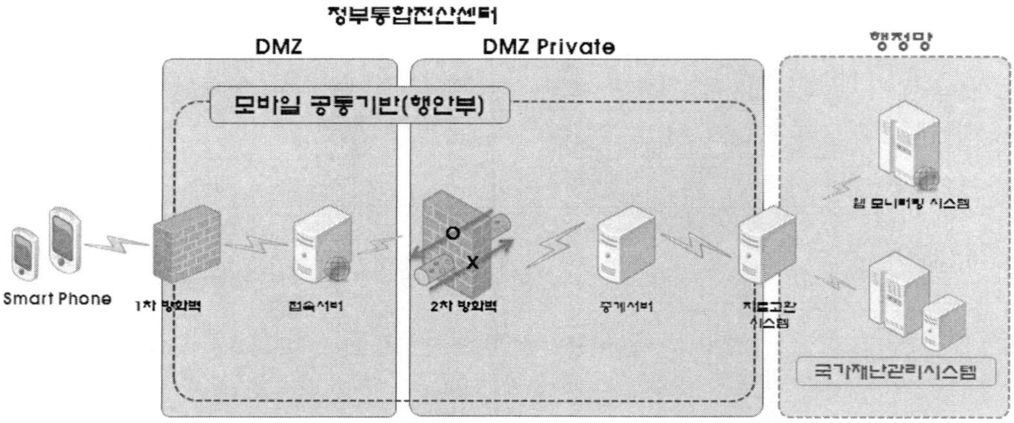

그림 15.19 스마트폰 기반 피해조사 시스템 구성도

현장에서 피해조사 어플리케이션을 이용하여 취득한 정보는 모바일 전자정부 공통기반 시스템을 거쳐 행정망 내부에 위치한 국가재난관리시스템으로 전송되며, 웹 모니터링 시스템에서 Web-GIS를 이용한 위치기반 서비스를 제공한다. 피해조사 어플리케이션과 웹 모니터링 시스템의 주요 기능은 다음과 같다.

5.1.1 피해조사 어플리케이션

피해조사 어플리케이션은 국가재난관리시스템에 입력하는 항목을 동일하게 구축하였으며, 아이콘의 크기 및 입력방식은 현장에서 사용하기 간편하도록 사용자의 편의를 고려하였다. 피해조사 어플리케이션의 주요 기능은 다음과 같다.

1) 기초정보입력

기초정보는 주소정보, 피해조사 일시, 소관부처, 시설명 등의 정보로써 피해조사 항목 중 가장 기본적인 피해조사 대상의 가장 기초적인 정보이다.

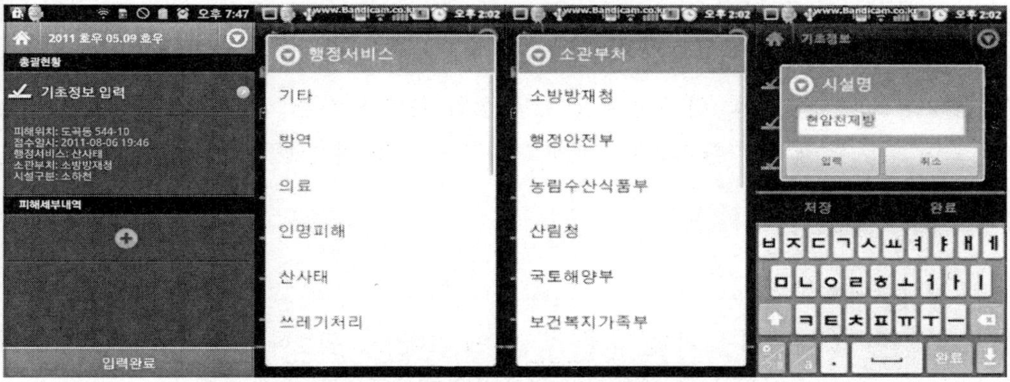

그림 15.20 기초정보 입력

기초정보 중 가장 기본이 되는 정보는 주소정보로써 기존의 피해조사에서는 주변의 지형지물을 이용하여 대략적인 위치를 확인하거나 종이로 프린트된 관내지도에서 피해위치를 확인하여 지도에 표시하고 주소를 찾아 기록하였다. 그러나 피해조사 어플리케이션에서는 스마트폰에 내장된 GPS를 이용하여 정확한 피해위치의 좌표를 기반으로 한 주소를 자동으로 입력하여 준다. 시설물의 기본정보인 행정서비스, 소관부처 항목은 현장에서 선택하기 용이하도록 드롭다운 방식으로 제공하며, 시설명은 사용자가 직접 텍스트를 입력하거나 마이크를 이용한 음성인식 입력방식을 제공한다.

2) 세부피해내역 입력

세부피해내역은 피해시설물의 종류와 피해규모를 통한 피해액을 산정하는 중요한 자료

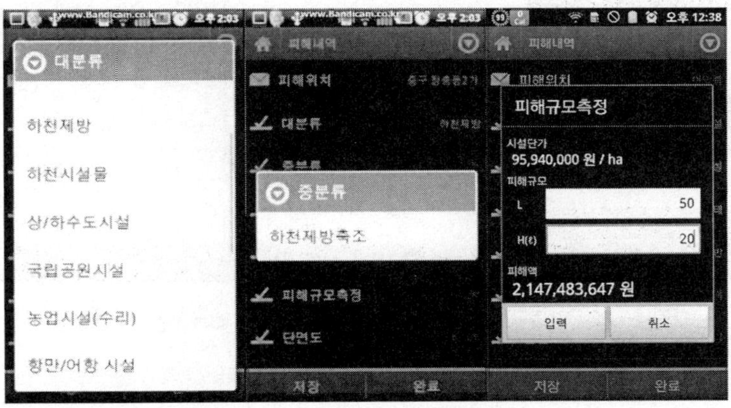

그림 15.21 세부피해내역 입력

이다. 피해시설의 구분은 대분류, 중분류, 소분류로 구분되어 있으며, 피해조사 어플리케이션에서는 대분류 선택 시 하위분류인 중분류가 자동분류되도록 구성하였으며, 하위분류인 중분류 또는 소분류를 먼저 입력할 경우 상위 분류가 자동으로 입력되도록 구성하였다. 또한 각 시설별 단가를 DB로 구축하고, 피해규모를 입력하면 자동으로 피해액이 산정되도록 개발하였다.

3) Mobile-GIS

피해조사의 주요 목적은 피해규모를 조사하여 피해액을 확정하는 것이다. 기존의 피해조사에서는 줄자, 스타프 등을 활용하여 현장에서 피해규모를 직접 측정하는 방법을 사용하였다. 그러나 농경지의 대규모 침수, 하천제방, 도로 등의 대규모 붕괴와 같이 피해규모가 큰 경우에는 직접 측정하는 것이 쉽지 않다. 스마트폰 기반 피해조사 시스템에서는 이러한 대규모 피해규모 측정을 지원할 수 있도록 Mobile-GIS 기능을 탑재하였다. Mobile-GIS는 지도상에서 피해 거리 및 면적을 측정할 수 있는 mapping, GPS를 이용하여 사용자가 피해지역을 직접 도보로 이동함으로써 그 이동거리를 측정하여 피해거리 및 면적을 측정할 수 있는 tracking 기능을 제공하며, 결과값을 지도상에 표출해 주고 자동으로 입력해 준다.

그림 15.22 피해규모 측정(좌측부터 Mapping, Tracking, 직접입력)

4) 단면도 작성

국가재난관리시스템에서는 피해시설의 단면도 작성을 위하여 81개 표준단면도를 제공하고 있다. 그러나 시스템에서 제공하는 단면도를 작성하기 이전에 현장에서 조사자가 수기로 단면을 작성하고 국가재난관리시스템에서 다시 파일로 생성하는 중복된 작업을 수행하여야 했다. 따라서 국가재난관리시스템에서 제공하는 81개 표준단면도를 어플리케이션에 내장하여 각 시설에 따라 자동으로 표준단면도를 선택하여 사용자가 터치스크린을 통하여 손쉽게 작성할 수 있도록 지원하며, 표준단면도가 없는 경우에는 백지 또는 스마트폰에 내장된 다른 그림을 활용하여 작성할 수 있도록 지원한다(그림 15.23 참조).

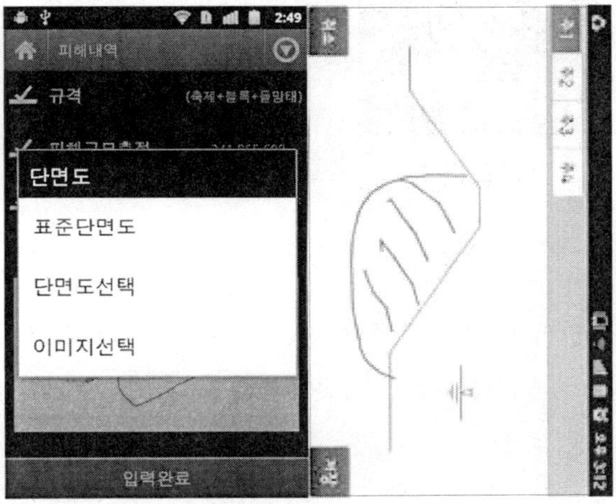

그림 15.23 단면도 선택 및 작성

그림 15.24 사진촬영

5) 사진촬영

사진촬영은 스마트폰에서 제공되는 기본 기능 중 하나이며, 최근의 스마트폰에는 1천만 화소가 넘는 디지털 카메라와 비슷한 고성능의 카메라가 탑재되어 있다. 어플리케이션을 통하여 촬영된 영상은 자동으로 입력되며, 기존에 촬영된 영상 또한 선택하여 입력할 수 있도록 개발하였다(그림 15.24 참조).

6) 위치도 입력

위치도는 피해시설의 위치를 지도상에서 확인할 수 있는 중요한 자료이며, 주소입력에서 입력된 정보를 바탕으로 자동으로 위치도를 생성·입력해 준다.

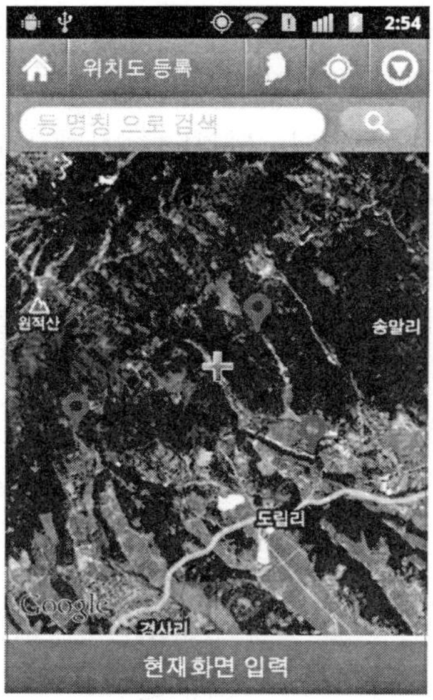

그림 15.25 위치도 입력

5.1.2 웹 모니터링 시스템

피해조사의 모니터링은 피해지역의 상황관리에 매우 중요한 역할을 한다. 피해 위치와 시설 정보를 바탕으로 응급복구, 주민 임시 주거시설 마련, 생필품지원 등 다양한 재난관리 의사결정을 할 수 있다.

그러나 현재의 피해조사 모니터링은 단순한 전화접수와 지자체 담당자가 현장조사를 종료하고 사무실에 복귀한 후에 조사한 정보를 대형 관내지도에 색이 다른 각각의 스티커를 부착하고 있다. 이러한 정보는 정확한 위치정보를 파악하기 어려울 뿐 아니라 단순 피해 구분 정보만을 가지고 있기 때문에 지자체에서의 재난관리 의사결정에 상세한 정보를 제공하지 못하고 있는 실정이다.

따라서 피해조사 어플리케이션에서 전송된 정보를 Web-GIS에 GPS기반의 위치정보를 바탕으로 실시간으로 표출해 주며, 상세한 피해조사 정보를 확인할 수 있도록 개발하였다. 이러한 정보는 응급복구가 필요한 지점, 피해 집중 지역 등을 실시간으로 제공함으로써 지자체 재난관리에 다양한 방면으로 도움이 될 수 있을 것으로 판단된다.

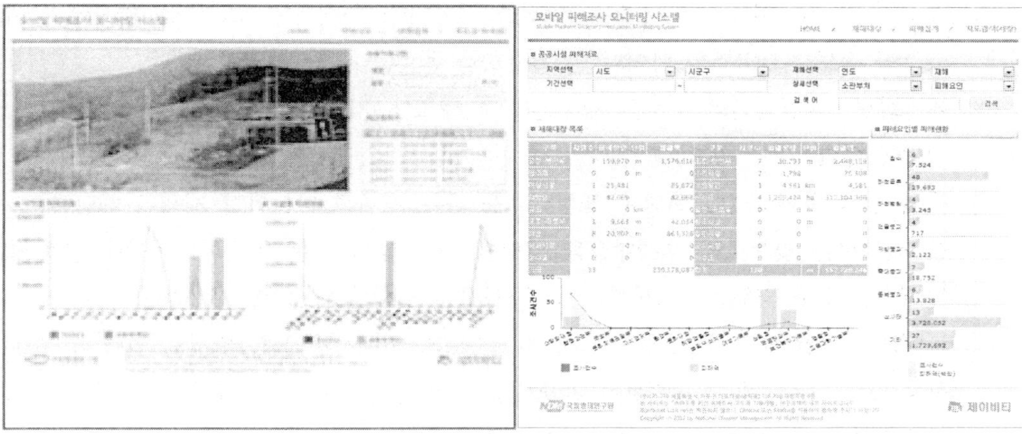

그림 15.26 웹 모니터링 시스템

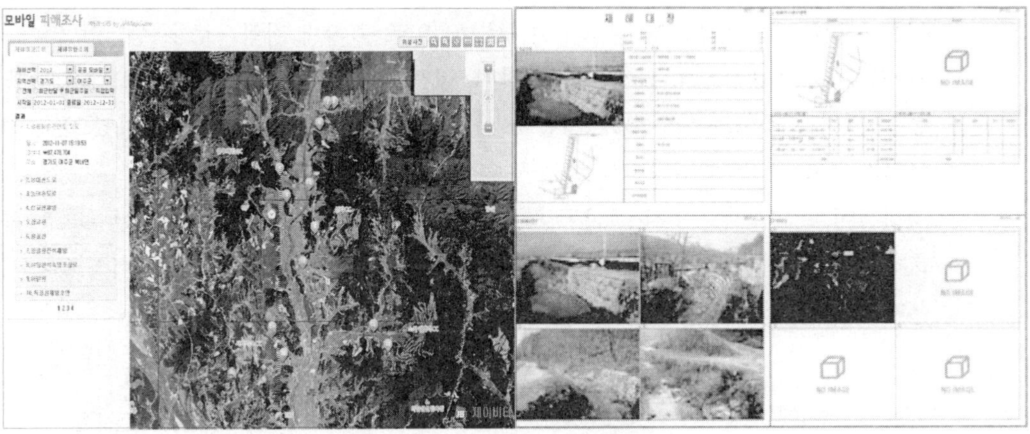

그림 15.27 Web-GIS와 전자재해대장

5.2 시스템 사용절차

스마트 기반 피해조사 시스템은 기존의 NDMS 재해대장을 현장에서 직접 입력할 수 있는 시스템으로 NDMS의 재해대장을 생성하는 데 필요한 모든 정보를 동일하게 입력할 수 있는 시스템으로 로그인, 메인화면, 재해선택화면, 피해조사(기초정보입력)화면, 피해조사(피해세부내역)화면, 피해조사(위치도입력 및 자료전송), 자료조회, 지도조회, 환경설정으로 구성되어 있으며, 각 구성별 세부 내용 및 기능은 다음과 같다.

① 로그인 : Smart 피해조사 어플리케이션을 사용하기 위해서는 로그인을 하여야 하며, 로그인 정보는 NDMS의 아이디, 비밀번호와 동일하다.

② 메인화면 : 메인화면의 구성은 재해선택, 피해조사, 자료조회, 지도조회, 설정으로 구성되어 있다.

③ 재해 선택 화면 : 재해 선택은 생성하고자 하는 재해대장이 어떤 재해에 해당하는지를 선택하는 것으로써 재해대장을 입력할 때 기준이 되는 항목이다. 재해 선택 화면에서는 신규재해를 생성하거나 기존 입력된 재해명을 선택할 수 있다.

④ 피해조사 : 피해조사의 항목은 크게 기초정보와 피해세부입력, 위치도 입력 및 자료전송으로 구분되며, 기초정보는 재해대장의 제일 첫 페이지에 표출되게 되며, 피해세부내역은 재해대장의 두 번째 페이지에 표출된다.

④-1 기초정보 입력

기초정보의 입력항목은 피해위치(상세주소), 접수일시, 행정서비스, 소관부처, 시설구분, 시설등급, 피해요인, 피해구분, 시설명으로 총 9개 항목으로 구성되어 있다.

피해위치는 스마트폰의 GPS를 이용하여 현재 위치의 주소가 자동으로 입력된다.

접수 일시는 스마트폰의 현재 시간이 자동으로 선택되도록 기본 구성하였으며, 사용자가 수정할 수 있다.

행정서비스, 소관부처, 시설구분, 시설등급, 피해구분은 NDMS와 동일한 DB로 구축하여 드롭다운 방식으로 선택할 수 있으며, 피해개요 및 시설명은 텍스트로 사용자가 직접 입력한다.

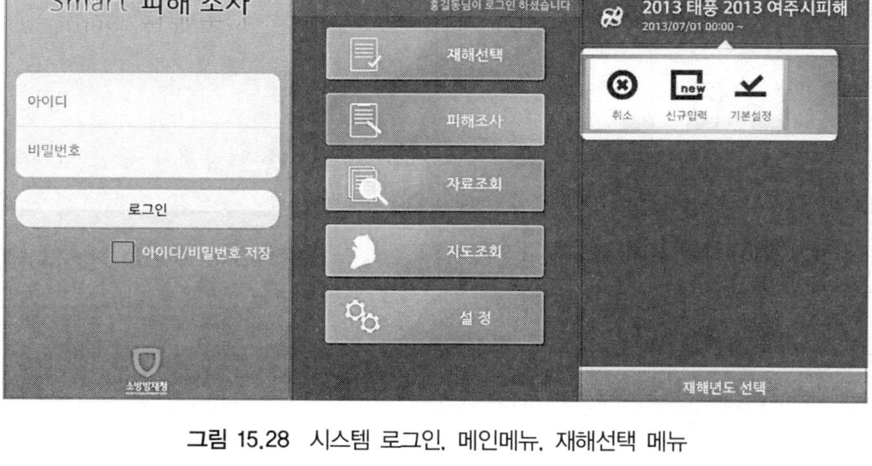

그림 15.28 시스템 로그인, 메인메뉴, 재해선택 메뉴

그림 15.29 기초정보, 피해위치, 접수일시 메뉴

④-2 피해세부내역

피해세부내역은 기초정보입력이 완료된 후에 입력할 수 있으며, 피해위치, 대분류, 중분류, 소분류, 규격, 피해규모 측정, 단면도, 사진의 총 8개의 입력항목이 있다.

피해위치는 기초정보 입력시와 동일하며, 기초정보 입력에서 선택된 위치를 선택할 수 있도록 옵션을 구성하였다. 대분류, 중분류, 소분류, 피해규격은 피해시설물의 세부규격을 선택하는 것으로써 피해단가를 결정하는 중요한 항목이다. 각 항목은 DB로 구축되어 그림 15.30과 같이 드롭다운 방식으로 선택할 수 있으며, 검색기능을 통하여 공종을 검색하여 입력할 수 있다.

피해규모 측정은 그림 15.31과 같이 줄자, 스타프 등으로 사용자가 측정한 데이터를 텍스트로 입력하거나 GPS를 이용한 Tracking, 지도를 이용한 Mapping 기능을 이용하여 입력할 수 있으며, 자동으로 피해액을 계산하여 입력되도록 구축하였다.

단면도는 그림 15.32와 같이 선택된 세부규격에 따라 표준단면도를 자동으로 표출하여 피해상황을 작도할 수 있으며, 표준단면도가 구축되지 않은 시설물에 대해서는 백지 단면도를 제공하고 사용자가 직접 작도할 수 있다.

마지막으로 사진입력은 그림 15.33과 같이 스마트폰에 내장된 카메라를 이용하여 촬영하거나 기존에 촬영된 사진이 있다면 앨범에서 선택하여 등록할 수 있다.

그림 15.30 피해내역, 소분류, 피해시설물 세부규격 선택 메뉴

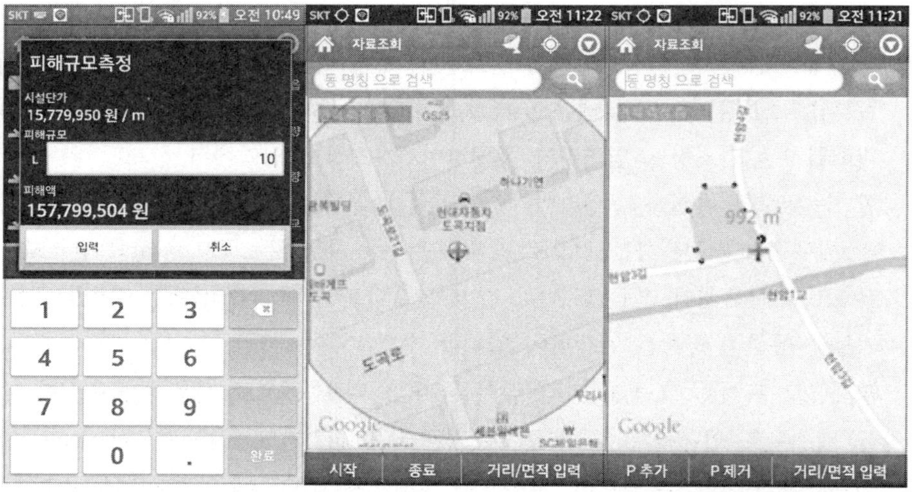

그림 15.31 피해규모 측정 메뉴에서 텍스트 입력, GPS이용 Tracking, 지도이용 Mapping

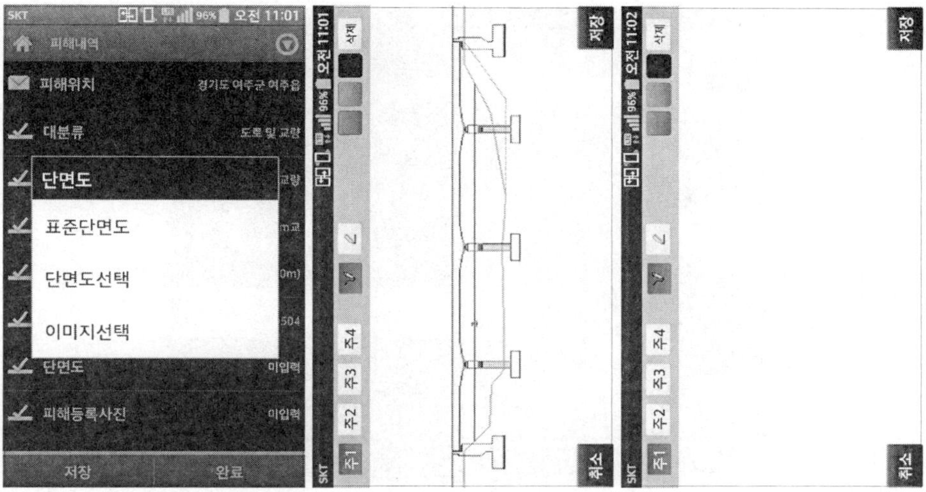

그림 15.32 단면도 선택메뉴, 표준 단면도, 백지 단면도

그림 15.33 사진입력 메뉴, 직접촬영, 앨범선택(이미지 선택)

그림 15.34 위치도 등록, 재해대장 전송

⑥ 위치도입력 및 자료전송 : 피해조사 내역 입력이 종료되면, 위치도를 등록하고 자료를 전송한다. 위치도는 피해조사가 이루어진 위치에 따라 자동으로 위치도가 생성되며, 사용자가 임의로 확대, 축소, 이동할 수 있다. 위치도 입력이 완료되면 재해대장을 스마트폰 내에 암호화하여 DB로 저장된다. 만약 통신시설의 피해, 산간지역 등 데이터 통신이 불가한 경우에는 임시저장 후 통신이 가능한 지역에서 자료를 전송할 수 있다.

⑦ 자료조회 : 메인 메뉴의 '자료조회'는 사용자가 스마트폰으로 조사하여 입력한 재해대장을 조회하고 수정·삭제할 수 있다.

⑧ 지도조회 : 메인메뉴에서 "지도조회"는 지도상에서 사용자가 조사하여 입력한 재해대장을 조회할 수 있으며, 조사위치를 클릭하면 재해대장을 불러오고 수정·삭제할 수 있다.

⑨ 환경설정 : 환경설정은 피해조사 업무에 필요한 기능을 설정할 수 있다. 사전업무 동기화는 현장조사에 필요한 내용을 미리 스마트폰으로 내려받는 기능이며, 사후업무 동기화는 현장에서 수집된 업무자료를 NDMS(모바일서버)로 전송하는 기능이다. 그 외에 GPS 정보와 프로그램 정보를 확인할 수 있다.

6. 현장적용 및 효율성 분석

6.1 현장 시범적용

시스템의 효율성 분석을 위하여 2011년 집중호우로 인하여 피해가 발생한 경기 여주군(그림 15.35 참조)과 2012년 태풍 '산바'로 인하여 피해가 발생한 강원 삼척시(그림 15.36 참조)를 대상으로 현장 시범적용을 실시하였다. 현장 시범적용은 기존 피해시설물과 동일한 피해시설을 대상으로 실시하였으며, 기존 피해조사에서 수행하던 모든 업무를 재현하였다.

현장적용 결과 현장에서 스마트폰을 이용하여 직접 입력하고 실시간으로 전송함으로써 기존의 사무실 업무를 생략할 수 있어서 시간적으로 60% 이상 단축 가능할 것으로 나타났으며, 현장조사의 프로세스를 잘 모르는 비경력자의 경우에는 스마트폰 어플리케이션에서 제공하는 프로세스를 따라 현장조사를 진행함으로써 효율적인 현장조사가 가능한 것으로 나타났다. 특히 실시간적인 자료전송 및 정보취합은 효율적인 상황관리를 가능하게 하고, 적시에 상부기관으로 보고할 수 있는 체계를 가져다 줄 것으로 기대하였다.

그림 15.35 시범적용 현장 1 (경기도 여주군)

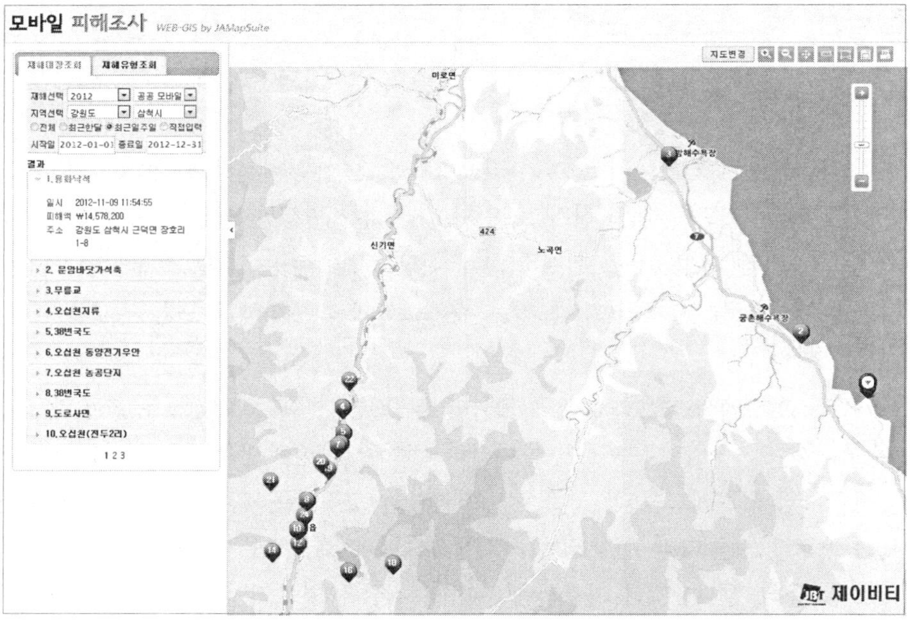

그림 15.36 시범적용 현장 2 (강원도 삼척시)

이와 함께 스마트폰뿐만 아니라 화면이 더욱 큰 태블릿 PC 등의 디바이스 확대에 대한 요구와 현재 피해조사만 가능한 시스템을 현장에서 복구계획수립까지 가능한 시스템으로 기능 확대를 요구하였다. 특히 현재 81개의 표준단면도만을 제공하는 국가재난관리시스템의 단점을 보완하고자 더욱 많은 표준단면도 개발을 요구하였다.

현장 시범적용에 참여한 지자체 담당자들은 시스템의 조기도입과 2013년 시범서비스 지역으로의 선정을 희망하는 등 매우 스마트폰 기반 피해조사 시스템의 도입에 매우 적극적인 반응을 나타냈다.

그림 15.37 현장 시범적용

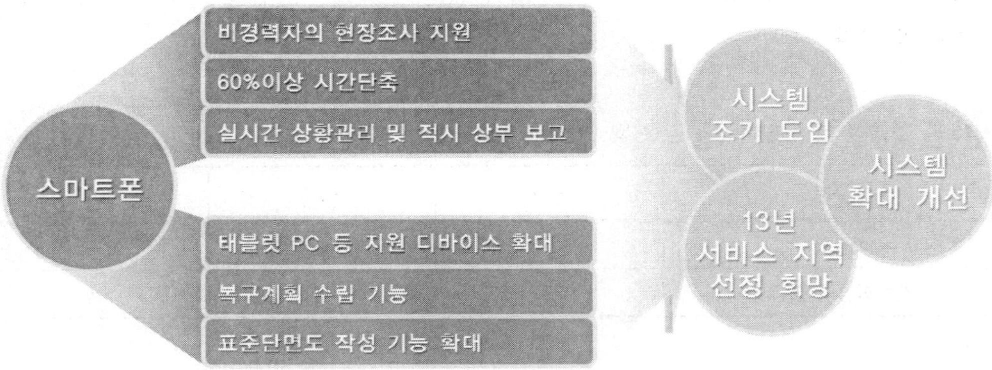

그림 15.38 지자체 주요 반응 및 시스템 확대 방안

6.2 효율성 분석

현재 개발된 스마트폰 기반 피해조사 시스템은 현장단의 스마트폰에서 NDMS까지 자료가 전달되는 체계를 갖추고 있으며, 스마트폰에서 전송된 자료는 인터넷망을 통하여 모바일 서버로 자료가 전송되며, 모바일 서버로 전송된 자료는 NDMS와 동일한 DB체계를 가지고 모바일 웹 서비스를 통하여 피해 집계 및 분류가 이루어진다. 또한 Web-GIS를 통하여 조사된 지역이 Mapping되며, 전자재해대장을 확인할 수 있다. 모바일 서버에 저장된 자료는 다시 NDMS로 전달되기 위하여 DMZ에 위치한 WAS서버로 전송되며, WAS서버로 전송된 자료는 자동으로 NDMS 서버로 전송된다.

효율성 분석을 위한 체계는 그림 15.39와 같으며, 피해조사 시간은 경력에 따라 피해조사를 수행하는 데 시간의 차이가 발생하게 되므로 3년 이상 경력자와 비경력자로 구분하

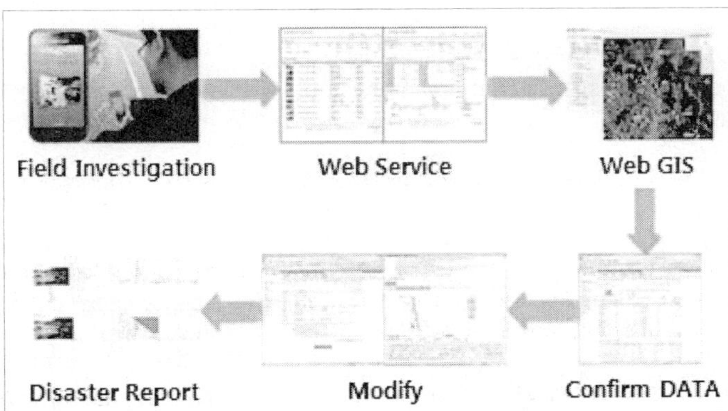

그림 15.39 효율성 분석을 위한 체계

여 분석하였다. 시간효율성 분석을 위해 시범적용에 참여한 경력 및 연령에 따른 인원은 표 15.5와 같다.

표 15.5 효율성 분석 참여자의 경력 및 연령에 따른 구분

구분	20대	30대	40대
비경력자	7	2	1
3년 이상의 경력자	3	7	4

업무효율성은 시범적용에 참여한 피해조사 담당 공무원을 대상으로 위치정보 취득, 피해규모 측정, 휴대성, 데이터 정리, 다른 업무와의 중복 수행 여부, 모니터링, 시스템 입력 부분에 대해 기존 피해조사 방식과 스마트폰을 이용한 피해조사 방식의 차이점에 대하여 주관식 설문조사를 실시하였으며, 기존 피해조사 방식과 대비하여 스마트폰 기반 피해조사 시스템을 이용할 경우 발생할 효율을 비교하면 표 15.6과 같다.

표 15.6 피해조사 시스템의 항목별 비교

구분	기존 피해조사 시스템	스마트폰 기반 피해조사 시스템
Location	Can not obtain exact location information	Can obtain exact location information using GPS
Damage Scale	Using measuring tape or measure with eye	Using mapping and tracking
Mobility	With Field Note, Camera, Map, Tape Measure and Guideline Book	Only Smartphone
Arrange Data	Time need for arrange data (Field notes, Pictures, Maps) Confusion and omission of data	Real-time data transmission
Cooperation with Other Work	Can be field investigation after emergency recovery	Can be field investigation with emergency recovery
Monitoring	Can be damage count and report to the superior office after field investigation, compile the data and input to NDMS	Can be damage count and report to the superior office at the same time as field investigation
System	Overload of the NDMS system due to user number increase in evening	disperse user due to real-time transmission in field

시간 효율성 분석은 정확한 시간 측정이 가장 중요하다. 따라서 기존의 피해조사 방식으로 수행할 때의 각 단계별 시간을 체크하고, 동일한 시설물에 대하여 스마트폰을 이용하여 피해조사를 수행할 때의 각 단계별 시간을 체크하여 비교하였다.

표 15.7 시설물의 항목별 조사 시간 (경력자)

구분	기존	스마트폰 기반	절약시간
Field Investigation	15min	15min	0min
Data Organization	30min	0min	30min
Input Data (NDMS)	20min	5min	15min
Total	65min	20min	45min

표 15.8 시설물의 항목별 조사 시간 (비경력자)

구분	기존	스마트폰 기반	절약시간
Field Investigation	30min	20min	10min
Data Organization	30min	0min	30min
Input Data (NDMS)	30min	10min	20min
Total	90min	30min	60min

표 15.9 1일 조사하는 시설물 개수

구분	기존	스마트폰 기반	효율성
3년 이상의 경력자	9.2case/day (65min/case)	30case/day (20min/case)	325% (70% 감소)
비경력자	6.7case/day (90min/case)	20case/day (30min/case)	300% (67% 감소)

3년 이상 경력자의 경우 스마트폰을 이용함으로써 기존 대비 325%의 시간 효율성이 있는 것으로 나타났으며, 비경력자의 경우 300%의 시간 효율성이 있는 것으로 나타나 각각 70%, 67%의 시간단축 효과가 있는 것으로 분석되었으며, 경력자의 경우 더욱 높은 효율성이 나타나는 것으로 확인되었다. 따라서 이와 같은 결과는 피해조사 표준 프로세스를 기반으로 개발된 스마트폰 기반 피해조사 시스템이 경력자와 비경력자, 모두에게 매우 효과적으로 적용된 결과로 볼 수 있다.

7. 맺음말

스마트폰 기반 피해조사 시스템은 2011년 연구 시작 이래 다양한 현장적용과 전문가 회의를 통하여 보다 사용자 중심의 시스템으로 발전하고 있다.

현행 피해조사 업무 프로세스는 명확한 업무 프로세스가 존재하지 않고, 시·군·구 별로 각기 다른 업무 프로세스에 따라 피해조사를 실시하고 있으며, 명확한 업무 프로세스의 부재로 인하여 현장조사 업무와 NDMS입력 업무의 중복 업무가 발생하고 있다. 따라서 스마트폰 기반의 표준 업무 프로세스를 개발함에 따라 피해조사 경험이 없는 신규 담당자도 표준 프로세스에 따라 신속하고 정확하게 업무처리가 가능하며, 기존 대비 56%의 업무 프로세스가 줄어듦에 따라 최소 30% 이상의 시간단축 효과가 있을 것으로 기대된다.

현장조사 업무와 사무실에서의 NDMS입력 업무의 중복문제를 해결함으로써 효율성 있는 피해조사가 가능할 것으로 판단되며, 스마트폰의 GPS와 카메라 기능을 통하여 현장에서의 주소정보 및 사진정보를 손쉽게 취득하고 전송함으로써 효율성 있는 업무처리가 가능할 것으로 판단된다. 특히, 시간 효율성 분석 결과 비경력자와 3년 이상 경력자 모두 67% 이상의 높은 시간 단축효과가 있는 것으로 나타나 현행 피해조사의 가장 큰 문제점인 시간부족 및 인력부족 문제를 해결할 수 있을 것으로 판단된다.

스마트폰 기반 피해조사 시스템은 개방적인 인터넷망에 위치한 스마트폰과 행정정보만을 위한 행정망에 위치한 국가재난관리시스템이 연계된 시스템으로 시스템 구성 및 연계 방법과 보안대책 등을 위한 보안성 협의를 계속하여 추진하고 있으며, 국민안전처와 시스템 도입을 위한 최적방안과 향후 전국화 방안에 대하여 논의 중에 있다.

| 참고문헌 |

1. 소방방재청(2012), “자연재난조사 및 복구계획수립 지침서”
2. 소방방재청(2010), “재난관리 시스템 매뉴얼”
3. 김용일, 김동헌, 김병국(1996), “GPS 위치정확도 향상을 위한 의사거리 오차의 분석에 관한 연구”, 한국지형공간정보학회논문집, 제4권 2호
4. Choi Woojung, Cho Jaewoong(2012), “Development of Work Process of Disaster Investigation System using Smartphone”, Korean Society of Societal Security, Vol.5 No.2
5. Ministry of Security and Public Administration(2012), “Guideline of Mobile Common System and Service Center”
6. National Disaster Management Institute(2011), “Development of Advanced Disaster Investigation System using Smartphone(Ⅰ)”, 2011.12
7. National Disaster Management Institute(2012), “Development of Advanced Disaster

Investigation System using Smartphone(Ⅱ)", 2012.12
8. National IT Industry Promotion Agency(2013), "Monthly Survey of Information & Communication Technology Statistics", 2013.07
9. National Emergency Management Agency(2013), "Guideline of Natural Disaster Investigation and Establish for Recovery Plan"

이원호 (李元虎 Tiger Waon-Ho Yi)

현직 : 광운대학교 공과대학 건축공학과 교수
전공 : 건축구조 (내진공학, 복합구조, 방재공학)
학력 : 한양대학교 공과대학 건축공학과, 공학사
한양대학교 대학원 건축공학과, 공학석사
미시간대학교 대학원 토목공학과, 공학박사
경력 : 광운대학교 공대학장, 환경대학원장, 동해문화예술관장, 대학원장, 광운학원 정책실장 역임
국립방재연구소 소장 역임
대통령직속 규제개혁위원 역임
서울시 건축심의위원, 구조안전진단위원, 건설기술심의위원, 건설안전관리본부 설계자문위원, 도시계획심의위원 역임
건설교통부 서울지방항공청 설계자문위원, 신공항건설 심의위원, 중앙설계심의위원, 서울지방항공청 설계자문위원 역임
국방부 특별건설기술 심의위원 역임
경기도 재난위험시설 심의위원 역임
조달청 기술평가위원 역임
한국전산구조공학회 이사, 부회장, CODE2012 위원장, 회장 역임
한국면진제진협회 면진기술위원회 위원장, 회장 역임
한국복합화건축기술협회 회장 역임
한국화산방재학회 회장 역임
대한건축학회 총무담당 이사, 부회장 역임, 현 참여이사
한국건축구조기술사회 부회장 역임
현 광운대학교 광운한림원 원장
현 한국공학한림원 정회원
현 중앙환경분쟁조정위원
현 국토교통부 중앙건축위원
현 국민안전처 정책자문위원 (안전정책분과 위원장)
현 정부청사관리소 기술자문위원
현 시설안전기술공단 기술자문위원, 정밀안전진단평가위원
현 새누리당 재해대책위원회 위원

자연재해 저감기술

2016년 9월 20일 1판 1쇄 인쇄
2016년 9월 25일 1판 1쇄 발행

저　　자 이 원 호
발 행 인 강 해 작
발 행 처 기 문 당
주　　소 서울시 성동구 무학봉 28길 4-1
전　　화 02)2295-6171(代)~5
팩　　스 02)2296-8188
출판등록 1976. 10. 7(1976-2)
홈페이지 http://기문당
http://www.kimoondang.com
I S B N 978-89-6225-741-0 93540
정　　가 20,000원